Burkhard Rau

Hufe gesund reiten

Müller Rüschlikon

Einbandgestaltung: R2 I Ravenstein, Verden

Titelfoto: Christiane Slawik

Cover hinten: Archiv Rau

Alle Bilder: Burkhard Rau außer
Gisela Rau: S. 6, 8, 15, 30 unten, 31, 40 unten, 42 li, 46, 47, 60 li, 80, 84, 85, 86, 108, 113, 123, 136, 141, 142, 143, 145, 146, 148, 149, 151, 153, 154, 156, 158, 160, 163, 166, 168, 170, 174, 179, 182, 183, 184, 190, 191, 195, 198, 205, 207, 210, 212, 216, 218, 220, 222
Annelie Michels: S. 17, 18, 19, 20, 25 re, 26, 36, 53, 54 li, 55, 56, 57, 58, 59, 60 re, 61, 63, 64, 65, 66, 67, 68 ,69, 71, 72, 73, 76, 77, 78, 82, 88 oben, 90, 117 re, 118 re, 119, 122 re, 124, 126, 127, 128, 213
Kerstin Diacont: Grafiken: S. 18, 19, 20, 31 re, 32, 33, 35, 37, 38, 39, 41, 43, 49, 50, 62, 85 re, 88, 105, 188, 209 – grafische Bearbeitung von Fotos (nach Vorlage v. Burkhard Rau): S. 25, 28, 30 unten, 31 li, 40 unten, 54 li, 59 li, 56 re, 61 – Fotos: S. 24, 27, 43, 74, 177 li, 201, 209 – Fotos Archiv Diacont: S. 42 re, 177 re, 206
Foto »Filmklappe«: ©PictureP./stock.adobe.com: S. 16, 82, 129, 139, 204, 211,
Foto »Podcast«: ©Maksym/stock.adobe.com: S. 29, 81, 100, 104, 129, 137, 160

Eine frühere Ausgabe dieses Buches ist unter der ISBN 978-3-275-02196-3 erschienen.

ISBN 978-3-275-02271-7

Postfach 103743, 70032 Stuttgart
Ein Unternehmen der Paul Pietsch Verlage GmbH & Co. KG

1. Auflage 2023

Sie finden uns im Internet unter www.mueller-rueschlikon-verlag.de

Gesamtleitung: Claudia König
Lektorat: Kerstin Diacont
Innengestaltung: Kerstin Diacont
Druck und Bindung: Multiprint Ltd., Slavyanska Str. 10A, 2230, Kostinbrod, Bulgarien
Printed in Bulgaria

»Das Pferd steht wie es geht.«

(Zitat Prof. Bodo Hertsch)

verstorbener Leiter der Berliner Universitätschirugie

Inhalt

Dieser Link führt Sie zu den in diesem Buch enthaltenen Podcasts und Video-Clips.

http://mein.mueller-rueschlikon.de/42271

Vorwort zur zweiten Auflage

Vorwort zur zweiten Auflage

Liebe Pferdefreunde,

die erste Auflage dieses Buches ist im Jahre 2020 erschienen. Natürlich ist man als Autor mächtig gespannt, was dann passieren wird, denn man verbringt eine ganz schön lange Zeit mit »der Geburt« eines neuen Buches. Umso erfreulicher ist es, wenn das, was den Interessierten vermittelt werden soll, so gut ankommt. Viele positive Schreiben erreichten mich, ich bekam Anrufe und sehr oft auch persönliches und erfreuliches Feedback.

Mit meiner Überzeugung, dass Hufe als Zeigeorgan gesehen werden müssen und so auch zu definieren sind, habe ich offensichtlich vielen Reitern, aber vor allem auch den Hufbearbeitern, Schmieden, Therapeuten, Osteopathen, Tierärzten und anderen Profis rund um die Pferdegesundheit einen neuen Weg zeigen können oder eine neue Perspektive eröffnet, um bekannte und eigene Erfahrungen neu zu bewerten.

Genauso stelle ich mir die Erweiterung der Erkenntnisse rund um das Pferd auch vor. Wissenschaft lebt davon, dass neue Erkenntnisse veröffentlicht werden, von anderen Wissenschaftlern aufgegriffen und weiterentwickelt werden und auf diesem Weg die Summe der Erkenntnisse anwächst.

Ich selbst durfte das Thema Huf als Zeigeorgan und die Verbindung von den faszinierenden Verknüpfungen zwischen Muskeln, Bewegung, Faszien und die sich ergebenden Wechselwirkungen mit den Hufen bei einigen Kongressen vortragen. Befremdlich finde ich es allerdings, wenn diese Themen als kostenpflichtige Schulungen, Fortbildungen und Online-Kursangeboten von Dritten teuer vermarktet werden. Es geht mir dabei gar nicht darum, wer zuerst welche Idee hatte und was wessen Gedankengut ist, sondern dass Wissen rund ums Pferd neuerdings offenbar vermehrt als profitables Wirtschaftsgut gesehen wird. Wäre es nicht schöner, wenn über einen wechselseitigen Austausch der Kenntnisse das Wissen gemehrt würde und als notwendiges Basiswissen in der Ausbildung aller unterschiedlichen Profis um die Pferdegesundheit zur Verfügung gestellt würde?

Liebe Profis: Überlegt doch einmal, ob Ihr anstatt teurer Kursangebote vielleicht lieber den klassischen Weg der Publizierung in Magazinen und Fachzeitschriften gehen möchtet. Das bringt Euch weniger Ertrag, aber es hilft bei der Verbreitung der Erkenntnisse, die den Pferden nutzen, um ein Vielfaches.

Viel Spaß beim Lesen der zweiten Auflage sowie beim Hören und Zuschauen!

Burkhard Rau

1. Einleitung

Was will das Buch?

In meiner Jugend habe ich jede Ferien auf dem Reiterhof Sankt Georg bei Norbert Sichert (den ich hiermit ganz herzlich grüße) verbracht und mich dort mit Pferden beschäftigt. Ich bin mit den Kindergruppen ausreiten gegangen, habe in der Schmiede und bei der Heuernte geholfen und alle anfallenden Arbeiten rund ums Pferd mit größter Freude erledigt. Diese Zeit hat mich so geprägt, dass ich im späteren Verlauf meines Lebens hier den Ursprung und die Wurzel meiner gesamten beruflichen Entwicklung sehen darf.

Es war in einem Sommer, da kaufte sich ein Freund ein Pferd. Wie wir alle hatte auch er nicht viel Geld in der Tasche und so kam es, dass er sich von dem Pferdehändler überreden ließ und ein koppendes Pferd mit nach Hause brachte. Dafür war es billig. In unserem jugendlichen Leichtsinn waren wir uns damals sicher, dass wir mit dem Koppen schon irgendwie zurechtkommen würden. Gesagt, getan. Nun stand er da, der stolze Braune. Das koppende Pferd. Er nannte es Kopper.

Wir hatten uns das Pferd sehr genau angeschaut und mit Ausnahme des Koppens waren uns keine unangenehmen Auffälligkeiten bewusst geworden. Auch der Tierarzt, der zu einer Ankaufsuntersuchung hinzugezogen worden war, bescheinigte meinem Freund, ein gesundes Pferd erworben zu haben. Zwölfjährig, geritten, brav. Der Wunschkandidat für meinen Freund, denn er hatte eine leichte Behinderung als Resultat einer Kinderlähmung.

Er, nennen wir ihn einfach Kurt, hatte sein Pferd irgendwo am Mittelrhein eingestellt. Das war leider sehr weit weg von mir und ich hatte nicht immer die Gelegenheit, ihn und sein Pferd zu besuchen.

Wieder einmal waren viele Wochen vergangen, in denen ich Kurt und Kopper nicht gesehen hatte. Aber heute hatte es geklappt. Ich kam in den Stall und Kurt war schon da. Er holte Kopper aus der Box und mich, damals noch Schüler und sehr interessierter Laie in Sachen Pferde, traf fast der Schlag. Was war in so wenigen Monaten aus Kopper geworden?

Mein erster Blick fiel auf die Hufe. Ich hatte bei Norbert Einblick in die Hufbearbeitung bekommen – zwar durfte ich dort in erster Linie als Aufhalter mithelfen, aber ich denke, dass mein Blick für den Huf und die Bewegung des Pferdes schon überdurchschnittlich weit geschult war. So ist es auch zu erklären, dass bei Kopper mein Blick spontan als erstes auf die Füße fiel.

Kopper hatte, als Kurt ihn zu sich holte, recht unauffällige Hufe. Selbst bei genauerer Betrachtung ist mir damals weder an den Füßen, noch an den Beinen oder am sonstigen Körper etwas aufgefallen.

Nun stand ich vor einem Pferd mit zwei völlig unterschiedlichen Vorderhufen. Der eine ausgebrochen und spitz und an Donald Duck erinnernd, der andere einem Bockhuf gleich. Kurt vermutete lautstark, dass er von dem Pferdehändler kräftig reingelegt worden wäre. Er sagte, dass auch der Sattel eine Fehlinvestition gewesen sei. Der Sattel säße völlig schief, so sagte er, das Pferd wolle nicht mehr angaloppieren, wenden ginge nur in eine Richtung und der anfänglich nette Trab wäre für ihn nicht mehr auszusitzen. Kopper wäre kaum noch von der Weide zu holen, deshalb ließ er ihn im Stall, und beim Reiten hätte er immer wieder das Gefühl, als wollte er losbuckeln.
Ich wusste damals nicht, was mit dem Pferd in so kurzer Zeit passiert war und stimmte Kurt aus mangelnder Kenntnis der Problematik zu, dass er wohl reingelegt worden war.

So oder so ähnlich kann ich mir vorstellen, dass es immer noch unzählige Gespräche in den Stallgassen oder an den Pferdekoppeln der Welt gibt. Beim Beratschlagen, was zu tun ist, werden die meisten Menschen nun nach dem Sattler schreien, dem Pferdeverkäufer mit dem Rechtsanwalt drohen und den Hufbearbeiter oder Hufschmied wechseln, ein ernstes Wort mit dem Stallbetreiber reden, einen Osteopathen oder Physiotherapeuten rufen und ihn beauftragen, sämtliche Probleme in einer 90-Minuten-Sitzung zu eliminieren.
Ich bin sehr sicher, dass auch Sie jemanden kennen, der wiederum jemanden kennt, der genau diese Geschichte schon erlebt hat.

Und genau hier möchte ich mit meinem Werk ansetzen. Ich möchte, wenn Sie das Buch zu Ende gelesen haben, nicht, dass Sie Physiotherapeut, Hufschmied oder Futterexperte für Pferde sind, aber ich möchte, dass Sie, bevor Sie eine Unzahl von Sachverständigen an Ihr Pferd rufen und um Hilfe bitten, zu allererst über Ihre eigene Verantwortlichkeit nachdenken, die zu dieser Situation geführt haben könnte.
Ich möchte, dass Sie verstanden haben, dass man mit Feingefühl und viel Ruhe Probleme analysieren muss und selbst Verantwortung für die Verbesserung tragen sollte.
Das Pferd ist kein Kraftfahrzeug, das zur Werkstatt gebracht und dort repariert wird. Beim Pferd geht es durch unseren kompetenten, guten und fachgerechten Umgang darum, jeglichen »Werkstattbesuch« so gut es geht zu vermeiden.

Was war damals passiert? Kurt, wie erwähnt ein leicht körperlich behinderter Reiter, hatte in seinem ganzen Leben noch niemals eine Sitzschulung erfahren. Er saß irgendwie auf dem Pferd, konnte sich darauf gut halten und es machte ihm Spaß, schnell durchs Gelände zu jagen. Das ist überhaupt nichts Verwerfliches und viele meiner Generation sind in ihrer Jugendzeit nicht anders durchs Gelände geritten. Kurt saß also schief auf dem Sattel, was sicherlich nicht das einzige Problem seines Kontaktes zwischen seinem Hinterteil und dem Pferderücken war, das mit großer Sicherheit zu einer vielleicht anfänglich schon latent vorhandenen, nun aber ausgewachsenen Schiefe des Pferdes geführt hatte. Schiefe bedeutet, dass immer eine Körperseite des Pferdes gedehnt und eine verspannt ist. Die verspannte Seite ist oftmals die problematische Seite – verspannte Muskulatur ist verkürzte Muskulatur, und die ist oft schmerzhaft. Und da die Hufe, verbunden durch die Sehnen, an der Muskulatur hängen, hat dies selbstverständlich auch Auswirkungen auf diese.

Ungute Einflüsse auf den Pferderücken bringen das Pferd sehr schnell in eine Schonhaltung. Das passiert bei jedem höher entwickelten Organismus, der sich selbst damit vor weiterem Schaden und Schmerzen schützen will. Die Schonhaltung bei Kopper führte in diesem Fall zu einer Schiefe, die es ihm unmöglich machte, in beide Richtungen gleichmäßig zu wenden. Das führte zu ungleicher Belastung der Hufe und damit über die Zeit sogar zu einer stark unterschiedlichen Entwicklung der beiden Hufe einer Körperachse. Forciert wurde die Problematik durch einen vom Reiter schief gesessenen Sattel, der in diesem Fall als Katalysator wirkte. Kopper war dabei noch ein recht kooperatives Pferd, denn solche körperlichen Probleme führen selbstverständlich auch zu psychischen Problemen. Wenn das Pferd sich auf der Wiese nicht mehr einfangen lässt, will es uns damit etwas sagen! Wenn das Pferd beim Geländeritt den Eindruck macht, gleich losbuckeln zu wollen, ebenfalls.

Und es ist eigentlich so leicht: Die Hufe, das werde ich in den nächsten Kapiteln ausführlich beschreiben, sind sehr einfach zu bewerten und zu beurteilen. Die Hufe sind für uns ein wunderbar geeignetes »Zeigeorgan« (mehr dazu in Kapitel 2.3.). Sehr schnell und ohne intensive medizinische Fachkenntnisse erzählen sie uns sehr früh etwas über Fehlentwicklungen im gesamten Pferdekörper. Bei dem armen Kopper hatten Sitzfehler des Reiters, unpassendes Equipment und falsches Reiten zu einer Fehlentwicklung des gesamten Pferdes geführt.

Es geht aber auch in die andere Richtung: Hierzu erinnere ich mich an einen kleinen Isländer. Auch dies ist mindestens 35 Jahre her. Das Pferd hatte einen schlimmen Hufabszess und gehörte einem jungen Mädchen, die die Freundin meines damaligen Schwarms gewesen ist. Da sie nun wusste, dass ich sehr interessiert in allen Fragen rund um Pferde war, erzählte sie mir von ihren Problemen mit dem Islandpferd (ich möchte daran erinnern, dass zu dieser Zeit ein Islandpferd in Deutschland noch etwas Exotisches gewesen ist) und ich bin sehr neugierig mit ihr zusammen zum Stall gefahren. Natürlich ließ ich mir nichts anmerken, aber einen kleinen Schrecken bekam ich schon, als ich die Hufe sah. »Die Hufe« ist eigentlich falsch formuliert, denn neben einem vollkommen regelmäßigen normalen Vorderhuf stand auf der anderen Seite ein Huf, der eigentlich nur noch ein halber Huf war. Die gesamte innere Hufhälfte war durch den Tierarzt abgetragen worden. Das arme Pferd stand eigentlich nur auf der äußeren Hufhälfte und auf Teilen des sehr stark beschnittenen Hufstrahls.

Machen Sie einmal ein kleines Experiment: Legen Sie einen kleinen Kieselstein, der nur vielleicht zwei oder drei Millimeter groß ist, unter Ihren großen Zeh in den Schuh. Nun laufen Sie ein paar Schritte. Was bemerken Sie? Sind Sie so normal wie sonst auch gelaufen?
Selbstverständlich nicht, sondern Sie sind so gelaufen, dass Sie den großen Zeh und damit den inneren Teil des Fußes möglichst nicht belastet

haben und ausschließlich auf dem äußeren Teil des Fußes gelaufen sind. Würden Sie nun einige Wochen so herumlaufen (vielleicht würden auch schon wenige Tage reichen), dann würde sich der äußere Teil der Laufsohle Ihres Schuhs stärker abnutzen als der innere Teil. Dies bedeutet, dass Sie sich auch dann, wenn Sie nun den Stein unter Ihrem großen Zeh wieder entfernen, weiter in dieser merkwürdigen, durch die Abnutzung der Laufsohle initiierten Art und Weise bewegen würden. Genauso war es dem Islandpferd gegangen. Es konnte nur noch auf der Außenseite des Hufes laufen, die sich natürlich entsprechend stärker abnutzte. Die Seite mit dem Abszess, die sicherlich immer noch hochgradig schmerzhaft war, konnte zwar wieder Hufhorn bilden, aber das Pferd behielt die Stellung mit stärkerer Belastung der Außenseite auch dann bei, als der Abszess schon wieder ausgeheilt war. Wenige Wochen hatten gereicht, um die Stellung grundlegend zu verschlechtern: Der ursprünglich vom Abszess betroffene Huf zeigte nun mit der Zehe deutlich nach innen.

Hätte ich damals schon gewusst, was ich heute weiß, hätten wir die sich aufgrund der Fehlstellung entwickelte Zwangshaltung und die verkürzte und verspannte Muskulatur behandelt und ein Trainingsprogramm am Boden durchgeführt, und alles wäre nach wenigen Wochen oder Monaten wieder gut gewesen. Hier war das Ergebnis leider ein anderes. Nachdem der Abszess soweit verheilt war und das Pferd diese Fehlstellung entwickelt hatte, lief es nicht mehr taktrein. Es wollte nicht mehr tölten und der Trab war nicht mehr klar. Das Mädchen hatte kein Spaß mehr, dieses Pferd zu reiten und zur damaligen Zeit wussten weder der Tierarzt (außer Schmerzmittel zu geben) noch der Reitlehrer Rat. Physiotherapeuten und Osteopathen gab es noch nicht.

Der Huf kann also eine Auswirkung einer Fehlentwicklung sein und diese sehr früh anzeigen, umgekehrt kann er aber auch Ursprung von Fehlentwicklungen des gesamten Pferdes sein. Die Ursache können unglückliche Umstände oder Krankheitsgeschehen sein wie hier der Abszess, aber dutzendfach werden sie leider auch durch falsche Hufbearbeitung in Gang gesetzt.

Merke: Hufe können muskuläre und skelettäre Fehlentwicklungen im Pferd sowohl anzeigen und spiegeln als auch in Gang setzen.

Ich möchte noch einmal kurz auf Norbert und seinen damals wunderschönen Reiterhof erinnern. Die Pferde, viele davon Robustpferde wie Bosniaken, Isländer, Fjordpferde und so weiter, mussten von Beginn der Ostersaison quasi bis zum Saisonende in den Herbstferien sehr viel Arbeit leisten. In den Oster- und Sommerferien war der Betrieb so gut besucht, dass jedes Pferd an sechs Tagen der Woche vier Ausritte à zwei Stunden ein Kind tragen durfte. Die Pferde wurden ganzjährig auf der Weide gehalten, für die damalige Zeit ein vollkommenes Novum. Beschlagen wurde immer nur dann, wenn ein verantwortlicher Reitbegleiter den Hofbetreiber darauf ansprach, dass eins der Ponys zu schonen begann. Der Hofbetreiber legte größten Wert darauf, dass diese Information frühzeitig an ihn herangetragen wurde.
Die meisten der acht- bis elfjährigen Kinder, die zum Reiten kamen, waren blutige Anfänger, trotz-

Der Autor Ende der 1970er Jahre auf dem Reiterhof von Nobert Sichert.

dem konnten sie nach wenigen Tagen Einweisung und Üben Erstaunliches bei den Geländeritten leisten. Die Pferde waren brav und die meisten waren den kleinen Reitern freundlich gesonnen. Dass die kleinen Jungs und Mädchen die Ponys toll fanden, brauche ich glaube ich nicht zu erwähnen (Sie haben richtig gelesen – Jungs und Mädchen).

Sollte ein Pony beschlagen werden, so weiß ich aus meiner Erinnerung, dass es nie nötig war, Hufe zu kürzen, denn das hatte der Ausritt schon bewerkstelligt. Eisen wurden passend gemacht und befestigt und der Neubeschlag wurde niemals so ausgeführt, wie es heute üblich ist, nämlich Entfernen des alten Eisens – Kürzen des Hufes – Aufbringen des neuen Eisens, sondern die Eisen wurden entfernt, wenn sie sehr dünn waren und das Pferd hatte die Gelegenheit, sich den lang gewordenen Huf wieder selber abzulaufen. Korrekturen wurden durchgeführt und das neue Eisen kam an den Huf, wenn es notwendig war.

Die Pferde wurden nicht von perfekten Reitern bewegt, die Sättel waren mit absoluter Sicherheit nicht perfekt, trotzdem war die Zahl der Probleme bei den Pferden aus meiner Erinnerung durchaus überschaubar. Es mag sicher sein, dass auch die Rasseauswahl geschickt gewesen ist, trotzdem weiß ich, dass die Menge an Bewegung ein wichtiger Faktor für die Gesundheit der Hufe ist – und ich glaube, dass eine gelassene Psyche, eine gesunde Interaktion zwischen Menschen und Pferden, wie sie zwischen den Kindern und ihren Ponys mit Sicherheit stattgefunden hat, eine wichtige Voraussetzung für ein gesundes und entspanntes Pferdeleben ist.

Ich möchte in diesem Buch erklären, wie ein gesunder Huf aussieht. Ich möchte Ihnen zeigen, welche Abweichungen vom gesunden und regelmäßigen Huf üblich und häufig anzutreffen sind und Zusammenhänge deutlich machen, z. B. welche Veränderung des Hufes welche Ursachen haben könnte. Wir werden uns über die Faktoren, die den Huf beeinflussen, unterhalten, den Sattel, die Haltung, die Quantität und die Qualität der Bewegung, den Reiter, die Bodenarbeit und das Futter.
Ich werde darüber schreiben, was Sie bei Ihrem Pferd prüfen können und welche Stellschrauben eventuell gedreht werden können.

Ich werde Ihnen einfache Muskel- und Faszientechniken zeigen, die Sie als Reiter, sollte es doch einmal zu Verspannungen oder Problemen in der Muskulatur kommen, selbst anwenden können.

Mein Wunsch an Sie als Pferdebesitzer und Reiter: Erkennen Sie, dass Sie selbst das zentrale Element für die Gesundheit des Pferdes darstellen. Delegieren Sie nicht, sondern führen Sie notwendige Änderungen selbst aus.

Merke: Nie gab es mehr Fachleute für das Pferd als heute und nie gab es mehr Probleme.

Das Unangenehme bei Lebewesen wie dem Pferd ist leider, dass ein guter Zustand nicht zwingend konservierbar ist – das heißt, es können immer wieder Veränderungen auftreten – positiv wie negativ.

Viel Spaß beim Lesen und viel Erfolg bei der Arbeit mit Ihrem Pferd.

Hufpflege Reiten Gesundheit

Kann man also Hufe gesund reiten?

Der Titel dieses Buchs ist natürlich bewusst sehr provokant gewählt. Ich denke, Sie werden bis hierher schon verstanden haben, dass man allein durch Reiten, sprich physiologische und korrekte Bewegung des Pferdes, aus einem schlechten Huf keinen guten machen kann. Aber es ist eben ein sehr wichtiger Faktor, der erheblich zur Hufgesundheit beiträgt und meiner Meinung nach bisher viel zu stark vernachlässigt wurde. Ich selbst habe über vierzig Jahre Berufserfahrung gebraucht, um zu verstehen, dass eine noch so tolle Betrachtung und Bearbeitung des Hufs nach allen Regeln der Kunst alleine nicht zum Ziel führt, wenn die Zusammenhänge nicht erkannt werden, die zur Entstehung des Problems geführt haben. Und diese liegen leider allzu oft im Sattel des Pferdes. Was im Umkehrschluss heißt, dass sie auch von dort aus wieder behoben werden können. Oder, wie der alte Major Paul von Stecken es so treffend formulierte: »Richtig reiten reicht.«

2. Kapitel

Der Huf

Bewegung des Pferdes

Der Huf ist in den letzten Jahren ein intensiv diskutiertes Thema geworden. Wenn ich in den sozialen Netzwerken recherchiere, dann gibt es eine ungeheuer große Zahl von Gruppen sowie Foren und Blogs, die sich damit auseinandersetzen.

Da sind die Barhuf-Gruppen, die Huforthopäden, die NHS-ler, die Strasser-Jünger und so weiter – und nicht, dass alle Leute, die sich um den Barhuf verdient machen möchten, an einem Strang ziehen, nein, sie bekämpfen sich bis aufs Messer. Der eine Barhufexperte ist der Feind des anderen.

Dann gibt es die gemischten Gruppen, in denen Barhufexperten und Huftechniker oder Beklebungsexperten ihre Meinung kundtun. Es mischen sich drei Arten von Diskussionssträngen. Die eine Diskussionsrunde bezieht sich auf irgendeine Werbung, die von jemandem geschaltet wurde. In der zweiten Gruppe stellt ein Hufexperte seine wunderbare Arbeit vor und erwartet Lob und Schulterklopfen. Und in der dritten Gruppe befinden sich die verunsicherten Pferdebesitzer, die kleine oder große Huf-Probleme zur Diskussion stellen. Manchmal geht es um Hufe, die gerade frisch bearbeitet wurden und die Facebook-Gemeinde wird aufgefordert, die Arbeit kritisch zu bewerten und zu beurteilen.

Offensichtlich ist die Verunsicherung der Pferdebesitzer mittlerweile groß geworden und manches Mal hat man das Gefühl, dass es unschicklich ist oder sogar ein Zeichen für Ignoranz gegenüber seinem Pferd, wenn erwähnt wird, dass der Bearbeiter ein »normaler« Hufschmied war. Das liegt sicherlich auch daran, dass im Internet eine sehr große Zahl von Huftechnikern und Barhufbearbeiten und deren Schulen äußerst aktiv sind, während Hufschmiede, obwohl es derer sehr viel mehr gibt, in vielen dieser Diskussionsforen unterrepräsentiert sind. Wer sich in der Unterzahl befindet, ist meist weniger laut und wird weniger wahrgenommen.

Etwas fällt mir bei den vielen Barhufexperten im Internet aber immer wieder auf: Haben Sie schonmal etwas von dem **Dunning-Kruger-Effekt** gehört?
Die Psychologen Dunning und Kruger haben im Jahr 1999 eine Studie veröffentlicht, die ein erstaunliches Ergebnis zeigte: Sie stellten fest, dass Menschen mit wenig ausgeprägten Kompetenzen dazu neigen, ihre Fähigkeiten zu überschätzen. Weiter ergab die Studie, dass eben ihre geringe Kompetenz, oder besser gesagt Inkompetenz, sie wiederum nicht in die Lage versetzte, diese Inkompetenz zu erkennen. Sie hielten sich stattdessen für besonders überlegen und zeigten ein ausgeprägtes Selbstbewusstsein, während ausgesprochen intelligente und gut gebildete Menschen sich meist sehr realistisch einzuschätzen wussten.

Fazit:

1 Wenig kompetente Menschen überschätzen sich.
2 Sie verkennen die Kompetenz und Intelligenz anderer Menschen.
3 Sie erkennen das Ausmaß ihrer Inkompetenz nicht und sehen daher keine Notwendigkeit, sich selber fortzubilden, um ihre Kompetenz zu steigern.

Leider sind diese Menschen von unbedarften Laien nicht zu identifizieren. Und wenn sich jemand im Internet oder auch bei Ihnen vor Ort als besonders kompetent darstellt, dann kann er Ihnen nach dem Motto »Unter den Blinden ist der Einäugige der König« leider viel erzählen und Sie sind dem schutzlos ausgeliefert.

Ihr Pferd kann der Leidtragende sein, denn unweigerlich werden sich die Auswirkungen einer inkompetenten Arbeit zeigen. Das kann unter Umständen Monate, manchmal sogar Jahre dauern.

Ich glaube, dass viele Pferdebesitzer rein intuitiv befürchten, dass genau dies zutreffen könnte. Wie anders ist zu erklären, dass frisch gemachte Arbeiten einem großen Publikum zur Diskussion 'vorgeworfen' werden. Im Grunde bedeutet das eine Demontage des Hufbearbeiters. Es ist ein Misstrauensbeweis, der seinesgleichen sucht, und trotzdem an der Tagesordnung.

Hufschmiede und Barhufbearbeiter haben zu oft und zu viel Enttäuschung bei den Pferdebesitzern hervorgerufen. Die Menschen sind verunsichert, und zwar auch deshalb, weil die Fülle an unterschiedlichen Arbeitsmethoden, die heute vor allem in der Barhufbearbeitung zu finden ist, die Kompetenz und Entscheidungsfähigkeit der Leute überfordert. Und das genau ist es, was die Probanden, wie sie Dunning und Kruger beschreiben, an die Tagesordnung schwappen lässt und sie fast schon zur allgemeinen Gefahr macht. Am Rande bemerkt sind übrigens die meisten der absolvierten Fortbildungen, von denen Hufbearbeiter und Hufschmiede gleichermaßen stolz den Kunden gegenüber berichten, oft in der Realität nur Werbe- und Verkaufsveranstaltungen der Hersteller und der Sache nach eher »Kaffeefahrten« als echte Fortbildungen. Aber das ist ein anderes Thema.

Wie soll er denn nun aussehen, der regelmäßige, gute und belastbare Huf?

2.1. Aussehen des guten Hufs

2.1.1. Vorderhufe

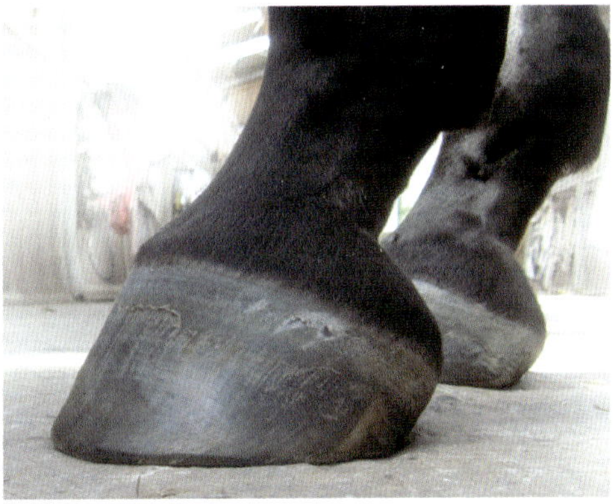

Regelmäßiger Vorderhuf von der Seite: Zehenwand und Trachtenwand verlaufen parallel zueinander, die Trachtenwand hat ein Drittel der Länge der Zehenwand. Trachtenwand und Zehenwand laufen in einer geraden Linie von der Krone bis zum Boden. Die Hufkrone läuft in einem sanften Bogen von der Zehe zur Tracht. Die Hornwand ist glatt und seidenmatt glänzend. Der Winkel der Zehenwand, den sie mit dem Boden bildet, liegt bei ca. 50-53°. Dies kann jedoch abweichen, wenn das Fesselbein einen anderen Winkel zum Boden bildet.

Der regelmäßige Vorderhuf von vorne: Die Seitenwände laufen als gerade Linie mit einer mäßig schrägen Winkelung von der Krone zum Boden. Als Faustregel sollte der hier sichtbare Weg vom Tragrand etwa 1 bis 2 cm länger als der hier beschriebene Weg des Kronrands sein. Die zentralen Hornröhrchen in der Mitte der Zehe verlaufen in einer Linie mit dem Kronbein und Fesselbein.

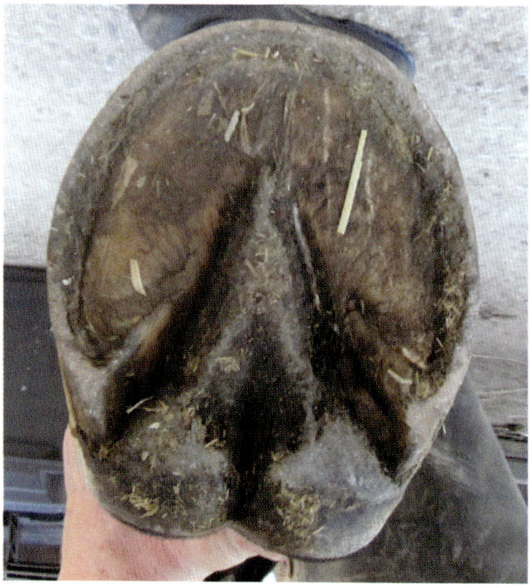

Regelmäßiger Vorderhuf von unten (unten + oben): Der Huf hat eine runde Form. An der weitesten Stelle ist er genauso breit wie lang. Die weiße Linie ist vollkommen geschlossen und läuft von Eckstrebe zu Eckstrebe. Die Eckstrebe ist deutlich vom Sohlenhorn abgegrenzt und ist nicht über die Sohle erhaben. Der Zusammenhang des Strahlhorns mit dem Sohlenhorn ist frei erkennbar. Der Strahl hat einen offensichtlichen Kontakt zum Boden, was an geplätteten Hornbereichen im Bereich mittlerer Strahlfurche deutlich zu erkennen sein soll.

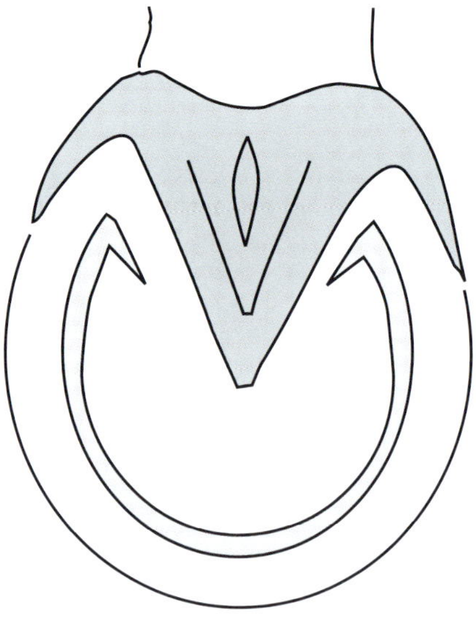

2.1.2. Hinterhufe

Der Hinterhuf hat eine eher schubgebende Aufgabe. Aus diesem Grund sollte er kantiger verlaufen als der Vorderhuf (mehr dazu auf S. 48ff).

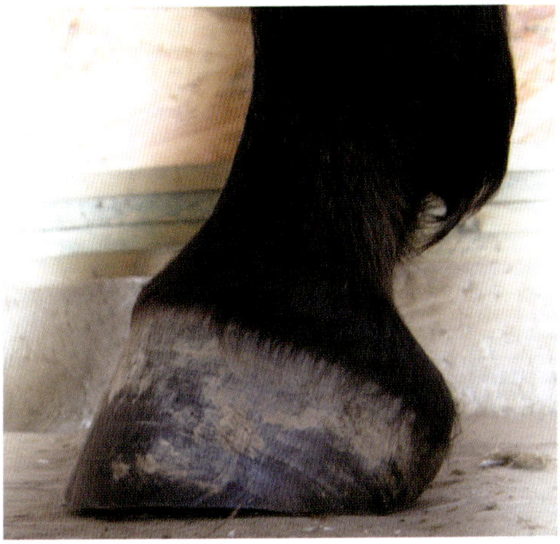

Regelmäßiger Hinterhuf von der Seite: Die Zehen- und die Trachtenwand des Hinterhufes stehen im Verhältnis zwei zu eins. Zehenwand und Trachtenwand verlaufen parallel zueinander. Die Hufkrone geht in einem leichten Bogen von der Zehe zur Tracht. Das Hufhorn ist glatt und seidenmatt glänzend. Zehenwand und Trachtenwand verlaufen in einer geraden Linie von der Hufkrone zum Boden.

Der Hinterhuf von vorne: Die Hufwände sollen von der Hufkrone bis an den Tragrand gerade und gestreckt verlaufen. Das Hufhorn soll glatt und seidenmatt glänzend sein, der Kronrand gleichmäßig zu den Seiten verlaufen.

Der Hinterhuf von unten (rechts): Die Bodenfläche des Hinterhufes entspricht im Wesentlichen den Anforderungen des Vorderhufes mit folgenden Abweichungen: Erstens haben wir durch die etwas spitzrunde Form eine geringgradig stärkere Sohlenwölbung. Zweitens kann das, was beim Vorderhuf nicht gerne gesehen ist, beim Hinterhuf sehr wohl vorkommen, nämlich dass es gerade Stellen im Bereich zwischen der weitesten Stelle und der ausgehenden Zehenwandwölbung geben kann.

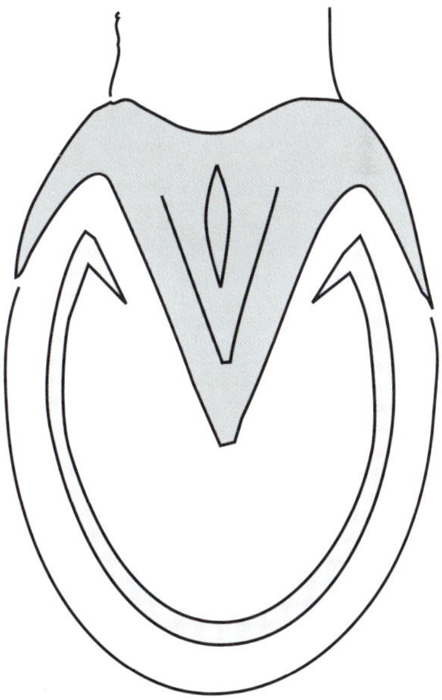

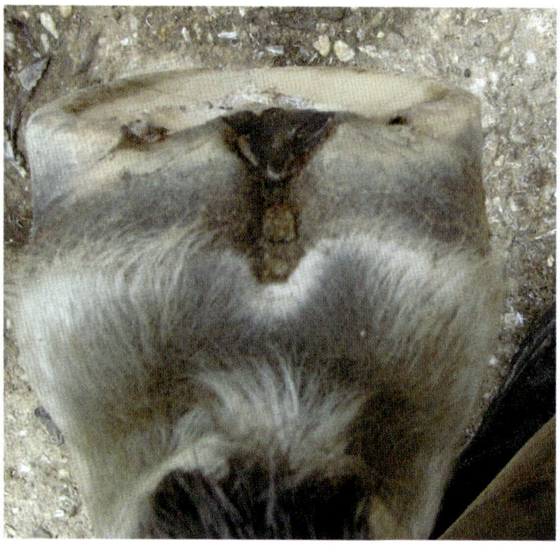

Der Hinterhuf von hinten:
Auch hier befinden sich die Ballen auf gleicher Höhe. Der Strahl hat satten Kontakt zum Boden, die Trachtenwände verlaufen in einer geraden Linie von der Hufkrone zum Boden.

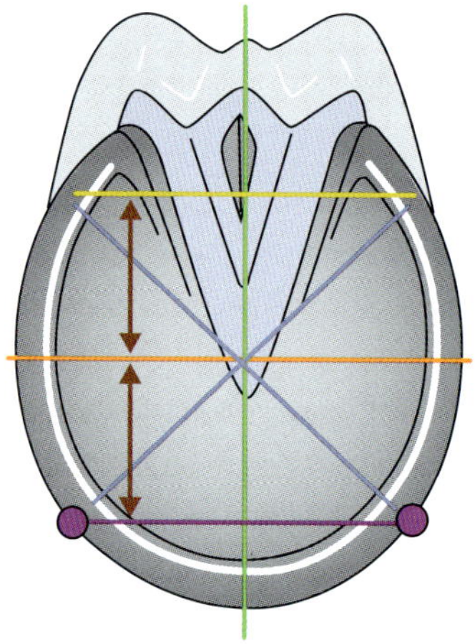

2.2. Gibt es den Idealhuf?

Man sollte annehmen, dass sich alle Hufbearbeitungstheoretiker über das Aussehen des regelmäßigen Hufes einig sind. Dies ist mitnichten der Fall. Und das macht die Situation für den Pferdebesitzer völlig unberechenbar: Die meisten Hufbearbeiter haben Schwierigkeiten und die Hufschmiede kümmern sich gar nicht mehr darum, welche Theorien zum Hufaussehen es gibt und was am plausibelsten sein könnte. Sie werden von einem Strasser-Bearbeiter sehr viele interessante Winkel genannt bekommen, während der NHC-Hufbearbeiter Ihnen Fakten aus der Beurteilung der Wildpferde um die Ohren werfen wird ... Sie werden schließlich schreiend in Ihr Haus laufen, den Kopf gegen die Wand schlagen und nicht wissen, wem Sie glauben sollen.

Wahr ist, dass alle Vergleiche mit den Wildpferdehufen hinken. Die Hufe der Wildpferde haben sich über viele Generationen an die klimatischen und entsprechenden Bodenverhältnisse in der Region, in der sie leben, angepasst. Tiere, die sich nicht anpassten und lahmten, überlebten nicht. Außerdem stammen viele der Wildpferdehuf-Studien aus Australien. Die dort wild lebenden Brumbies sind Nachkommen der freigelassenen Pferde von britischen Siedlern. Im Grunde sind es keine Wildpferde, sondern verwilderte Nachkommen von Hauspferden. Ähnliches trifft auch auf Amerika und die dortigen Studien zu. Hier sind die Mustangs Nachkommen von spanischen Pferden, die die Eroberer dort zurückgelassen haben.
Diese Pferde haben sich und ihre Hufe an den Untergrund und an die Region, in der sie jeweils lebten, im besten Maße angepasst. Wenn man ihre Hufe untersucht, wird man immer wieder

große Ähnlichkeiten feststellen, zumal ja auch die Gruppe der Pferde sehr homogen ist. Das sieht bei unseren Hauspferden natürlich ganz anders aus. Sie sind nur im Hinblick auf ihre Reiteigenschaften selektiert und verbessert worden.
Schauen Sie sich einmal alte Fernseh-Aufzeichnungen der Olympischen Reiterspiele von 1972 in München an: Es ist erstaunlich, was in diesen doch verhältnismäßig wenigen Jahren züchterisch mit dem Deutschen Warmblüter passiert ist.
Ich würde sogar behaupten wollen, dass ein Olympiateilnehmer von 1972 heute mit viel Wohlwollen im unteren Drittel eines Grand Prix Special platziert sein könnte. Wenn ich ehrlich bin, würde ich behaupten, dass heute kein Mensch mehr ein Pferd mit einem Gangwerk, wie es 1972 üblich war, bei großen Prüfungen vorstellen würde. Das finde ich sehr schade, denn ich denke, dass die Pferde sich 1972 sehr solide und gesund bewegt haben und dies sehe ich im großen Sport heute nicht mehr zwingend so. Aber das ist ein anderes Thema.
Wir haben die Pferde auf ihre Reittauglichkeit und auf ihre Bewegungsfähigkeit immer weiter verändert und »optimiert«. Das gilt nicht nur für das Deutsche Warmblut, sondern genauso für das Fjordpferd oder den Haflinger und auch das Islandpferd. Es wurde dabei zwar die Verbesserung des Gangwerks und der sportlichen Fähigkeiten bedacht, leider aber nicht die Verbesserung des Charakters oder die der Hufe. Erst in den letzten Jahren haben sich Zuchtvereine wie zum Beispiel der Hannoveraner Verband auf die Fahnen geschrieben, auch den Freizeitreiter wieder vermehrt anzusprechen und werben bei ihren Auktionen mit Gelassenheitsvorführungen und Ähnlichem.

Aber zurück zu unseren heutigen Pferden. Wie jetzt mehrfach erwähnt, hinkt der Vergleich unserer domestizierten Pferde mit den Wildpferden umso mehr, da unsere Pferde einen Großteil ihrer Belastung in der reiterlichen Arbeit (oder besser gesagt aus falscher oder viel zu selten stattfindender Arbeit) erfahren.

Dieses Faktum wird erstaunlicherweise von vielen Hufbearbeiterschulen völlig ignoriert, genauso, wie es oftmals von Hufschmieden völlig ignoriert wird, dass mittlerweile die Barhufbearbeitung eigene wissenschaftliche Ergebnisse erbracht hat und dass sich der Stand der Hufbeschlagschmiede diesen Erkenntnissen öffnen müsste.

Manche Erkenntnisse sind nicht neu, aber es ist schön, wenn ein Wissenschaftler das, was wir alle schon seit langer Zeit wussten, über Studien bestätigen kann.

Die gesunde Entwicklung speziell des Fohlenhufes ist für das gesamte weitere Leben des Pferdes wichtig. So hat sich der amerikanische Wissenschaftler Robert Bowker von der Michigan State University für Veterinärmedizin der oftmals brachliegenden Forschung am Pferdehuf erbarmt, um sich mit einigen interessanten und neuen Ansätzen noch einmal der Anatomie und Physiologie der Hufe zuzuwenden.

Fohlen werden mit Hufen geboren, deren Strahlpolster noch aus reinem Fettgewebe bestehen. Nur eine permanente Stimulierung des Strahlhorns führt dazu, dass der Organismus das Fettgewebe langsam mit Kollagengewebe durchzieht und mit elastischen Fasern und Knorpel-

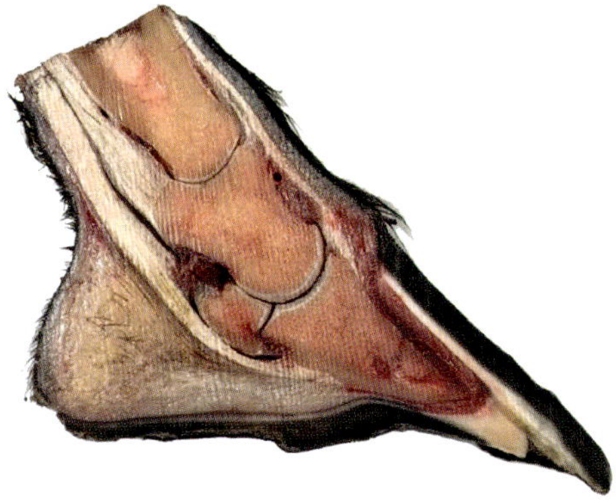

Links: Das Strahlpolster eines gesund und regelmäßig entwickelten Hufes.
Rechts: Das komprimierte Strahlpolster verschlechtert die Entblutung im venösen Geflecht und vermindert damit die stoßdämpfende Wirkung. Die verstärkten und nicht mehr gut abgefederten Traumata verschlimmern die Situation weiter. Die darüber liegende Muskulatur verhärtet. Der Huf ist zu spitz im Verhältnis zum Fesselstand und die Tracht meist zwanghaft verändert. Die Sohle ist dünn, die Sohlenwölbung unzureichend. Das Pferd läuft hölzern bis fühlig.

strängen im Strahlkissen verstärkt. Diese ziehen sich von der Strahlspitze nach hinten bis zu den Trachten. Dieser Prozess läuft weiter, bis das Pferd das Erwachsenenalter erreicht hat. Die Hufe besitzen ein Strahlpolster mit sehr kräftigem, faserigem Knorpelgewebe. Und auch beim erwachsenen Pferd führt Druck auf das Strahlpolster noch zu einer Stärkung und Festigung desselben.

Diese Studie zeigt uns noch einmal sehr schön, wie wichtig eine Fohlen- und Jungpferdeaufzucht mit sehr viel Bewegung auf großen Flächen mit möglichst unterschiedlichen Untergründen ist. Das wusste man schon 1580, als man zur Gründung des Gestütes Lipica ein kalkiges Karstgebirge im heutigen Slowenien auswählte. Auch die Gründung des ältesten deutschen Haupt- und Landgestütes Marbach fand 1491 nicht durch Zufall auf der Schwäbischen Alb statt.

2.3. Der Huf als »Zeigeorgan«

Herz, Leber und auch Haut sind Organe. Aber der Huf? Ich möchte den Begriff des Organs, wenn auch im medizinischen Sinne nicht ganz korrekt, gern auch auf den Huf anwenden, weil er das Verständnis für den Huf als ein sich anpassendes und zentral wichtiges Gebilde statt einer toten Hornkapsel besser unterstützt.
Organe haben wesentliche und wichtige vitale Funktionen. Sie werden von äußeren und inneren Faktoren beeinflusst. Manche sind leicht störanfällig, andere halten eine ganze Menge aus. Wenn man nicht genau hinschaut, dann ist es in dem Moment, in dem das Problem wahrnehmbar wird, fast schon zu spät. So ähnlich verhält es sich mit dem Huf.

Der Huf ist eine Umwandlung der Zehenspitze. Das Pferd, ein Zehenspitzengänger, ist ein hoch-

spezialisiertes Fluchttier. Allen Fluchttieren gemeinsam ist, dass sie sich bei drohender Gefahr mit hohem Tempo auf kurzen Strecken der Verfolgung eines Fressfeindes entziehen können. Für das Überleben wichtig sind Sinnesorgane, die die Gefahr frühzeitig anzeigen, die lockere, leistungsbereite und -fähige Muskulatur; dazu die hormonelle Ausstattung, um möglichst schnell Energie bereit zu stellen, damit die Flucht gelingen kann sowie gute Kommunikation im Herdenverband, die gewährleistet, dass das Pferd zusammen mit den Artgenossen flüchtet und nicht allein zurückbleibt.
Um für eine Flucht gerüstet zu sein, muss der Huf in guter Verfassung sein, damit er die zur Verfügung gestellte Energie auf den Boden bringen und in Geschwindigkeit und Raumgewinn umsetzen kann. Der Huf muss dabei nicht nur Traktion zwischen Muskulatur und Boden entwickeln, er muss auch ausreichend Sensibilität haben, um den Untergrund wahrnehmen zu können und die richtige Auftrittsstärke, aber auch die Auswahl des Weges unterstützend zu entscheiden. In der Situation der Flucht ist dies allerdings außer Kraft gesetzt: Das den Körper flutende Adrenalin bewirkt, dass das fliehende Pferd mögliche Probleme mit Hufen und Untergrund in diesem Moment nicht spürt.

Wenn man diese Punkte betrachtet und überdenkt, wird klar, dass falsche Haltung, ungute Zustände der Hufe, muskuläre Probleme, falsche Ernährung und Unmöglichkeit oder Einschränkung der Kommunikation für ein so hoch spezialisiertes, im Herdenverband lebendes Fluchttier ungeheuren Stress bedeutet – und zu zahlreichen Problemen führt.

Bislang wurde der Huf noch nie als »Zeigeorgan« beschrieben, obwohl er als solches fungiert. Man kennt »Zeigerpflanzen« in der Biologie, die auf bestimmte Bodenverhältnisse hinweisen. In der Humanmedizin spricht man von der Haut als Zeigeorgan, weil sie deutlich sichtbare Hinweise auf die verschiedensten Entwicklungen im Körperinneren geben kann.

Der Huf gibt mittels der Hornqualität Hinweise auf mögliche Defizite in der Nährstoffversorgung oder -auswertung, auf konkrete Erkrankungen und darauf, ob das Pferd ausreichend Bewegung bekommt. Der Huf formt sich gemäß den auf ihn wirkenden Belastungsverhältnissen um. Dies können und müssen wir uns zunutze machen, um Fehlbelastungen, die durch muskuläre Defizite oder Asymmetrien weiter oben entstehen, frühzeitig zu erkennen und ihnen entgegenzuwirken. Eine Korrektur des Hufs allein durch Beraspeln und Beschneiden zurück zur theoretischen Idealform würde jedoch das Problem nicht lösen, sondern möglicherweise noch verschlimmern.

Merke: Der Huf bildet und formt sich nicht nur aufgrund der genetischen Veranlagung des jeweiligen Pferdes, sondern auch nach äußeren Faktoren. Dies sind Untergrund, Feuchtigkeitsverhältnisse, Gewichtskraft des Pferdes und Gewichtsverteilung in Stand und in Bewegung.

Im Idealfall besteht ein Gleichgewicht zwischen Abnutzung und Wachstum. Ist das Pferd übergewichtig, wird die Abnutzung des Hufhorns verstärkt. Jede Form der Belastung, die von oben auf

Die beste Haltung ist die, die dem Pferd ausreichend freie Bewegung auf unterschiedlichen Untergründen ermöglicht.

den Huf wirkt, wird vom Huf mit Abnutzung, aber auch mit Verdichtung beantwortet. Das Verhältnis von Kraft und Möglichkeit der Kraftaufnahme ist festgelegt.

Der Huf bleibt schadlos, wenn die Gliedmaße den Huf gleichmäßig belastet. Bei einseitiger Belastung – z.B. wenn sich die Muskulatur verspannt und sich in der Folge die Gliedmaßenführung verändert – verändert sich auch die Belastung auf den Huf.

Die nun ungleichmäßig belastete Hornkapsel hat stärker und weniger stark belastete Bereiche. Mit dem Ergebnis, dass die weniger belasteten Bereiche länger werden und die stärker belasteten sich vermehrt abnutzen. In beiden Fällen könnte es aber zusätzlich zu einer Verbiegung der Hufwände kommen. Die weniger stark abgenutzte, längere Wand neigt zu einer konkaven Verbiegung, die kürzere, die eine höhere Last aufzunehmen hat, zu einer konvexen.

Merke: Die Hufe reagieren auf hohe oder geringe Belastung unter anderem durch Verbiegung der Hornwände.

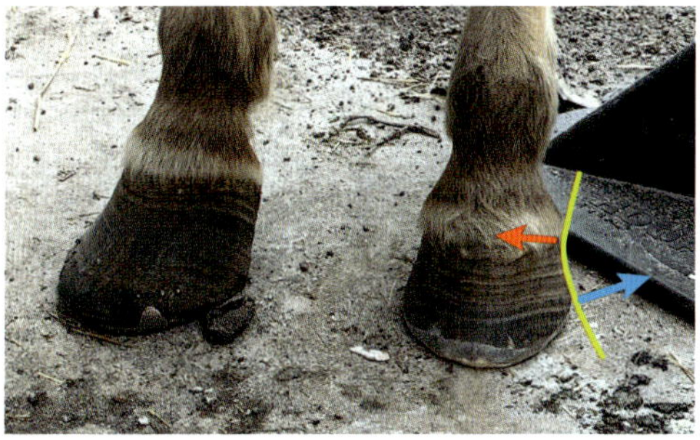

Konvexe Verformung
blau: Die Kraft zieht am Hufbeinträger; Der Aufhängeapparat ist unphysiologisch belastet. Das Pferd schont.
rot: Die Kraft drückt auf den Hufbeinträger (Vasokonstriktion); die Durchblutung ist vermindert.

Neben der Verbiegung kann es auch dazu kommen, dass höher belastete Wände ihren Druck an die Hufkrone weitergeben und diese im Bereich des höheren Drucks aufstauchen. Diese Aufstauchung der Hufkrone kann auch mit einer Aufstauchung des Hufballens verbunden sein.

Ungleiche Belastungen können ihren Ursprung in Verletzungen und daraus resultierenden veränder-

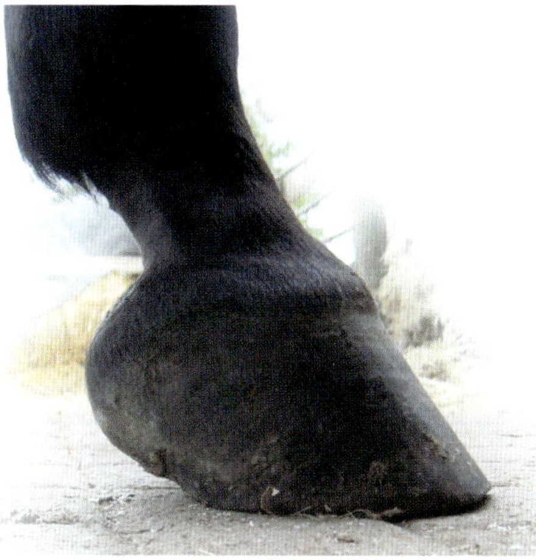

Aufstauchung von Krone und Ballen.

ten Bewegungsabläufen des Pferdes haben. In den meisten Fällen sind es allerdings Schonhaltungen, die durch gestresste, verspannte Muskulatur oder knöcherne Probleme verursacht werden. Mehr dazu lesen Sie ab S. 105.

Merke: Ungleiche Druckverhältnisse, die auf den Huf wirken, können zu einer Aufstauchung von Hufkrone und Ballen führen.

Konkav verbogene Hufwände führen zusätzlich zu Reizungen der weißen Linie. Die durch Verformung der Hornkapsel initiierten Probleme führen, damit sekundär zu einer vergrößerten Eintrittspforte für Keime – die Hornqualität kann sich verschlechtern. Zusammenhangstrennungen sind die Folge (s. S. 113ff).

Merke: Physiologisch falsch belastete Hufe produzieren Probleme mit der weißen Linie.

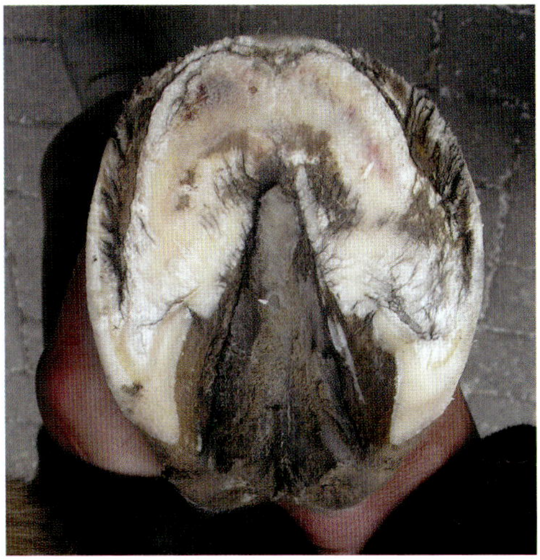

Zerrissene weiße Linie.

Trachtenzwang des weiten Hufes. Zwickzangenartige Verbiegung der Eckstreben und weiteste Stelle nach hinten verschoben.

Neben den Reizungen der weißen Linie ist es auch möglich, dass die Verbiegung der Wände den im Huf wirkenden Kraftfluss verändert: Die Kraft, die normalerweise von unten nach oben wirkt und von der Hornkapsel aufgenommen wird, wird nun zur Seite abgelenkt. Diese Veränderung des Kraftflusses kann zu weiteren Reizungen und Strahlproblemen führen. Die falsch belastete Hornkapsel wird sich weiter verformen und die ein oder andere Zwanghufform (s. S. 60ff) bilden. Dieses Problem führt sehr oft zum Entstehen des sogenannten Trachtenzwangs beim weiten Huf. Symptomatisch für dieses Problem ist ein sehr breiter Huf mit großem, kräftigem Strahl und einer zwickzangenartigen Verbiegung der Eckstrebe. Die weiteste Stelle des Hufes ist meist nach hinten verschoben. Durch diese Veränderung der weitesten Stelle ist die Lastaufnahme dort, wo sie die Natur vorgesehen hat, gestört und die Verformung der Hornkapsel schreitet voran.

Merke: Ein falsch belasteter Huf wird sich anfänglich leicht, mit zunehmender Zeit stärker verändern. Je später das Problem erkannt wird, umso schwieriger und langwieriger ist die Lösung.

Ein gleichmäßig und gut belasteter Huf wird das Hufhorn durch seine regelmäßige und ausreichende Bewegung verdichten. Verdichtetes und damit belastbares Hufhorn finden wir in der Regel nur in sehr kompakten Hufen. In vielen Fällen führt Hufbearbeitung, vor allem, wenn sie unsachgemäß durchgeführt wird, zum Entstehen zu weiter, oftmals auch zu großer Hufe. Damit der Huf sich wirklich verdichtet, sind neben der ausreichend intensiven Bewegung auch unterschiedliche Reize durch abwechslungsreiches Geläuf notwendig. Ein Pferd, das ausschließlich auf der Wiese läuft, wird kaum einen harten und auf Dauer belastbaren Huf

Pferde sollen sich ausreichend auf abriebintensiven Untergründen bewegen. Deswegen ist es sinnvoll, in Offenställen nicht nur weiche Wiese, sondern auch steinige Untergünde anzulegen.

entwickeln. Sehr wohl wird aber ein harter und kräftiger Huf entwickelt, wenn das Pferd daneben tagtäglich Bewegung auf anderen Untergründen bekommt.

Merke: Für einen gesunden Huf ist neben ausreichend viel Bewegung auch abwechslungsreicher Untergrund notwendig.

Die Crux für viele Fehlentwicklungen der Hufe liegt leider in der oftmals gut gemeinten, aber nicht gut gemachten Hufbearbeitung. Bei einem muskulär unauffälligen Pferd, dessen Haltung vernünftig und optimiert ist, sollte man erreichen können, dass es sich über lange Zeit mit möglichst konstanter Hufqualität bewegen kann.
Hufbearbeitung darf niemals den Huf in eine Richtung zwingen. Es ist immer anzustreben, dass der Wandverlauf eine Gerade darstellt!

Stellen Sie sich bitte eine Dachlatte vor. Sie wird senkrecht in den Boden gestellt und von oben mit Druck belastet. Sie wird, obwohl sie nur sehr dünn und aus weichem Holz ist, erstaunlich viel Gewicht tragen können. Und was passiert, wenn sie an einer Stelle eine leichte Wölbung zeigt? Die Dachlatte wird nachgeben und brechen.
Genauso ist es bei den Hornröhrchen. Eine gerade und gestreckt verlaufende Hornröhrchenschicht ist hoch belastbar, sobald wir aber einen Knick in der Hornwand haben, nimmt die Belastbarkeit deutlich ab.

Die Kompaktheit der Hornkapsel ist aus folgendem Grund eine Notwendigkeit: Die Zahl der Hornröhrchen, die in der Kronlederhaut gebildet werden, ist genetisch fixiert. Je kompakter der Huf, desto mehr Hornröhrchen habe ich pro Quadratmillimeter und desto dünner ist die Kitthorn-Schicht, die die Hornröhrchen miteinan-

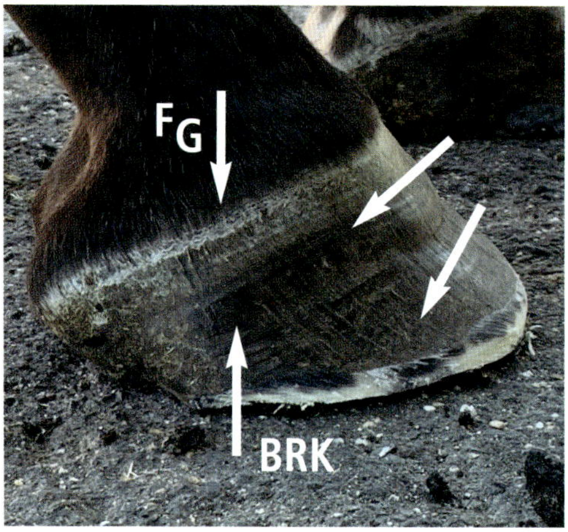

Konkave Verformung der Zehenwand. Die veränderte Kraftrichtung des Kräftevektors im unteren Teil der Zehe begünstigt die Verformung der Zehe nach vorne, die Zerreißung der weißen Linie, eine höhere Belastung der Beugesehnen, eine Störung der Hufbalance und Stress in der gesamten Muskulatur des Beugesehnenapparates. Wer war hier zuerst da? Die Henne oder das Ei?

der verbindet. Wird der Huf volumiger, nimmt der Abstand der Hornröhrchenpakete zueinander zu und die Menge an Kitthorn oder Interzellularhorn wird größer. Die Abriebfestigkeit, aber auch die Druckfestigkeit des Hufhorns nimmt ab.

Größer werdende Hornkapseln verändern ihre Belastungslinien, also die Kraftaufnahmelinien von senkrecht zu schräg nach außen. Je mehr der Umfang des Hufs am Tragrand zunimmt, je eher werden Sie Fühligkeit des Pferdes in seiner Bewegung feststellen – nicht, weil der Huf zu kurz, sondern weil er in seinem Umfang zu groß geworden ist. Die in die falsche Richtung wirkenden Kräfte sind gestiegen.

Je mehr sich das Pferd bewegt, desto intensiver ist die Durchblutung und damit Nährstoffversorgung der Lederhäute, die die Regeneration des Hufhorns gewährleisten.
Aber auch, wenn der Huf ausreichend bewegt wird und ausreichend Nährstoffe vorhanden sind, können Umwelteinflüsse, zum Beispiel Destruenten wie Pilze und Bakterien, das Hufhorn schädigen. Außerdem nimmt die Belastungsfähigkeit ab, wenn der Huf zu feucht wird.
Hier muss der Mensch regulierend eingreifen. Auch wenn viele alternative Hufbearbeiter meine Meinung nicht teilen, so ist es für mich unumgänglich, den Huf entweder durch Beschichtung vor erhöhter Feuchtigkeitsaufnahme zu schützen oder bei Bedarf auch die Feuchtigkeit im Huf zu halten.

Der normale Wassergehalt des Hufes sollte zwischen 20 und 26 % liegen. Wenn der Hufbearbeiter einen solch idealen Huf bearbeitet, wird der Huf ihm sehr trocken erscheinen. Ein Huf, der mit dem Hufmesser leicht zu schneiden ist, kann man jedoch als zu weich und damit als nur geringgradig belastbar bezeichnet werden. Dieses Defizit gilt es im Grunde immer aufzuarbeiten.

! **Merke: Die endogenen Faktoren, die den Huf beeinflussen, sind vor allem die Nährstoffe, welche der Huf zur Ernährung braucht.** **Siehe S. 77ff.**

2.4. Eine kleine funktionale Anatomie des Bewegungsapparats

Um nun den Huf als Zeigeorgan verstehen zu können, müssen wir uns zunächst noch einmal kurz

Das Pferd, ein »Druck-Ausweicher«

Das Pferd als intelligentes Lebewesen und Fluchttier wird immer zuerst versuchen, einem Druck jeglicher Art auszuweichen, bevor es – wenn es gar nicht anders geht – mit Gegendruck antwortet. Das gilt für unsere Kommunikation mit dem Pferd, auf die ich später noch zu sprechen komme, und die oft viel zu sehr von Befehlen statt tatsächlichem Kommunizieren geprägt ist. Und es gilt für Hufe und Muskulatur. Drücken Sattel und/oder falsch sitzender Reiter unangenehm von oben, weicht das Pferd zunächst nach unten aus: Der Rücken sinkt zwischen den Schulterblättern ab. Die Bewegung wird energielos und nur zu oft wird das Pferd an diesem Punkt in Unkenntnis der wahren Geschehnisse beschlagen, weil es »klamm« läuft. Aber auch von unten, vom Huf ausgehend, ist die Pathogenese möglich: vor allem durch falsches Kürzen des Hufs nach rein optischen Gesichtspunkten. Der Huf mag nun zwar »schöner« aussehen, passt aber nicht zum Pferd, das in der Folge seine Bewegung verändert: Das Bein sinkt tiefer in den Rumpf hinein, ganz ähnlich wie die Wirbelsäule zwischen die Schultern sackt. Das Stockmaß des Pferdes kann tatsächlich messbar schrumpfen – von wenigen Millimetern bis hin zu mehreren Zentimetern.

die Anatomie der Gliedmaßen vergegenwärtigen und dann schauen, wie die gesunde Bewegung im Idealfall in den einzelnen Gangarten aussehen soll.

Die Schultergliedmaße (das Vorderbein) besteht aus Schulterblatt, Schultergelenk, Oberarm, Ellenbogengelenk, Unterarm, Karpalgelenk, unterer Röhre, Fesselgelenk, Fesselbein, Krongelenk und Kronbein, Hufgelenk und Hufbein und dahinter dem Strahlbein (siehe Zeichnung Seite 30). Die Schultergliedmaße hat keine knöcherne Verbindung zur Wirbelsäule. Sie ist mit rein sehnigen und Gewebe-Verbindungen im Körper aufgehängt. Diese Aufhängung im Pferdekörper ist der Funktion des Vorderbeins geschuldet. Die hinteren Beine entwickeln Schub nach vorne (daher ist die Hufform spitzrund), die vorderen Beine müssen

Mit der Beurteilung des Pferdes startet alles

die Energie in der Landung aufnehmen und haben eine stoßdämpfende Funktion (daher sind die Vorderhufe rund).

Um zu verstehen, warum unterschiedliche Belastungen zu unterschiedlichen Hufformen führen, ist ein Blick auf die Normalform von Vorder- und Hinterhufen hilfreich:

Wenn das Pferd sich mit den hinteren Beinen abstößt, führt der Kraftfluss nach unten in den

Boden und nach vorne. Wenn man diese beiden Kräfte als Vektor betrachtet, ergibt sich eine Linie bzw. ein Pfeil, der schräg nach vorne zeigt.

An den Vorderbeinen ergibt sich ebenfalls eine Kraftaufnahme von oben nach unten und, da das Pferd in der Vorwärtsbewegung ist, auch eine Kraftrichtung von hinten nach vorne. Auch hier kann ich eine Resultierende (Vektor) bilden und werde feststellen, dass die von oben nach unten wirkende Kraft größer ist, also der nach vorne wirkende Pfeil steiler steht. Diese Differenzierung ist evolutionsbiologisch auch in der Hufform gespiegelt. Eine etwas schlankere Hufform ist ideal für die Schubentwicklung des Pferdes nach vorne, eine runde, volumige Form ist besser geeignet, Stöße und Kraft aufzunehmen.

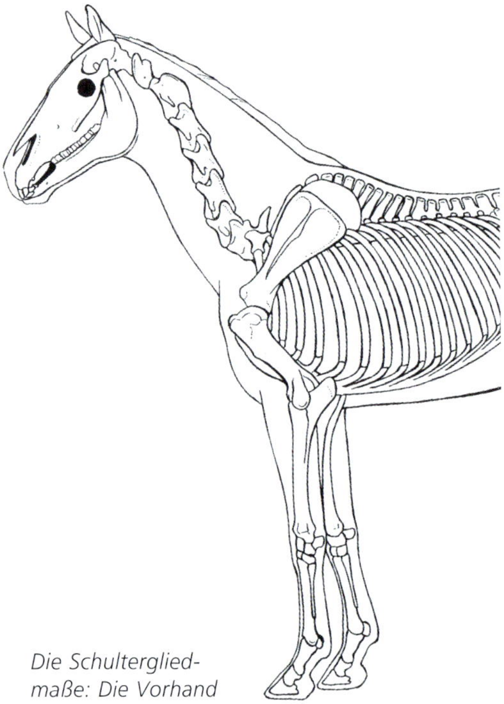

Die Schultergliedmaße: Die Vorhand des Pferdes.

Vektorkräfte hinten: Resultierende (R) aus der Kraft, die das Pferd nach vorne beschleunigt und der Komponente, die gegen den Boden wirkt.

Interessant ist die Beobachtung, dass Pferde, die diesem Idealbild nicht entsprechen, für die Art und Weise ihrer Fortbewegung passende Hufe entwickeln. Ein Pferd, das zu wenig Energie für die Vorwärtsbewegung aus der Bewegung der hinteren Beine schöpft und damit einen höheren Anteil an die Vorwärtsbewegung seiner Schultergliedmaße übergibt, entwickelt auch an den vorderen Beinen deutlich spitzrundere Hufe.

Hier ist der Huf eindeutig ein Spiegel der Qualität der Bewegung. Ein gut gerittenes Pferd (das gelernt hat, die Hauptlast mit den hinteren Beinen zu tragen) zeigt, wie schon von Leonardo da Vinci beschrieben, dass der Vorder- und Hinterhuf aufeinander gelegt die Form eines Hühnereis ergeben, die weitesten Stellen des Hufes also jeweils das gleiche Maß haben. Diesen idealen Zustand können wir heute nur noch bei wenigen Pferden sehen.

Bei Trabrennpferden, die gewissermaßen im »Allradantrieb« laufen und mit Vorder- und Hinterbeinen beinahe gleich stark wirkende Kräfte entwickeln, habe ich häufig beobachten können, dass alle vier Hufe eine fast identische Form annehmen. Bei sehr gut und korrekt gerittenen Dressurpferden dagegen, die gelernt haben, einen großen Teil ihres Gewichts mit der Hinterhand aufzunehmen, sodass diese mehr trägt statt nur zu schieben, werden die Hinterhufe oft deutlich runder, als sie es zu Beginn der Ausbildung waren.

Nochmals zurück zur Konstruktion des Vorderbeins: Es bewältigt die Aufgabe der Energieauf-

Vektorkräfte vorne: Resultierende Kraft (orange) als Ergebnis der Kraft, die nach vorne schiebt und der, die in den Boden wirkt.

Vorder- und Hinterhuf bilden eine Eiform, wenn man sie umgekehrt aufeinander legt.

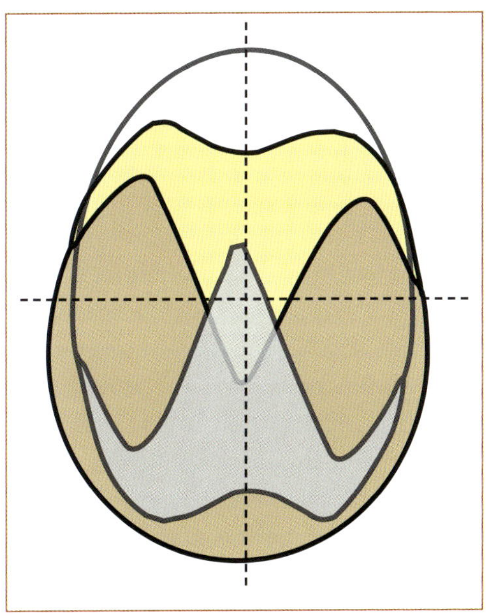

nahme auf grandiose Art und Weise. Wenn man das Vorderbein anschaut, so wird man feststellen, dass Schulter sowie Ober- und Unterarm wie eine Spiralfeder zueinander gefedert aufgestellt sind. Das Fesselgelenk mit dem Fesselbein steht beim regelmäßig gebauten Pferd parallel zur Schulter. In den meisten Reitpferdezuchten ist eine schräge Schulter als wünschenswert beschrieben; das Schulterblatt soll einen Winkel von etwa 90° zum Oberarm haben. Die Empirik der vergangenen Jahrhunderte hat gezeigt, dass eine solche Winkelung vorzüglich geeignet ist, ohne Schaden für die Gelenke Stöße abzufedern. Zudem nehmen Knorpelflächen in den Gelenken sowie die Sehnen und Bänder die Energie auf, die beim Aufprall des Beins auf dem Boden entsteht.

Skelett der Vordergliedmaße

Der Huf hat ebenfalls eine entscheidende Bedeutung in der Energieaufnahme. Untersuchungen haben gezeigt, dass bis zu 4 % der Gesamtenergie durch den Hufmechanismus absorbiert werden. Dabei fungiert der Huf ähnlich wie ein Hydraulikzylinder. Blut (die Hydraulikflüssigkeit) wird zur Energieaufnahme in den Huf gepumpt. Dabei verändert sich die Hornkapsel dreidimensional und verbrauchtes Blut wird gleichzeitig aus der Hornkapsel herausgepumpt. Die Übertragung des Blutes aus dem arteriellen Gefäßsystem in das Kapillarsystem ist hier quasi gleichzusetzen mit dem, was bei einem Hydraulikzylinder passiert. Durch diese kräftige Durchblutung wird der Huf gleichzeitig mit Nährstoffen versorgt.

Das wesentliche Steuerelement für die Bewegung der Gelenke sind selbstverständlich die Muskeln. Kräftig, gut durchblutet und locker, können sie nicht nur Bewegung initiieren, sondern auch die Aufprallenergie und die daraus resultierende Stauchung der Gelenke abschwächen. Dies gelingt jedoch nur bei lockerer, geschmeidiger, gut trainierter und beweglicher Muskulatur. Damit solche hohen Energien kompensiert werden können, ist das Bein nicht knöchern mit der Wirbelsäule verbunden, sondern beweglich verankert.
Für ein frei bewegliches Schulterblatt ist ein passender Sattel Grundvoraussetzung. Behindert er die Beweglichkeit, ist das Gesamtsystem der Energieaufnahme bei der Landung gestört und das Pferd wird unweigerlich mit gebundeneren, energieärmeren und flacheren Bewegungen reagieren.

Die hinteren Beine des Pferdes haben dagegen eine sehr starre Verbindung zur Wirbelsäule. Die

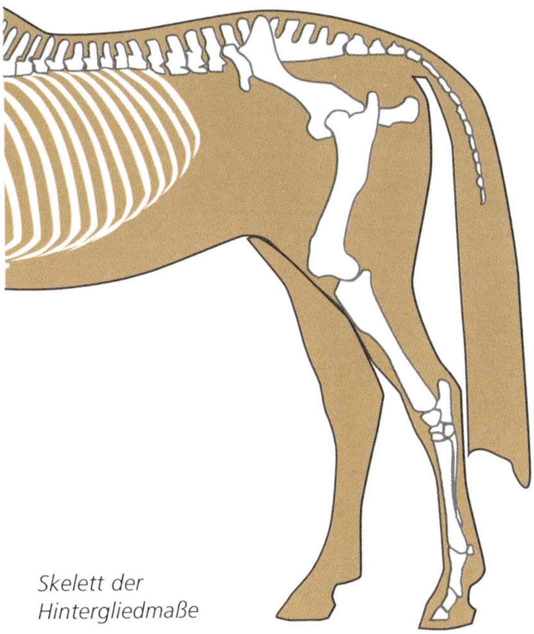

Skelett der Hintergliedmaße

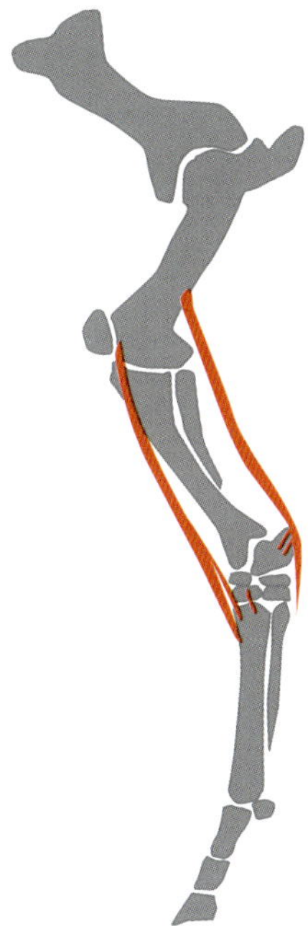

Spannsägenkonstruktion

Beckengliedmaße besteht aus Becken, Hüftgelenk, Oberschenkel, Knie, Unterschenkel, Sprunggelenk, Röhre, Fesselgelenk, Fesselbein, Krongelenk, Kronbein, Hufgelenk, Hufbein und dahinter Strahlbein.

Wenn wir uns bei den Vorderbeinen vorrangig die Möglichkeit der Energieaufnahme angeschaut haben, so betrachten wir an den hinteren Beinen vorrangig die Möglichkeit der Schubentwicklung. Becken, Hüftgelenk, Oberschenkel und Kniegelenk bilden die Hanke. Eine sogenannte »offene Hanke« ist in der Zucht erwünscht, da hier sowohl bei der Energieaufnahme, aber vor allem bei der Energieabgabe, optimale Kraft entfaltet werden kann.

Eine Besonderheit der hinteren Gliedmaße ist die sogenannte Spannsägenkonstruktion: Die Bewegung des Kniegelenks und des Sprunggelenkes sind miteinander verbunden, d.h. nicht unabhängig voneinander möglich. Normalerweise bewegen die Muskeln über die Sehnen meist nur ein Gelenk, beim Hinterbein werden jedoch Sprunggelenk und Kniegelenk immer gemeinsam bewegt. Dies macht für den katapultartigen Vorstoß, der für ein Fluchttier überlebenswichtig ist, absolut Sinn. Eine nervengesteuerte Koordination von Muskelgruppen kann naturgemäß nie so schnell und unmittelbar funktionieren, wie es hier mit der Spannsägenkonstruktion realisiert wurde.

Die feste Verbindung des Beckens mit der Wirbelsäule ist ebenfalls sinnvoll: Jegliche Beweglichkeit verbraucht Energie, die in diesem Fall für die Vorwärtsbewegung genutzt werden soll.

Aus dieser Beschreibung werden zwei Dinge deutlich:

1. Fehlstellungen und Fehlbearbeitungen an den Vordergliedmaßen können durch die weiche Aufhängung des Vorderbeins für einen gewissen Zeitraum vom Pferd ganz gut kompensiert werden. Dies gilt für die hinteren Beine nicht. Oft wird von Hufbearbeitern der Optik und Eleganz der Vorderhufe besondere Aufmerksamkeit gewidmet, dabei wäre es eigentlich wichtiger, sich um die Hinterhufe zu kümmern, weil das Pferd hier viel weniger Kompensationsmöglichkeiten hat.

2. Jegliche Bearbeitung der hinteren Hufe, die dazu führt, dass die Fläche des Hufs unnatürlich verkleinert wird, zum Beispiel durch ungleich hohe Wände, führt unmittelbar zu einem geringeren Energieeinsatz des Pferdes und damit zu einem geringeren Vorschub.

2.5. Die Stellung der Gliedmaßen

Bei einer regelmäßigen Stellung der Vordergliedmaßen stehen alle Knochen in einer Achse übereinander.

Da die Knochen selbst in den allerseltensten Fällen krumm oder verbogen sind, finden Abweichungen vom Regelmäßigen in der Regel in den Gelenken statt. Es kann dort zu Verdrehungen und Verknickungen kommen oder zu so genannten axialen Verschiebungen. Das bedeutet, dass der Knochen, der oberhalb des Gelenkes steht, nicht auf derselben Linie liegt wie der unter dem Gelenk liegende.

In der Pferdesprache hat sich für eine Verdrehung im Fessel-, Kron- oder Hufgelenk nach außen die Beschreibung »zehenweit« eingebürgert. Bei einer Verdrehung nach innen, spricht man von »zeheneng«. Ist die Gliedmaße gerade und gestreckt, aber aus dem Buggelenk kommend nach außen gestellt, spricht man von bodenweit; ist sie nach innen gestellt, ist sie bodeneng. Knickungen in der Gelenksachse kommen meistens im Karpalgelenk vor, wir sprechen dann von X-beinig oder O-beinig.

Die Stellung der hinteren Gliedmaßen von hinten betrachtet ist ähnlich. Wir sprechen von regelmäßig, wenn die Knochenachse aus übereinanderstehenden Knochen besteht, von X- und O-Beinigkeit sprechen wir bei einer Knickung im Sprunggelenk. Eine Rotation im Fesselgelenk oder Krongelenk oder Hufgelenk nach außen heißt zehenweit, nach innen zeheneng.

Selten finden wir diese Fehlstellungen in Reinform. Meistens haben die Pferde kombinierte Fehlstellungen, sie sind zum Beispiel zehenweit-bodeneng oder x-beinig-zeheneng. Die häufigste Stellung der Hintergliedmaße ist eine sogenannte hakenenge zehenweite Stellung: Die Gliedmaße ist aus dem Becken schräg nach außen aufgehängt und hat ansonsten ein regelmäßig verlaufendes Hinterbein. Dies wird gerne mit der kuhhessigen Stellung verwechselt. Bei der kuhhessigen Stellung haben wir aber eine Kombination aus x-beinig mit zehenweiter Stellung.

Aus diesen Stellungen ergeben sich bestimmte Bewegungsabläufe: Während das regelmäßig

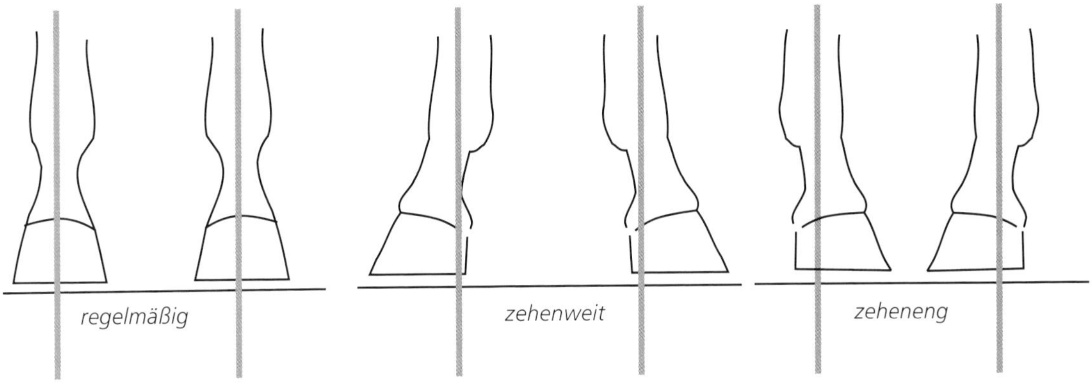

regelmäßig *zehenweit* *zeheneng*

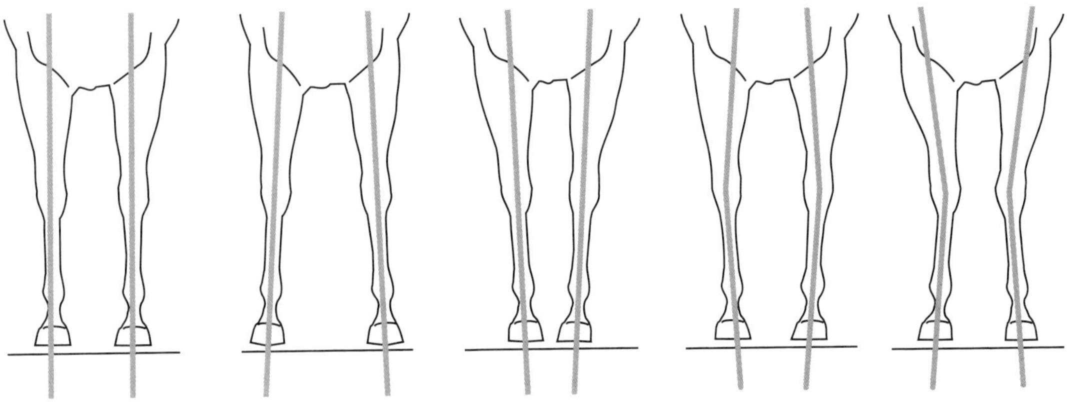

regelmäßig *bodenweit* *bodeneng* *o-beinig* *x-beinig*

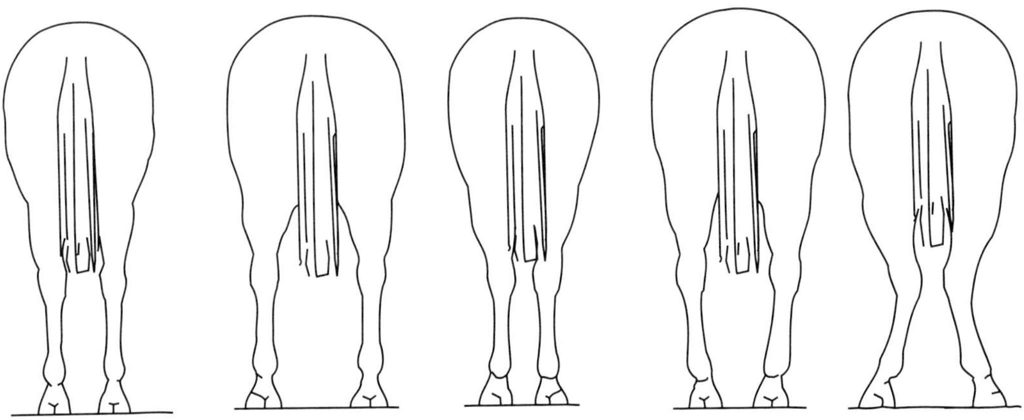

regelmäßig *bodenweit* *bodeneng* *fassbeinig* *kuhhessig*

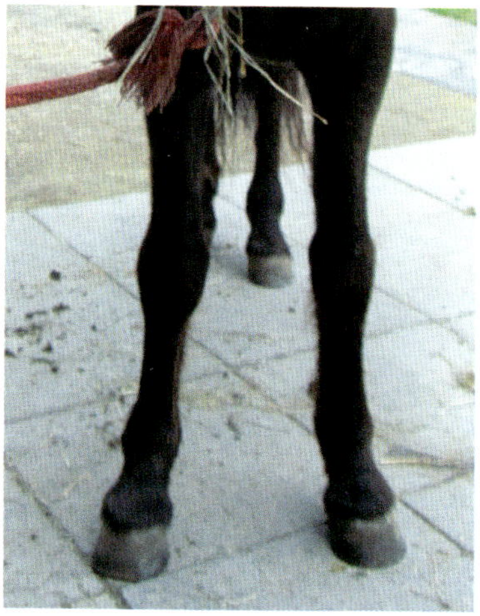

zehenweit und bodenweit

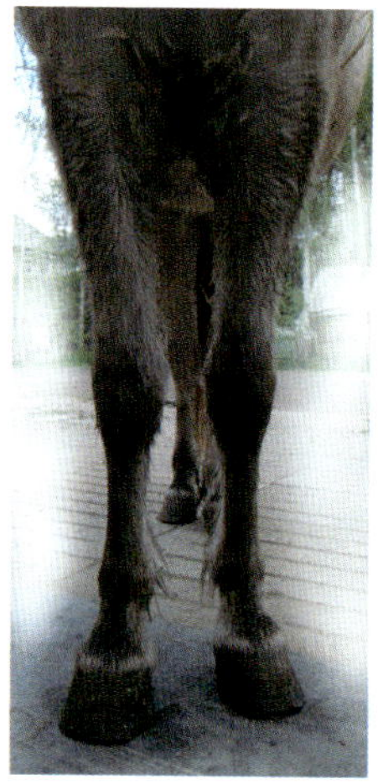

zehenweit

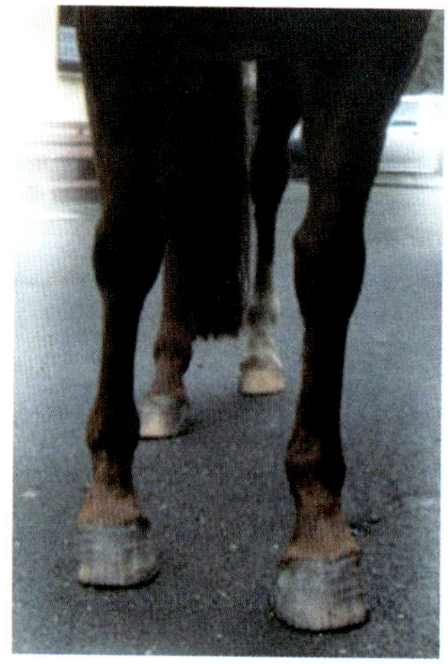

bodenweit und zeheneng

gestellte Pferd einen geraden, gleichmäßigen Bewegungsablauf hat, weicht es bei Fehlstellungen von der geraden Bewegungsrichtung ab.

Erstaunlicherweise ist es so, dass bei angeborenen Fehlstellungen meistens eine regelmäßige Hornkapsel am Huf zu finden ist. Regelmäßig bedeutet hier, dass die Hornkapsel sich nicht verändert. Es bedeutet nicht, dass sie nach Lehrbuch-Ideal unbedingt symmetrisch ist. Wenn die Hufbearbeitung den Huf als solchen respektiert, kann das Pferd trotz einer Fehlstellung eine völlig konstante Form der Hornkapsel beibehalten.

Die Bewegung des Pferdes verändert sich je nach Fehlstellung

Zehenenge und/oder bodenweite Stellung führen zu einer Bewegung um die stützende Gliedmaße. Dabei nutzt sich die äußere Zehe stärker ab, das Pferd fußt zuerst auf der inneren Tracht. Es entsteht ein diagonaler Huf.

Bei der zehenweiten und bei der bodenengen Stellung haben wir dagegen eine Bewegung gegen die stützende Gliedmaße. Die innere Zehe nutzt sich stärker ab, das Pferd fußt auf der äußeren Tracht zuerst. Es entsteht ebenfalls ein diagonaler Huf.

Bei der x-beinigen Stellung läuft die Bewegung ebenfalls gegen die stützende Gliedmaße. Es entsteht ein sogenannter pendelnder Gang.

Bei der o-beinigen Stellung erfolgt die Bewegung um die stützende Gliedmaße, es entsteht ein Huf mit stärker abgenutzter äußerer Zehe und stärker abgenutzter innerer Tracht.

In vielen Fällen haben wir jedoch kombinierte Fehlstellungen an den Beinen des Pferdes. Da die Natur oft ausgleicht, haben wir häufig sich gegenseitig aufhebende Fehlstellungen, die dazu führen, dass der Huf letzten Endes eine geradlinige Bewegung zeigt. Dies betrifft dann aber nicht das gesamte Bein, sondern die sich gegenseitig redu-

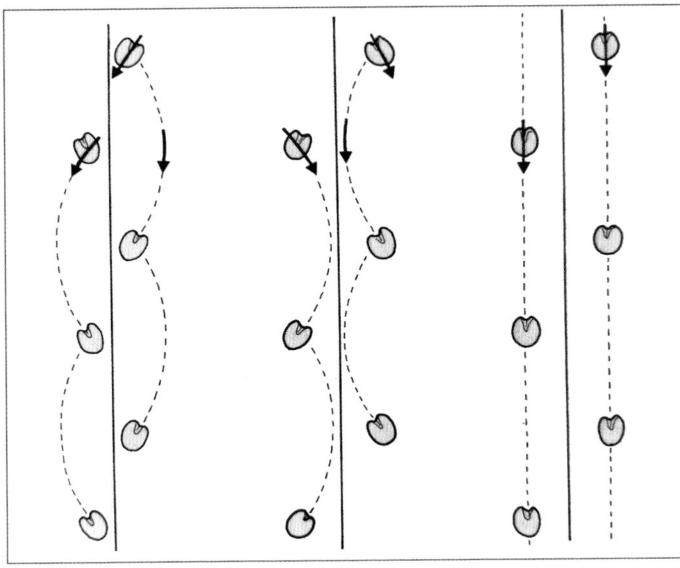

zierenden Fehlstellungen führen dazu, dass der Huf vielleicht eine Gerade, die darüber gelegenen Gelenke jedoch eine Dreiecks- oder Kreisbewegung vollziehen.

Ist das Pferd muskulär unauffällig, kann sich, wie eben schon gesagt, auch bei Fehlstellung eine völlig intakte, stabile und konstant gleichbleibende Hornkapsel bilden, vorausgesetzt, das Pferd bewegt sich ausreichend viel und »richtig«.

2.6. Warum Bewegung für den Huf so wichtig ist

Viel Bewegung führt zu guter Verdichtung des Hornmaterials. Bewegt sich das Pferd zu wenig, wird sich der Huf in der Regel weniger abnutzen, das heißt der Umfang am Tragrand nimmt zu, das Hufhorn drängt auseinander. Das vermehrt nicht die Zahl der Hornröhrchen, wohl aber die Menge des wenig kompakten Kitthornes, das die Hornröhrchen miteinander verklebt.

Durch den größeren Hufumfang unterliegt der Huf nun höheren Kräften mit dem Ergebnis, dass die Hufwände sich oft verbiegen. Dies wiederum führt weiterhin zu Reizungen im Bereich der weißen Linie. In einigen Fällen verändert sich auch der Strahl und es kann zu Zerreißungen an der mittleren Strahlfurche kommen.

Ebenso ist es möglich, dass zu lang werdende Hufe ungleiche Belastungszustände am Hufballen hervorrufen und hier Aufstauchungen verursachen – besonders dann, wenn Fehlstellungen vorhanden sind. Mehr dazu ab S. 60.

Wenig Bewegung führt also nicht nur dazu, dass das Hufhorn sich unzureichend stark abnutzt, sondern vor allem dazu, dass es an Kompaktheit verliert. Ausreichend Bewegung ist ein essenzieller Bestandteil der Hufgesundheit, wobei sie nicht ausschließlich auf weichen Böden stattfinden darf. Für die Massage, ideale Durchblutung und Bewegung der Hornkapsel in allen drei Dimensionen ist es nötig, dass das Pferd auf unterschiedlichen

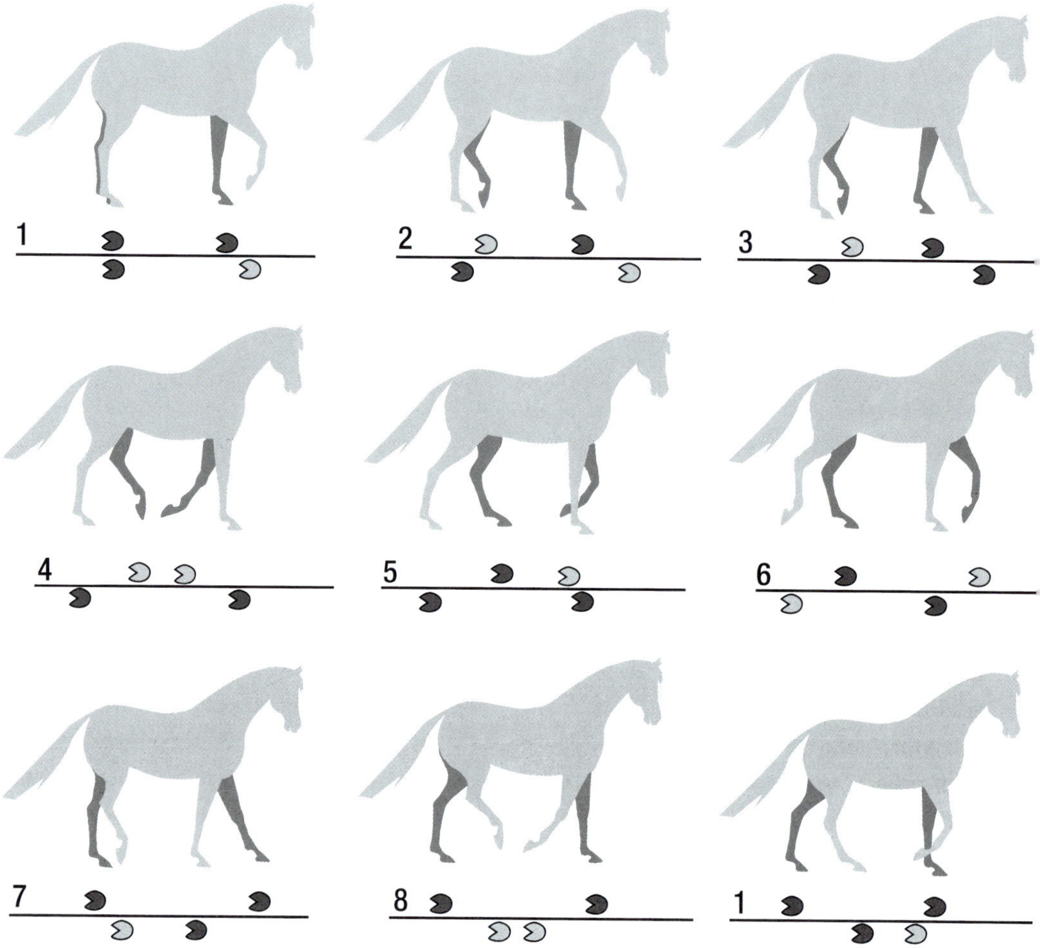

Die Fußfolge im Schritt

Untergründen bewegt und gearbeitet wird. Wenn ich das Pferd regelmäßig auch unbeschlagen reiten möchte, muss der Huf trainiert werden. Er verhält sich in dieser Beziehung genau wie ein Muskel: Ich kann keine Hochleistung des Hufes erwarten, wenn ich nur breitensportliches Training durchführe.

2.7. Was wir aus der Bewegung sehen können

Schauen wir uns nun die Bewegung des Pferdes noch einmal genauer an:

Im Schritt bewegt sich das Pferd im Viertakt.

Schauen Sie sich das Pferd im Schritt von vorne oder von hinten an. Die Beine der linken und die der rechten Körperhälfte sollten jeweils in einer

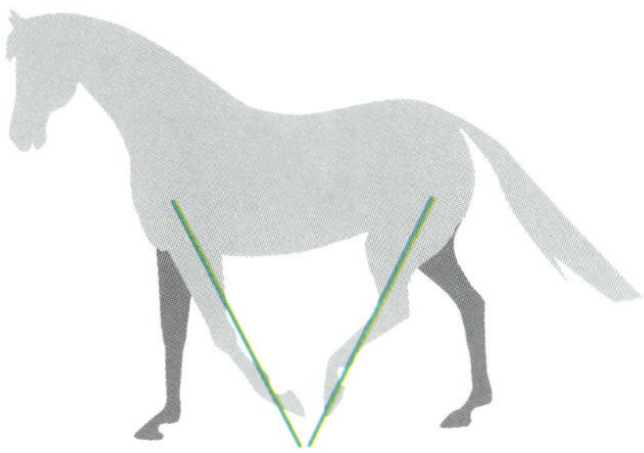

Das erwünschte V im unverspannten Schritt.

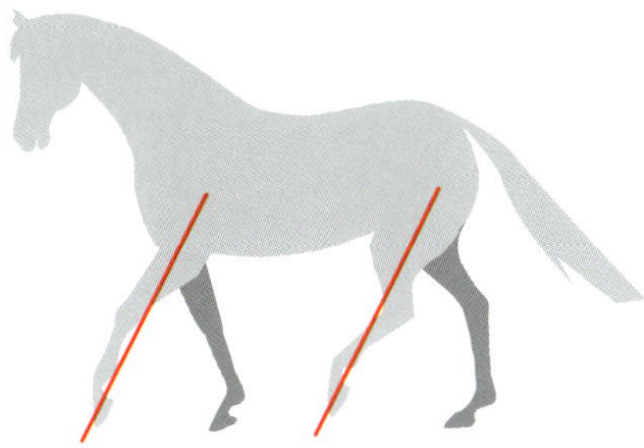

Lateralisierter Schritt mit Passverschiebung bei verspannter Muskulatur.

Spur laufen. Das Pferd nutzt also zwei Hufspuren. Der vordere und der hintere Fuß einer Körperhälfte tritt jeweils in dieselbe Spurlinie.

Von der Seite betrachtet ist es ein wesentliches Kriterium für einen lockeren und unverspannten Schritt, wenn vorderes und hinteres Bein ein V bilden: Wenn das hintere Bein nach vorne geführt wird, befindet sich das vordere Bein weit unter dem Körper.
Je stärker die Abweichung von diesem Gangbild ist, umso größer ist die Vermutung, dass Verspannungen in der Muskulatur vorliegen.

Betrachten Sie auch die Bewegung des Schweifs. Er sollte gleichmäßig und locker von links nach rechts pendeln, wenn das Pferd von Ihnen weggeführt wird. Tut er das nicht, ist auch das ein Hinweis auf eine Verspannung.

Pendelt der Schweif nur in eine Richtung, ist zu überprüfen, ob das Pferd eine gedehnte und eine hohle Seite hat (Schiefe). Das können Sie gut feststellen, indem Sie von hinten im Schritt die Bewegung des Bauches betrachten. Der Bauch sollte gleichmäßig weit nach links und nach rechts schwingen. Wenn Sie feststellen, dass der Schweif nach rechts und der Bauch nach links schwingt, so ist das ein deutlicher Hinweis für eine ausgeprägte Schiefe und damit verspannte Muskulatur. (Die gedehnte Seite ist immer die, zu der der Bauch hinschwingt.)

Von vorne, also wenn das Pferd auf Sie zu geführt wird, betrachten Sie zuerst den Kopf- und Halsbereich. Der Kopf sollte locker getragen werden und die Schulter frei nach vorne ausgreifen. Hier sind oft die verschiedensten Abweichungen zu sehen. Es kann sein, dass der Kopf stabil bleibt, der Hals sich jedoch nach links und rechts bewegt, der Kopf quasi eine Bewegung des Neinsagens macht. Möglicherweise pendelt der Kopf-Halsbereich komplett von links nach rechts. Oder der Kopf ruckt taubenartig auf und ab. Solche Abweichungen sind deutliche Hinweise auf Verspannungen in der Schulter bzw. in Hals und Genick, die langfristig Auswirkungen auf die Hufentwicklung haben.

oben: Vorführen des Pferdes
links gut: Die Vorder- und Hinterhufe laufen in einer Spur. Das spricht für ein geradegerichtetes Pferd.
rechts schlecht: Hier bewegt sich das Pferd auf drei Hufspuren – ein Indiz dafür, dass es nicht geradegerichtet ist (auf diesem Foto gestellt).
unten: freier taktreiner Trab.
Beachten Sie die Parallelität von Unterarm vorne rechts und Röhre hinten links.

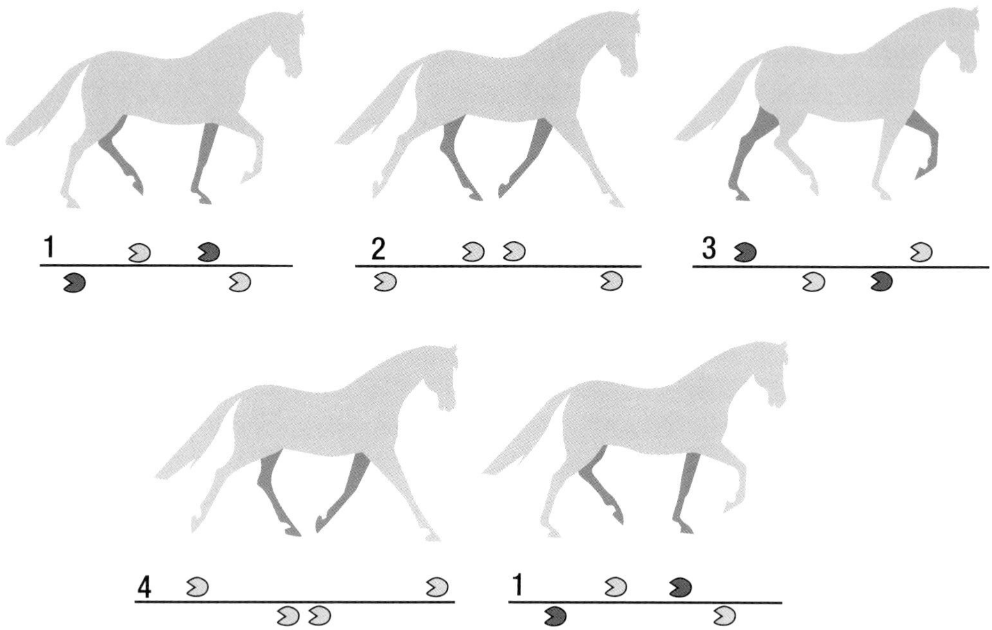

Die Fußfolge im Trab

Im Trab sollte das Pferd eindeutig einen Zweitakt zeigen. Die diagonalen Beinpaare sollten sich zeitgleich nach vorne bewegen und gleichzeitig auf dem Boden aufsetzen. Das Pferd sollte in den jeweiligen Diagonalen abwechselnd eine erkennbare Schwebephase zeigen, wobei die Hufe deutlich Distanz zum Boden haben sollten. Von der Seite betrachtet bekommen Sie gute Informationen über die Qualität des Trabes, wenn Sie die Parallelität der hinteren Röhre und des vorderen Unterarms betrachten. Diese beiden Knochen sollten in allen Bewegungsphasen des Trabes parallel zueinander sein.

Von hinten und vorne betrachtet bewegt sich das Pferd wieder auf zwei Hufspuren. Das heißt, die jeweils linken und rechten Hufe sollten in einer Spur auffußen. Wie bei der Betrachtung im Schritt ist auch hier ein Blick auf den Schweif und auf den Bauch notwendig.

Es ist nicht zwingend so, dass im Schritt und Trab die gleichen Verspannungen zu beobachten sind. Unterschiedliche Bewegungsanomalien sind durchaus möglich. Dies mag auch daran liegen, dass die auf die Hufe wirkende Aufprallenergie im Trab deutlich stärker ist und daher Auswirkungen, die das Pferd im Schritt noch kompensiert, im Trab erst sichtbar werden.

Ein schief getragener Schweif ist ein Indiz für eine gedehnte und eine hohle Seite beim Pferd.

Auch im versammelten Galopp sollen die diagonalen Beine (s. Phase 4) gleichzeitig auffußen. Das Pferd soll sich nicht in die Kurve legen, sondern senkrecht bleiben. Hier ist schön zu sehen, dass die Buggelenke auf einer Höhe bleiben – die sogenannte Schulterbalance ist vorhanden.

Den Galopp können Sie sich an der Longe auf beiden Händen zeigen lassen und dabei auf folgenden Punkt achten: Bewegt sich das Pferd im Drei- oder Viertaktgalopp?

Der Unterschied zwischen Drei- und Viertaktgalopp besteht in der Auffußung der diagonalen Beine. Im Dreitaktgalopp fußen die diagonalen Beine zeitgleich auf, im Viertaktgalopp leicht zeitversetzt, zuerst das hintere, dann das vordere diagonale Bein. Viertaktgalopp sollte nur im Renngalopp vorkommen und ist ansonsten fehlerhaft, auch wenn von Dressurreitern mitunter die Ansicht vertreten wird, der stark versammelte Galopp sei immer ein Viertakt und dies sei ein Zeichen für Versammlung. Alois Podhajsky, der bekannte frühere Oberbereiter der Spanischen Hofreitschule in Wien und Autor zahlreicher Bücher über die klassische Reitkunst, widerspricht dem deutlich und sagt, das Pferd habe dann aufgrund falscher Verkürzung seinen Schwung verloren und »humpele«. (Podhajsky, Die klassische Reitkunst, Kosmos Verlag 1998, S. 31)

Betrachten Sie nun die Bewegungsunterschiede auf der linken und der rechten Hand.

Das gut ausgebildete Pferd sollte sich im Idealfall nicht in Schräglage, aber gut gestellt und gebogen

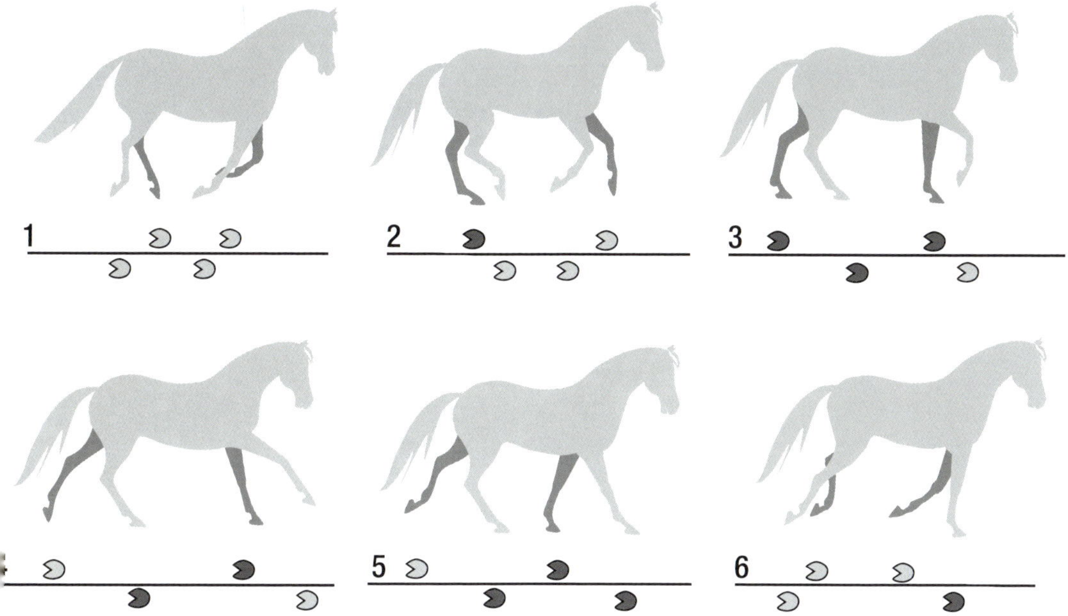

Die Fußfolge im Galopp

auf dem Zirkel bewegen. Diesen Zustand haben wir natürlich nicht häufig, aber zumindest sollte das Pferd leicht gestellt und in Schulterbalance auf der gebogenen Linie galoppieren können. Schulterbalance bedeutet in diesem Zusammenhang, dass die beiden Buggelenke bei der Bewegung auf dem Zirkel nahezu auf einer Höhe bleiben. Alle vier Hufe zeigen in der Kreisbewegung jeweils in die Laufrichtung.

In vielen Fällen sieht man hier massive Abweichungen. In der Kreisbewegung erlebt man sehr häufig, dass das Pferd mangels Biegung auf die äußere Schulter fällt. Das kann man daran erkennen, dass die Hufspitze des äußeren Vorderhufes beim Auffußen nach außen zeigt. Die Diagonale des hinteren Beins verhält sich ähnlich. Dies muss

Schräglage im Galopp.Die Buggelenke sind auf unterschiedlicher Höhe. Läuft das Pferd immer so, werden sich die Seitenwände des Hufs abrunden.

zwangsläufig zu einer Drehbewegung mit mindestens einem der Hufe führen, da sonst eine weitere Fortbewegung nicht möglich sein kann.

Die nächste Betrachtung in allen Gangarten ist die Überprüfung, ob das Pferd taktklar geht. Die Beschreibung des Gangs mit der Vokabel »Takt« hat viel mit Musik zu tun. Und genau daran können wir uns auch gut orientieren: Wenn Sie sich das Pferd im Schritt, also im Viertakt, vorführen lassen, tun Sie das am besten auf hartem Boden, da Sie dann den Auftritt der Hufe besser hören können. Die vier Hufe sollten gleich stark und in zeitlich gleichem Abstand zueinander auf den Boden treffen. Abweichungen, also Taktstörungen, wären dann vorzufinden, wenn der zeitliche Abstand einzelner Auftritte unterschiedlich wäre.

Die zweite Betrachtung der Auftritte kann man gut mit der Vokabel »Versmaß« bezeichnen. Neben dem zeitlichen Abstand der einzelnen Auftritte sollte beim taktrein und taktklar laufenden Pferd jeder Auftritt in seiner Stärke gleich dem Auftritt der anderen Hufe sein. Hören Sie einen Auftritt stärker als die anderen, so liegt eine Störung der Taktklarheit vor. Dafür kommen mehrere Ursachen infrage. Dass das Pferd mit einem Huf stärker auf den Boden tritt, kann das Ergebnis einer beschleunigten Bewegung dieses Beins nach vorne sein, was bedeutet, dass das andere Beinpaar etwas langsamer ist. Ein hörbarer Unterschied kann auch ein Resultat unterschiedlich ausgeformter Hornkapseln sein.

Merke: Taktunreinheiten führen immer zu einer unterschiedlichen Entwicklung der Hufe.

Hufpflege Reiten Gesundheit

Taktunreinheiten beurteilen

Bei der Betrachtung bzw. beim genauen Hinhören auf den Aufprall der Hufe auf den Boden, die uns einen Hinweis über die Taktreinheit des Pferdes geben, ist es wichtig, in welchem Ermüdungszustand sich das Pferd aktuell befindet. Ist es munter, weist ein sich langsam nach vorn bewegendes Vorderbein auf eine Störung im Schulter- oder Halsbereich hin. Die Ursache dafür kann vom schief eingesessenen oder unpassenden Sattel über einen schiefen Reitersitz bis hin zur Blockierung der Vorwärtsbewegung eines Beins durch eine harte, unnachgiebige Reiterhand reichen. Beim ermüdeten Pferd kann eine solche Taktunreinheit ein Ergebnis ungleichen Trainings der beiden Hände und früher einsetzender Ermüdung auf der einen Hand bedeuten.

Rückwärtsbewegung

Bei Rückwärtsbewegungen hat das Pferd dieselbe Fußfolge wie im Trab: Die Beine bewegen sich diagonal. Die Rückwärtsbewegung ist ein wichtiges Element in der Ausbildung des Pferdes und gilt als Gradmesser für korrekte Ausbildung hinsichtlich der Durchlässigkeit. Manchen Pferden fällt die Rückwärtsbewegung unter dem Reiter sehr schwer. Ist sie eingeschränkt, eine sogenannte Rückschreiteblockade, ist die Ursache meist im Bereich der beiden Iliosakralgelenke (Kreuzdarmbeingelenke) zu finden. Neben Unfällen oder verunglücktem Aufstehen können Probleme mit den Kreuzdarmbeingelenken auch schon in der frühesten Jugend des Pferdes angelegt werden. Wird das Jungpferd überfordert und zu früh versammelt, bevor das Kreuzbein vollständig zusammengewachsen ist, kann es zu Störungen in der Entwicklung der Weichteilelemente in den Gelenken kommen. Hier angelegte Probleme wird das Pferd sein gesamtes Leben kaum loswerden.

Häufiger jedoch sind Probleme in den Iliosakralgelenken, die eine sogenannte Vorschreiteblockade bedingen. Beides ist einfach zu überprüfen: Fahren Sie mit Ihrer Hand mit einer sanften Bewegung über die Wirbelsäule in Richtung Becken, bis Sie in eine kleine Mulde kommen. Lassen Sie Ihre Hand hier ganz ruhig liegen und bewegen das Pferd einen kleinen Schritt nach vorne oder einen kleinen Schritt zurück. Sie werden das Verhalten des Beckens spüren. Bei einer Vorschreiteblockade geht das Becken nach vorne weg; der Rücken drückt weg. Bei einer Rückschreiteblockade passiert das Gegenteil.

Eine weitere mögliche Ursache für Probleme in der Rückwärtsbewegung kann eine Faszienverspannung sein.

Seitwärtsbewegung

Ein gesundes und bewegliches Pferd kann ohne Probleme sein Hüftgelenk (ein Kugelgelenk) in alle Richtungen bewegen. Im Gegensatz zu Menschen ist die Beweglichkeit des Hüftgelenkes zwar geringer, dafür die Stabilität größer. Trotzdem kann das Pferd gestellt und gebogen werden; die hinteren Beine können unter den Schwerpunkt treten; sowohl die Vorder- als auch die Hinterbeine können deutliche Abduktions- und Adduktionsbewegungen (Weg- und Hinführen zur Körperachse) ausführen. Sind diese eingeschränkt, wird das Pferd bei den Seitengängen Widersetzlichkeiten zeigen.

Bei Problemen mit der Seitwärtsbewegung ist ein baldiges Abklären notwendig, da das Üben der Seitengänge ein wichtiges Ausbildungsinstrument ist, um das Pferd geradezurichten.

Versuchen Sie, das Pferd abzutasten, um verhärtete Muskulatur aufzufinden oder Verklebungen oder Verhärtungen der Faszien zu erkennen. Nur wenige Muskeln, wie der der Psoas-Muskel, sind nicht tastbar.

Wenden

Das Wenden kann über die Vorder- oder Hintergliedmaßen erfolgen. Beides sollte in beiden Richtungen gleich oft probiert werden. Das Pferd sollte sich dabei stellen und biegen.

Bewegungsstörungen

Oft hört man die Meinung, dass Bewegungsstörungen wie das Greifen oder Streichen angeborene Probleme des Pferdes seien. Das ist mitnichten so. Schauen wir sie uns im Einzelnen an:

Greifen

Greifen bedeutet, dass sich die Gliedmaßen der beiden Achsen berühren: Die Hinterhufe berühren die Vorderhufe oder die Ballen.

Prädisponiert hierfür sind Pferde mit langen Beinen und kurzem Rücken. Zu »erworbenem Greifen« kommt es durch folgende mögliche Faktoren:

- Veränderte/versteifte Rückenbewegung
- Eingeschränkte Schulterbewegung
- Erworbene Rückständigkeit
- Spitze, lange Zehe am Vorderhuf und damit verzögerte Abrollbewegung der Hufe
- Flacher Gang

Sie sehen auch hier wieder, dass etliche dieser Faktoren muskuläre Ursachen und/oder Auswirkungen haben.

Streichen

Berühren sich die Gliedmaßen einer Achse, sprechen wir von »Streichen«.

Prädisponiert hierfür sind schmale Pferde und alle, deren angeborene Fehlstellung zu Bewegungen der bewegten Gliedmaße gegen die stützende/stehende Gliedmaße führen (z.B. zehenweit).

Erworben werden kann diese Bewegungsstörung durch folgende mögliche Faktoren:

- Sattel behindert die Schultermuskulatur
- Erworbene Schiefe
- Beckenschiefstand

Achtung: Streichen tut weh. Die Pferde versuchen sich folglich so zu bewegen, dass sie die schmerzhafte Berührung ihrer Beine vermeiden. Das Resultat sind kraftlose Bewegung, verkürzte Schritte, rotierende Ausweichbewegungen und weitere Verspannungen.

Schleifender Gang

Wir sprechen von schleifendem Gang, wenn die Hufe wenig oder gar keinen Abstand zum Boden während der Vorwärtsbewegung bekommen. Dies ist häufig ein Kennzeichen eines alten und verbrauchten Pferdes, aber auch Muskel- und Gelenkprobleme führen schon oft früh zu einem schleifenden Gang. Vor allem an der Beckengliedmaße ist oft eine stark eingeschränkte Bewegung der großen Gelenke zu beobachten, Knie und Sprunggelenk bewegen sich kaum. Die Ursache hierfür kann durchaus falsches Reiten und/oder ein unpassender Sattel und hieraus resultierende mangelnde Rückentätigkeit sein. Die Folge ist eine Überlastung der Gelenke der Beckengliedmaße und durch die unvollkommene Tätigkeit der Hinterhand auch eine Überlastung der Vordergliedmaßen. Die Störung kann ihre Entstehungsgeschichte aber auch von vorn nach hinten verlaufend haben:

1. Schlechte Trachten an den Vorderhufen.
   Das Strahlpolster kollabiert – erstes Anzeichen ist oft Strahlfäule trotz guter Stallhygiene.

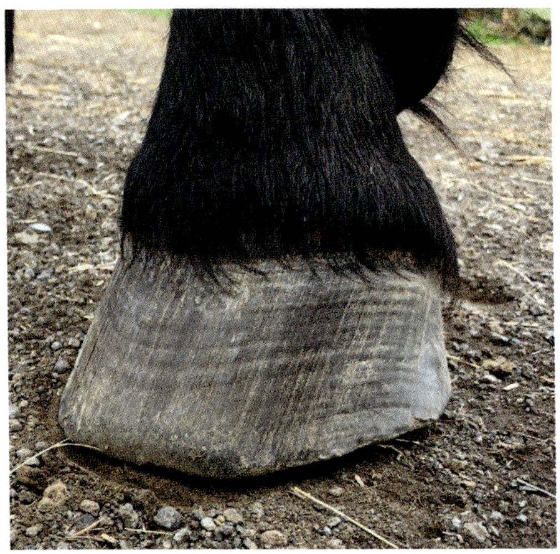

Abgeschliffene Zehe bei einem Pferd mit Kniegelenksarthrose und daraus folgendem schleifendem Gang. Bei Spat ist das Bild gleich.

2. Flacher, kraftloser und verkürzter Gang.
3. Verhärtung im langen Rückenmuskel und in der Bauchfaszie.
4. Das Becken kippt in der Lumbalregion nach vorn-unten ab.
5. Die Hinterhufe schleifen aufgrund der geringeren Gelenkbeweglichkeit mit der Zehe.

Zu schwere Beschläge oder Hufschuhe bei schlechtem oder mäßigem Trainingszustand der Muskulatur können ebenfalls zu schleifendem Gang führen.

Paddeln

Von Paddeln sprechen wir, wenn in der Rückwärtsbewegung des Beins der Huf ab Fesselgelenk nach außen ausweicht. Dies ist selten eine angeborene Problematik und fast immer ein Resultat falsch verstandener Hufbearbeitung, wenn die Hufe ohne Rücksicht auf die Bein- und Verhältnisbeurteilung nach ästhetischen Erwägungen gerade gestellt werden. Die Hufe sehen dann von vorn betrachtet oft »schön« aus, sind aber aus Ballensicht häufig asymmetrisch.
Beispiel: Als unerfahrener Jungschmied sollte ich einmal die Hufe eines Junghengstes für den Körungstermin bearbeiten und stellte das Pferd schön »gerade« hin. Ich erntete zunächst großes Lob, weil der Hengst nun im Stand so perfekt dastand. Leider zeigte er dann aber bei der Musterung im Schritt eine schmale und im Trab eine stark paddelnde Bewegung… dumm gelaufen und ein Fehler, aus dem ich definitiv gelernt habe!

Bügeln

Bügeln bedeutet, dass das Bein in der Rückwärtsbewegung ab der Schulter nach außen ausweicht. Dies ist bei manchen Rassen wie z.B. dem Paso Peruano ein durchaus gewollter und erwünschter Bewegungsablauf. Früher war der so genannte »Campaneo« auch bei vielen spanischen Pferden gern gesehen und galt als stolz und schick, heute ist man in der Zucht davon abge-

kommen und strebt nach geraderen Bewegungen – sicherlich zugunsten der Pferdegesundheit!

Lahmheit

Von Lahmheit sprechen wir, wenn das Pferd in seiner Vorwärtsbewegung eine taktmäßige Abweichung zeigt. Wir unterscheiden zwischen Stützbeinlahmheit und Hangbeinlahmheit. Bei der Stützbeinlahmheit wird der Schmerz in denjenigen Teilen ausgelöst, die jetzt gerade den Boden berühren und belastet werden. Bei der Hangbeinlahmheit tut das Vorführen des Beines weh. Die Stützbeinlahmheit ist die bei weitem häufigere Form der Lahmheit.

Ist das Pferd vorn links stützbeinlahm, dann wird es in dem Moment, in dem das linke Bein aufsetzt, mit Kopf und Hals eine tiefere Position einnehmen. Wenn das Bein, das bei Belastung Schmerzen verursacht, unter den Körper geführt wird, bewegen sich zeitgleich Kopf und Hals nach oben, um das schmerzende Stützbein gewichtsmäßig zu entlasten. Das Pferd verringert die Belastung, die auf das schmerzende Bein wirkt, indem es die Zeit, die das Bein belastet wird, geringgradig verlängert. Danach fällt das Pferd auf das gesunde rechte vordere Bein. Die Verweilzeit des rechten, gesunden Vorderbeins auf dem Boden ist geringgradig kürzer.

Entsprechend dazu entlastet das Pferd auch eine Lahmheit im Stützbein der hinteren Gliedmaßen. Ist das Pferd an den Vorderbeinen stützbeinlahm, ist häufig auch eine Taktunreinheit in der diagonalen hinteren Gliedmaße zu beobachten.

2.8. Pferdetypen, Körperbau und Hufformen

Bei allen Betrachtungen, auch, was die Hufe und ihre Funktion als Zeigeorgan betrifft, sind immer auch Rasse, Zucht und Typ des Pferdes zu berücksichtigen.

1. Pferde im Ponytyp (Haflinger, Tinker, Isländer, Fjordpferde, Shetlandpony etc.)
2. Pferde im Warmbluttyp (Deutsche Warmblüter, PRE, Lipizzaner, Friesen etc.)
3. Pferde im Vollbluttyp (Englischer Vollblüter, Araber, Achal Tekkiner etc.)
4. Pferde im Kaltbluttyp (Deutsche Kaltblutrassen, Ardenner, Schwarzwälder Fuchs etc.)

Diese vier Typen unterscheiden sich durch mehrere entscheidende Merkmale, auch wenn viele Pferderassen, die in der Vergangenheit eindeutig zuzuordnen waren, dies heute nicht mehr so leicht sind. Vergleichen Sie ein Haflingerpferd aus den sechziger Jahren mit einem »modernen« Haflinger: Ersterer wäre vielleicht eher ein Kaltbluttyp gewesen, heute jedoch gibt es derartig sportliche Haflinger, dass diese Einordnung nicht mehr stimmt. »Meine« Pferderasse, dass Mérenspferd, passt von seinem Stockmaß sicher in die Ponygruppe, von seinem Typus wäre er aber (zumindest mehrheitlich) eher dem Kaltblut zuzuordnen.

Man unterscheidet die Pferde sehr häufig nach ihrem Format. »Format« gibt das Verhältnis von Länge (Buggelenk bis Sitzbeinhöcker) zu Höhe (Widerrist bis Boden) an. Allgemein kann man sagen, dass viele Vollblutpferde (insbesondere Araber) eher im quadratischen Format stehen, sie sind genauso hoch wie lang. Kaltblutpferde stehen häufig eher im Rechteckformat.

Warmblüter stellen von Haus aus eine wunderbare Synthese der beiden Typen Voll- und Kaltblut dar. Sie vereinen die Fähigkeit, schnell laufen zu können, mit der zum kräftigen Tragen und Arbeiten.

Die Länge des Rückens wird insgesamt unter der Fragestellung betrachtet, wie kräftig die Brückenkonstruktion ist. Mit »Brückenkonstruktion« ist die Aufhängung des Rückens an Vorder- und Hinterbeinen gemeint sowie die grundsätzliche Fähigkeit, Gewicht zu tragen. Ein langer Rücken ist von Haus aus weniger tragfähig als ein kurzer. Ein längerer Rücken macht es dem Reiter schwerer, das Pferd »gesund auszubilden«. Ein mit Reitergewicht belasteter Rücken muss tragfähig werden: Er soll sich in der Bewegung aufwölben. Pferden mit kurzem Rücken fällt dies schwerer, und je weniger Rückenbewegung herrscht, desto härter wird der Gang. Ein kurzer Rücken ist oftmals mit einer steileren Schulter und steileren Fesselung verbunden. Im Kaltbluttyp stehende Pferde haben eine schräge und abgeschlagene Kruppe. Das sorgt für gute Zugfähigkeit im Schritt, stellt aber keine herausragende Reitpferdeeigenschaft dar. Die Stoßdämpfung in der vorderen Extremität ist schlecht und die Hinterhand ist nicht für den Galopp, sondern für Kraftentwicklung im Schritt ausgelegt. Dies kann man sich besonders gut verdeutlichen, wenn man sich das sogenannte Leistungsdreieck des Pferdes anschaut.

Je höher der Schnittpunkt über dem Rücken liegt, desto höher ist die Tragfähigkeit des Rückens zu bewerten. Die auf dem Boden treffenden Teile der

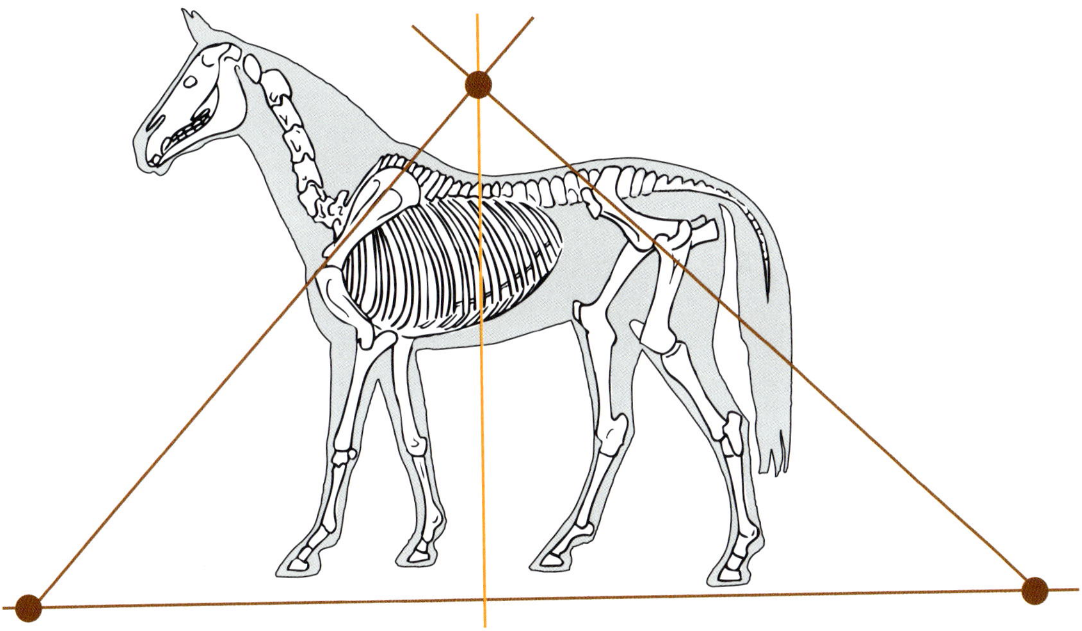

Das Leistungsdreieck: Je höher der Schnittpunkt der durch Schulter und Becken gezogenen Linien über dem Rücken liegt, desto tragfähiger ist dieser. Die auf den Boden treffenden Teile der Dreieckslinie geben die Maximalweite an, bis zu der die Gliedmaße ausgreifen kann.

Die Hufe

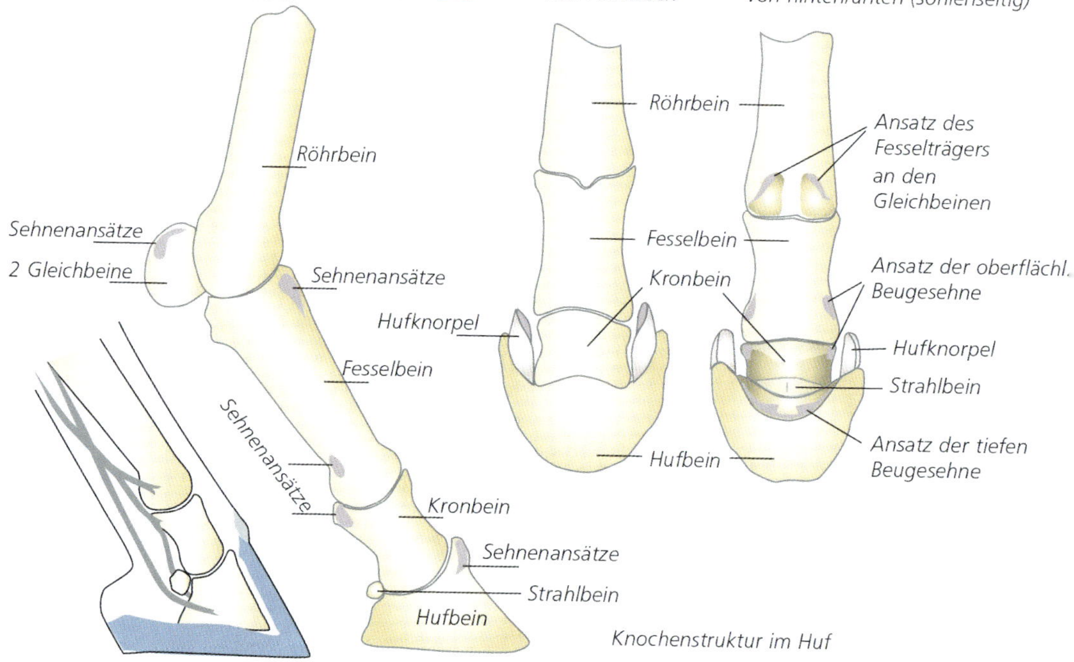

blau = Hornkapsel

Knochenstruktur im Huf

Sehnen und Bänder von hinten/unten (sohlenseitig) und von der Außenseite

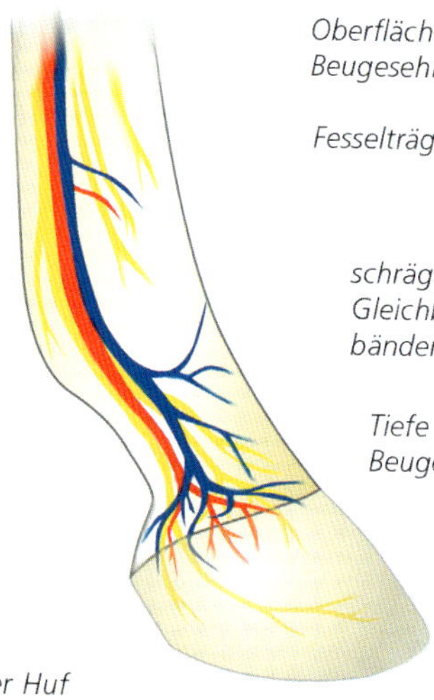

Der Huf
mit Arterien, Nerven und Venen

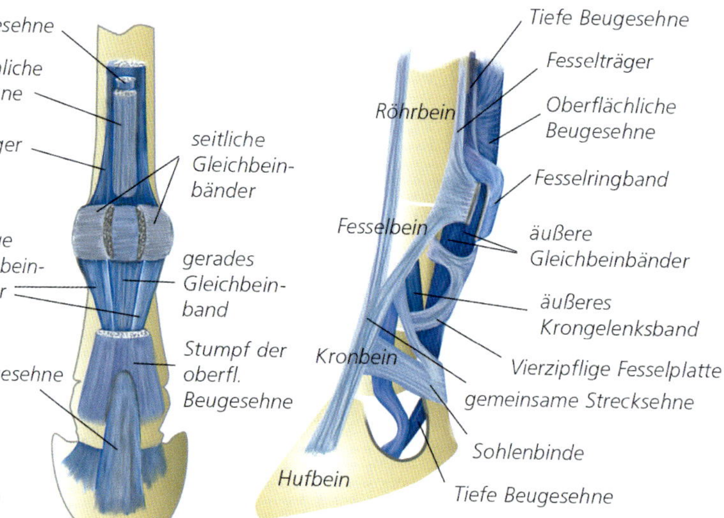

Dreieckslinie durch die Schulter bzw. das Becken geben die Maximalpunkte an, wie weit die Extremität nach vorne bzw. hinter den Körper treten kann.

Nachdem Sie sich das Leistungsdreieck im Stand angeschaut haben, können Sie beim Vorführen im flotten Tempo abgleichen, inwieweit das Pferd diese Maximalpunkte des vorgreifenden Vorderbeins und des zurückgreifenden Hinterbeins tatsächlich erreicht. Weicht die reale Bewegung von der möglichen Bewegung, die das Leistungsdreieck vermuten lässt, sehr stark ab, werden muskuläre Verspannungen zu erwarten sein.

Die Gründe dafür, dass ein Pferd gebunden läuft (sprich die vom Skelett ermöglichten Werte der Bewegung nicht erreicht), können in diesem Fall also nur in Einschränkungen in der Beweglichkeit der Gelenke, in Problemen der Weichteile oder der Muskulatur zu suchen sein. Last but not least ist natürlich auch die innere Einstellung, die Motivation, ausschlaggebend dafür, ob das Pferd eine raumgreifende Bewegung zeigt.

Das Pferd kann nur zu raumgreifenden Bewegungen motiviert werden, wenn es sich schmerzfrei bewegen kann und durch den Reiter nicht gestört wird.

Außerdem können Verspannungen oder Probleme am ganzen Körper (inklusive aller inneren Organe) ursächlich für Bewegungseinschränkungen sein. Bewegungen der Hufe sind nie und zu keinem Zeitpunkt isoliert zu betrachten.

Hierzu ein Beispiel:
Ich besuchte einmal ein Pferd, bei dem die Frage im Raum stand, ob es weiterhin unbeschlagen laufen könne. Die Hufe waren in gutem Zustand und es gab von dieser Seite aus keinen Anlass zur Sorge, dass es barhuf nicht zurechtkommen könnte. Das Vorführen zeigte aber einen stark gebundenen Gang: Das Pferd lief tastend und schonend, mit wenig Energie und geringer Raumhöhe zwischen Huf und Boden. Schotter und unebener Boden reduzierten die Energie, die im Gang steckte, weiter. Auf weichen Böden war der Gang deutlich freier und harmonischer. Die Frage der Besitzerin, ob das Pferd vielleicht mit Hufschutz besser laufen könnte, war in dieser Situation sicherlich völlig berechtigt. Bei genauerer Betrachtung des Pferdes erschienen Schulter und Rücken sowie Lumbal- und Sakralregion auffällig. Das Aufheben der beiden Vorderbeine bestätigte, dass weder Beugung noch Streckung des Beins ohne Widerstand des Pferds möglich waren. Die Muskulatur im hinteren Rückenbereich war zu beiden Seiten der Wirbelsäule stark verspannt. Als Ursache stellte sich ein unpassender Sattel heraus. Nach Behandlung der muskulären Verspannungen war spontan eine Verbesserung des Gangwerks zu beobachten. Nachdem ein passender Sattel gefunden war, regulierte sich das Gangverhalten des Pferdes nach wenigen Wochen vollkommen, ohne dass wir es beschlagen hatten.

Nicht alle Pferdetypen haben die gleichen Probleme. Betrachten wir zunächst einmal den Muskeltonus. Vollblütige Pferde oder solche mit einem hohen Vollblutanteil haben von Haus aus einen höheren Muskeltonus, das heißt, die Muskulatur hat eine höhere Grundspannung. Dies ist rassebedingt und kaum änderbar. Die Kenntnis, zu welchem Typ Ihr eigenes Pferd gehört, ist aber essenziell für jegliche Trainingsplanung. Auch die Überlegung, inwieweit Sie mit dem Pferd psychisch arbeiten müssen, ist hier ebenfalls von großer Bedeutung. Ein vollblütiges Pferd mit hohem Muskeltonus ist in hohem Maße leistungsfähig und sehr schnell leistungsbereit, muss aber eher beruhigend und mit ruhiger Hand gearbeitet werden. Im Gegensatz dazu können wir vielleicht den Kaltblüter sehen. Er besitzt von Haus aus einen deutlich geringeren Muskeltonus. Wenn man die Muskulatur eines kaltblütigeren Pferdes jedoch überlastet (Überlastung ist nicht zwingend eine Folge der Arbeit, sondern auch durchaus möglich, wenn ein nicht passender Sattel durch falschen Druck die Muskulatur zerstört), sind die Probleme oft sehr nachhaltig und es ist deutlich schwieriger als beim Vollbluttyp, die gestresste Muskulatur zu lockern und wieder in einen normalen Tonus zu bekommen.

Merke: Egal welcher Pferdetyp oder welcher Grund-Muskeltonus: Die Muskeln müssen entspannt sein. Dauerhaft angespannte (verspannte) Muskeln werden krank.

Ponytypen haben in der Regel weniger Probleme mit Verspannungen und zu hohem Muskeltonus. Alle ponyartigen Pferde brauchen jedoch überdurchschnittlich viel Zuwendung und viel geistige Arbeit, um locker und ausgeglichen zu sein. Um muskulär belastbar zu sein, müssen sie psychisch ruhig und stabil sein. Ein geistig nicht ausgelasteter Ponytyp wird ein unzufriedenes und unzuverlässiges Reitpferd sein. Wenn wir das Pony geistig unterfordern, wird es garstig und ärgerlich. Auch hier kann man durch falsche Arbeit muskuläre Probleme mit entsprechenden Auswirkungen produzieren.

2.8.1. Pferdetypen und Hufformen

Ponytypen haben oft kleine, harte und belastbare Hufe mit eher engeren Hufformen. Auf üppigen Wiesen hierzulande besteht häufig die Gefahr, dass die Hufe in Relation zu Gewicht und Traktion des Pferdes zu groß werden. Dann ist vermehrtes Kürzen oder vermehrtes Reiten ohne Hufschutz gefragt.

Warmbluttypen haben meist kräftige Hufe, deren Phänotyp in der Regel die Grundbeschreibung eines Idealhufes darstellt.

Vollbluttypen haben oft regelmäßige Hufformen (Araber fast immer, englische Vollblüter je nach Vorgeschichte), dünnere Hornwände und einen regelmäßigen, eher kleinen Strahl. Bei vielen englischen Vollblütern ist die Sohle nur flach gewölbt.

Kaltbluttypen haben große und weite Hufe mit starkem Strahl, dicke Hornwände, eine mäßig gewölbte Sohle und einen starken Behang. Sie haben häufig Probleme mit Saumbandentzündungen und schuppigem Glasurhorn sowie mit Mauke, oft auch am Kronrand. Im Gegensatz zu den Ponytypen werden die Hufe hier schnell in Relation zu Gewicht und Traktion zu klein – dann ist Hufschutz gefragt.

Mischformen durch unkluge Kreuzungen sind häufig die problematischsten – wenn z.B. ein kleines, leichtes Pony große, flache Tellerhufe hat oder ein schweres Pferd ein für sein Gewicht zu kleine Hufe, wie es leider bei vielen Quarter Horses durch ein mehr als fragliches Schönheitsideal der Fall ist.

2.9. Abweichungen vom Normalen

2.9.1. Die konkave Verformung der Hornkapsel

Die konkave Verformung ist immer ein Problem der Fehlbelastung der Hornkapsel. Diese kann durch falsche Hufbearbeitung entstehen wie zum Beispiel den Versuch, den Huf in irgendeiner Weise schablonenartig zu korrigieren. Meist liegt

Konkave Verformung der Hornkapsel.

jedoch ein Problem in der Muskulatur vor, aus dem eine Zwangshaltung entstanden ist. Die veränderte Bewegung führt zur konkaven Verformung der Hornkapsel. Es können sich beide Hornwände konkav verformen oder auch nur eine. Betroffen sein können sowohl die Zehenwand als auch die Seitenwände oder der Trachtenbereich. Es ist auch durchaus möglich, dass Teile der Hornwand sich konkav verformen und andere konvex. Dies ist eine reine Ergebnisfindung aufgrund von Fehlbelastung.

2.9.2. Die konvexe Verformung der Hornkapsel

Konvexe Verformungen finden eher bei etwas engeren Hufformen oder zu eng beschlagenen Hufen statt. Auch hier kann die falsche Hufbearbeitung Ursache sein, doch in vielen Fällen ist es wieder eine Fehlbelastung der Hornkapsel aufgrund von Zwangshaltungen mit muskulärem Ursprung.

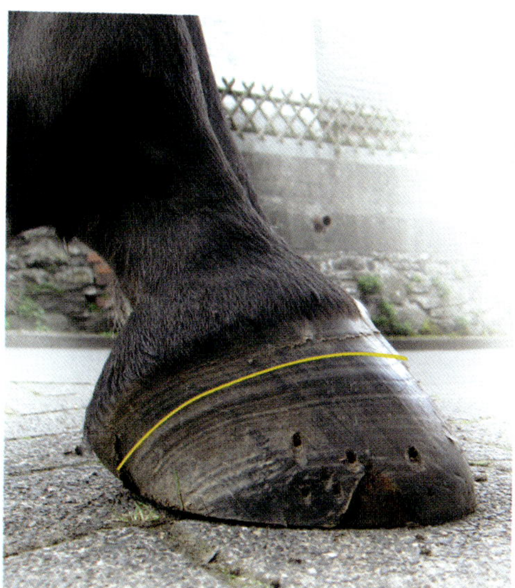

Konvexe Verformung der Hornkapsel.

2.9.3. Probleme in der weißen Linie

Eine Verformung der Hornkapsel führt in vielen Fällen zu Reizungen der weißen Linie. Immer dann, wenn die weiße Linie zerreißt, das heißt das Hufhorn der Wand nicht mehr fest mit dem Hufhorn der Sohle verbunden ist, wird eine Eintrittspforte für Keime und Pilze geöffnet. Die weiße Linie verliert ihre Stabilität, es entstehen lose und hohle Bereiche. Je mehr Hufhorn hier zerstört wird, desto größer wird die Gefahr, dass die Hornwand nach außen wegdriftet. In einem solchen Fall helfen keine Huffestiger oder Mittel gegen Fäulnis, sondern nur eine Ursachenbekämpfung: Wiederherstellung der physiologischen Hufform durch a) korrekte Hufbearbeitung und b) Beseitigung der muskulären Spannungen, die zur Fehlhaltung geführt haben.

Zerreißung der weißen Linie.

2.9.3.1. White Line Desease

White Line Disease ist eine Erkrankung der weißen Linie. Das weiche und für Destruenten empfängliche Horn der weißen Linie (Blättchenhorn) wird von Keimen und Pilzbefall aufgefressen. Die Erkrankung ist nicht unkritisch, da die weiße Linie zum Zusammenhalt von Sohle und Hornwand beiträgt. Die Verformung der äußeren Wände in konkave Richtung wird beschleunigt.

Eine Behandlung der weißen Linie ist zwingend erforderlich und in dieser Situation sollte über eine Beklebung oder einen Kunststoffbeschlag nachgedacht werden. Eine Beklebung wäre vorzuziehen, da der Nagel zusätzlich Eintrittspforten für Keime in die Hornwand schafft.

2.9.4. Veränderungen der Hufsohle

Die Hufsohle soll eine gleichmäßige Wölbung von der äußeren Strahlfurche zum Tragrand zeigen. In vielen Fällen führt eine verspannte Hornkapsel sekundär natürlich auch zu einer Verspannung in der Sohle. Verspannte Sohlen wiederum führen zu einer ungleichmäßigen Bewegung der Hornkapsel, was die Durchblutung der Huflederhaut maßgeblich beeinflusst. Die Sohle ist ein guter Indikator für beginnende pathologische Zustände. Die Ausformung der äußeren Strahlfurchen gibt uns Informationen über die Konsistenz und damit Leistungsfähigkeit des Strahlpolsters. Wölbungen der Sohle im vorderen Drittel des Strahls sind ein sicherer Hinweis auf Probleme im Hufrollenkomplex. Die zarten schwarzen Bruchstellen der Sohle sollten gleichmäßig über die gesamte Sohlenfläche verteilt sein. Ist dies nicht der Fall, so ist der Rückschluss auf ungleiche Belastung und damit Störungen im Hufmechanismus zulässig.

White Line Disease: eine durch Destruenten zerstörte weiße Zone.

Beispiel:

Die Hufsohle muss ausreichend gekürzt werden. Wird sie zu dick, bremst ihr Horn die Bewegung der Hornkapsel, der Hufmechanismus verschlechtert sich. Ich habe einmal ein Pferd untersucht, das sich mit der Schultergliedmaße nähmaschinenartig bewegte. Die Hufe waren stumpf, die Schulter schräg; die Muskulatur im Hals war fest, die Faszien der Schulter trommelartig gespannt, ein Griff unter das Schulterblatt war nicht möglich. (Der Test, ob wir die flache Hand vorsichtig unter das Schulterblatt schieben können, gibt uns gute Auskunft darüber, wie entspannt oder fest die Muskulatur hier ist.) Nach Beschreibung des Reiters war dieser Zustand seit etwa fünf Monaten auffällig, mit deutlicher Tendenz zur Verschlechterung in den letzten Wochen. Das Vorführen ergab, dass sich das Pferd auf weichem Untergrund etwas besser bewegte als auf hartem. Die Untersuchung mit der Wärmebildkamera zeigte ein erhöhtes Stoffwechselgeschehen in der gesamten Schultergliedmaße. Beim Abdrücken

mit der Hufuntersuchungszange konnten keinerlei Auffälligkeiten festgestellt werden, d.h. es konnte keine Bewegung des Pferdes ausgelöst werden.
Das Nachschneiden der Sohle förderte dann gut 2 cm Verfallshorn heraus und der Huf konnte anschließend entscheidend gekürzt werden. Die Muskulatur entspannte sich und das Bewegungsmuster des Pferdes normalisierte sich in den folgenden Tagen zusehends.
Strukturen, die von der Natur zur Energieaufnahme vorgesehen sind, führen, wenn sie für diese Aufgabe ausfallen, naturgemäß zur Überlastung anderer Strukturen. In diesem Fall verhärtete die Muskulatur und das Pferd bevorzugte eine energiearme Bewegung – erkennbar am gebundenen Gang.

Eine gut verlaufende Eckstrebe (links) nach Kürzung. Die rechte ist verbogen.

2.9.5. Abweichungen der Eckstreben vom Normalen

Die Eckstrebe soll, in einem spitzen Winkel von der Hornwand kommend, in Richtung Strahlspitze zeigen und dabei eine Gerade darstellen.
Eine Abweichung des geraden Verlaufs der Eckstrebe, vor allem ein Eckstrebenwinkel, der erst einmal Richtung Hornwand zeigt (zwickzangenartige Verbiegung), ist ein Hinweis auf eine zwangartige Verformung des Hufes (und somit auch auf eine mögliche Fehlbelastung oberhalb des Hufs).
Das Wort »Strebe« weist schon darauf hin, dass von ihr eine wesentliche Haltefunktion und Formstabilisierung der ganzen Hornkapsel ausgeht. Eine Strebe ist belastbar, solange sie gerade und gestreckt verläuft. Sie verliert an Belastbarkeit, wenn sie einen bogenartigen Verlauf hat. Die Eckstrebe sollte dementsprechend kurz gehalten werden. Wird sie zu lang, liegt sie auf dem Sohlenhorn und führt zu Druck. Geschwüre sind oft

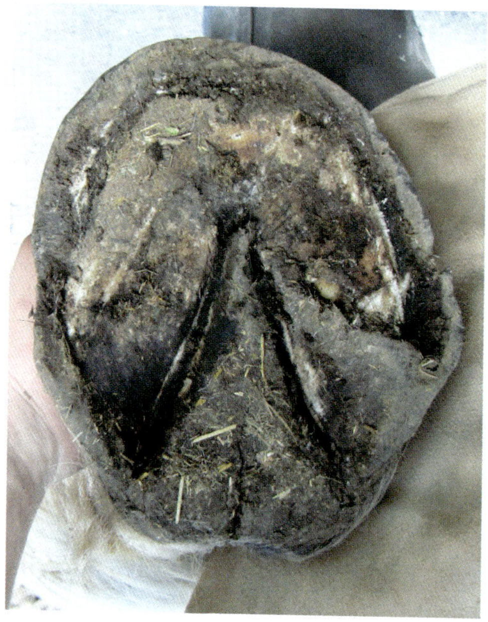

Eine auf der Sohle aufliegende Eckstrebe führt zu Druck an der Sohlenlederhaut, dieser wiederum zu Nekrosen und daraus resultierenden Hufgeschwüren.

Trachtenzwang: Zwickzangenartige Verbiegung der Eckstrebe.

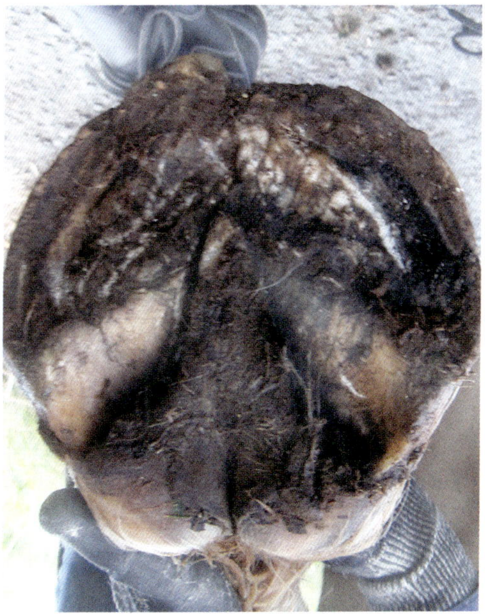

Zu lange Trachten, die Eckstreben schieben den Huf nach vorne.

die Folge. Ein dauerhafter Druck, den die Eckstrebe über die Sohle auf die innenliegenden Strukturen ausübt, kann jedoch auch zur Verschlechterung der Durchblutung in der Sohlenlederhaut bis hin zur Degeneration der Strahlpolsters führen.

Beispiel:

Die Besitzer berichteten, dass ihr Pferd in den letzten Wochen mehrfach Hufgeschwüre gehabt hätte. Die Vorderhufe waren abwechselnd betroffen. Die Hufgeschwüre lagen alle im Sohlenbereich zwischen Eckstrebe und äußerem Tragrand. Die Eckstrebe war lang, umgekippt und lag auf der Sohle. Dies ist eine klassische Situation für das Entstehen von Hufgeschwüren. Auf der Sohle aufliegende Eckstreben können nekrotisches Gewebe in der Sohlenlederhaut verursachen – mit Eiterbildung und resultierendem Hufgeschwür. Die umgelegte Eckstrebe kann aber auch Fremdkörper beherbergen, die ähnliche Auswirkungen haben. Die Entstehung von septischen und aseptischen Entzündungen der Lederhaut ist möglich.

2.9.6. Veränderungen am Strahl

Der Strahl ist ein wichtiges regulatives Element, welches den Hufmechanismus steuert und limitiert. Seine Form wird als »W« beschrieben. Das Strahlhorn ist sehr quellfähig und in der Lage, große Mengen Wasser aufzunehmen. Untersuchungen haben gezeigt, dass der Strahl 70–80 % freies Wasser aufnehmen kann. Die Konsistenz des Strahls steht in direkter Abhängigkeit zur Feuchtigkeit, die er aus der Umgebung aufnimmt. Die Form des Strahls ist ein wichtiger und sehr früher Hinweis auf Veränderungsvorgänge der Hufform.

Die mittlere Strahlfurche ist dabei besonders interessant: Sowohl eine auseinandergezogene als auch eine zusammengedrückte mittlere Strahlfurche ist ein Hinweis auf Fehlbelastungen der Hornkapsel.

Beispiel:
Bei einem Fjordpferd mit weiten Hufen, einem sehr kräftigen Hornstrahl und kaum ausgeprägter mittlerer Strahlfurche wurde der Strahl nachgeschnitten und dabei eine sogenannte Strahltasche geöffnet. Milchige, käsig riechende Flüssigkeit trat aus. Diese sogenannte Strahlmilch ist ein sicheres Zeichen dafür, dass der Strahl ein zu hohes Maß an Druck aushalten muss. Dies geht oft damit einher, dass das Pferd zögerlich und zurückhaltend mit den Vorderbeinen läuft.

2.9.6.1. Strahlfäule

Fäulnisvorgänge am Huf, von denen der Strahl am häufigsten betroffen ist, werden durch anaerobe Bakterien verursacht. Faktoren, die Fäulnis begünstigen, sind Wärme, Feuchtigkeit und Luftabschluss. In den meisten Fällen ist der Luftabschluss im Strahlbereich nicht vollständig zu verhindern,

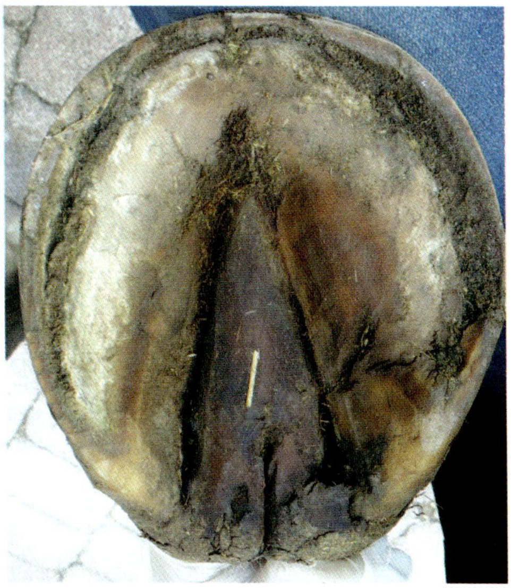

oben: tiefe mittlere Strahlfurche.
unten: verkümmerter Strahl.

Fauler Strahl mit Zerreißungen.

auch wenn man den Huf regelmäßig säubert, und der Faktor Wärme ist von uns ebenfalls nicht zu verändern. Was wir allerdings sehr wohl regulieren können, ist die Feuchtigkeit.
Dass die Einstreu trocken sein muss, ist selbstverständlich. Am Huf sind entfeuchtende Präparate anzuwenden. Diese Aufgabe übernehmen viele Salze, so zum Beispiel hat sich Kupfersulfat bewährt.

Aber wie kommt es, dass unter gleichen Haltungsbedingungen das eine Pferd Strahlfäule entwickelt und das andere nicht? Die wichtigste Ursache für die Entstehung von Strahlfäule liegt sicher in der prädisponierenden Hufform. Enge Hufe oder Hufe mit zu hohen Trachten führen vermehrt zu Strahlfäule.
Strahlfäule ist kein unproblematisches Geschehen am Huf: Der Strahl hat eine Platzhalterfunktion. Verkümmert der Strahl, wird der Huf immer enger werden. Zunehmend enger werdende Hufe sind verknüpft mit immer schlechter werdenden elastischen Elementen in der Hornkapsel. Die Muskulatur der Schultergliedmaße bis hin zum Becken wird gestresst. Das Pferd wird den Schwung und die Geschmeidigkeit der Bewegung einbüßen.

2.9.7. Der Umformungshuf

Beim Umformungshuf wird aus einem normalen Huf ein stumpfer oder ein spitzer Huf (s. S. 118). Dabei ist der Huf selbst niemals die Ursache für das Geschehen, sondern immer nur der sichtbare Indikator, der uns über das Geschehen in den darüber liegenden Körperregionen Auskunft gibt. Man kann bei genauem Hinschauen schon zu Beginn der Entwicklung am Huf eine Veränderung der Wachstumsrichtung der Hornröhrchen wahrnehmen. Dann ist es zwingend erforderlich, sich

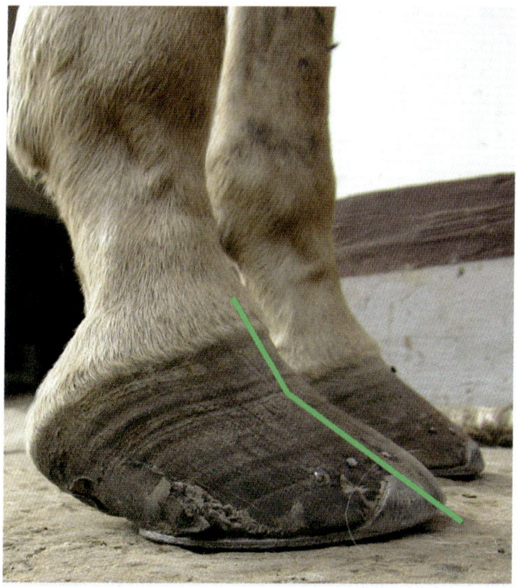

Umformungshuf von spitz nach stumpf: vorher.

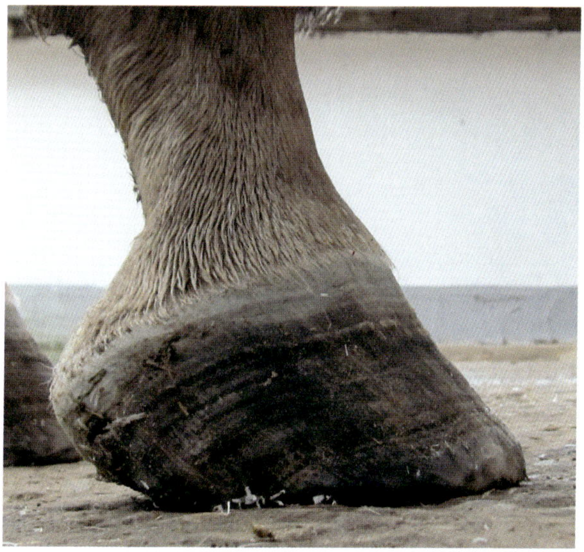

Umformungshuf von spitz nach stumpf: nachher.

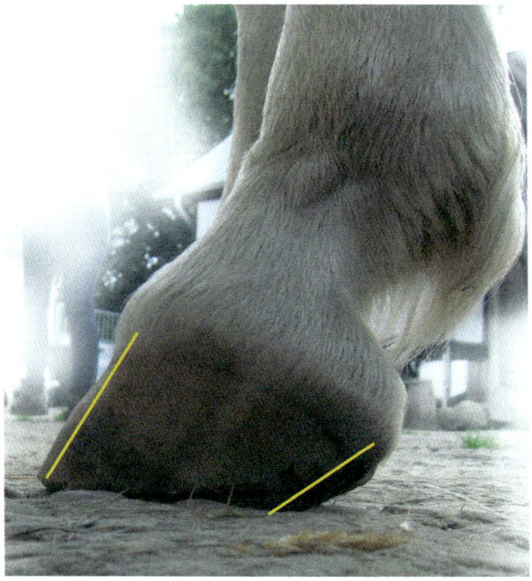

Untergeschobene Trachten.

Muskulatur und Gangwerk des Pferdes besonders intensiv anzuschauen. Dabei hilft es, das Pferd auf unterschiedlichen Untergründen vorzuführen. Beim gesunden Pferd sollte die Bewegung auf harten, steinigen und weichen Untergründen möglichst gleich sein. Je stärker und offensichtlicher die Unterschiede ausfallen, desto intensiver ist nach der Ursache zu forschen. Bei beginnendem Umformungshuf wird immer wieder festgestellt, dass die Fähigkeit des Pferdes, sich zu stellen und zu biegen, eingeschränkt ist und bei dem Versuch, sie abzufragen, Widerstände auftreten.

2.10 Pathologische Veränderungen der Hufform

2.10.1. Untergeschobene Trachten

Von untergeschobenen Trachten sprechen wir, wenn die Trachtenwand von der Seite betrachtet spitzer als die Zehenwand ist. Diese Problematik hat weitreichende Konsequenzen für die Hufgesundheit des Pferdes. Die weiteste Stelle rutscht nach hinten in Richtung Tracht – damit wird die Fläche größer und der Druck, der auf dieser Ebene wirkt, nimmt zu und führt zu einem weiteren Unterschieben. Die Situation verschlimmert sich weiter. Ein Teufelskreis. Nicht nur die Hornkapsel selbst verändert sich in ihrer Form, so dass die Tracht sich weiter unterschiebt und die Zehe immer länger wird, sondern auch die inneren Strukturen verändern sich deutlich.

Das Strahlpolster wird komprimiert, die Hufknorpel verändern ihre natürliche Position, Elemente der Hornkapsel kollabieren, die Hornkapsel verliert an Stabilität. Von hinten betrachtet sind untergeschobene Trachten auch mit einer Veränderung des Winkels der Seitenwände verbunden. Der von der Natur gewollte Prozess ist,

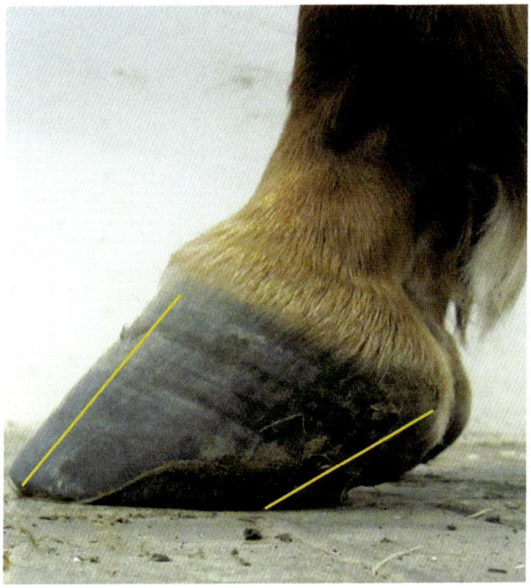

Untergeschobene Trachten.

dass sich die Hufwände bei Belastung der Hornkapsel weiten. Dieses Weiten öffnet das Lumen der Kapillargefäße in der Huflederhaut und Blut kann einfließen. Bei Entlastung drückt die Hornwand wieder gegen die Kapillare der Wandlederhaut und pumpt das Blut in das venöse Geflecht des Strahlpolsters. Das Strahlpolster wird bei der nächsten Belastung des Hufes wieder entblutet. Bei untergeschobenen Trachten verändern sich diese Prozesse negativ: Die nach innen stehenden Hornwände werden bei Belastung nicht erweitert, sondern verengt. Es fließt kein Blut in das Kapillarsystem der Wandlederhaut. Diese Blutmenge fehlt dem hinteren Teil des Hufes. Durch die mangelnde Durchblutung ist die Nährstoffversorgung schlechter. Geringeres Hufwachstum und nachlassende Hornqualität sind die Folge. Um diesen Prozess zu stoppen, ist ein massives Eingreifen in die gesamte Struktur notwendig. Wichtig ist das Zurücksetzen der Zehe, um die Hebelwirkungen der langen Zehe sofort zu unterbinden. Eine regelmäßige, oft wöchentliche Nachbearbeitung der Hufe kann Linderung bringen.

Beispiel:
Wir sollten ein Pferd anschauen, das auf harten Untergründen, Schotter- und Kieswegen trotz Beschlag nur sehr zögerlich und vorsichtig vorwärts ging. Es handelte sich um einen Warmblüter, dem anzusehen war, dass er unregelmäßig und nicht gesundheitsförderlich geritten wurde. Das Pferd bewegte sich mit kurzen Schritten vorwärts, die gesamte Rückenlinie war palpatorisch auffällig. Im Bereich des 18. Brustwirbels war die Muskulatur geschwollen. Im Bereich des lumbosakralen Überganges war eine deutliche Einschnürung sichtbar. Der Unterhals war kräftig ausgebildet. Das Pferd ließ sich nicht stellen, der Kiefer war unbeweglich. Wir ließen das Pferd satteln und vorreiten. In der Bewegung war offensichtlich, dass es unter dem Reiter seinen Rücken wegdrückte, den Hals nach oben streckte und die kurze Bewegung verstärkt zeigte, das heißt die Unterstützungsfläche vergrößerte sich enorm. Die Belastung der vorderen Hufe war im hinteren Teil maximal und das Pferd zeigte ein Schmerzgesicht. Das Abdrücken des Hufes im hinteren Bereich ergab eine deutliche Reaktion. Vor dem weiteren Behandeln ist in einem solchen Fall ein Röntgenbild zum Ausschluss knöcherner Veränderungen notwendig.

Beispiel:
Bei untergeschobenen Trachten ist es ebenfalls gut möglich, dass eine rassetypische Prädisposition für weite Hufe mit schon als Fohlen angelegten schwachen Trachten existiert. Der Huf kann

Hufpflege Reiten Gesundheit

Selbstversuch: Zähne zusammenbeißen

Die Betrachtung des Unterkiefers kann Ihnen eine wichtige Information geben. Stellen Sie sich einmal auf einen Stuhl und beißen so kräftig Sie können mit dem Ober- und Unterkiefer aufeinander. Halten Sie die Beine gestreckt und springen Sie vom Stuhl. Es wird Ihnen nicht möglich sein, rechtzeitig im Knie abzufedern und Sie werden einen gewaltigen Stoß von der Wirbelsäule bis in Ihren Kopf bekommen. Wiederholen Sie den Versuch, machen sich aber diesmal vorher im Kiefer locker und springen Sie noch einmal. Sie werden in der Lage sein, die Stoßenergie des Sprunges vollständig zu kompensieren. Ihrem Pferd geht es genauso. Ein verspannter Kiefer ist ein deutlicher Hinweis auf mangelnde Stoßbrechung und auf das Erwarten unangenehmer Stöße (oder auf Angst bzw. Schmerz generell).

also nicht nur Auswirkung, sondern auch Ursache der fehlerhaften Bewegung sein. In jedem Fall ist neben den schlechten Hufen eine deutliche Verhärtung und Verspannung im Pferdekörper ein unvermeidliches Ergebnis.

2.10.2. Zwanghufe

2.10.2.1. Der Trachtenzwang

Beim Trachtenzwang des weiten Hufes ist das Maß an der weitesten Stelle oftmals größer als das Maß von der Zehe zur Tracht gemessen. Der Strahl ist weit auseinanderstehend, sehr hornreich, mit oft auseinandergezogener mittlerer Strahlfurche. Die Eckstrebe verläuft von der Hornwand kommend zwickzangenartig nach außen und führt dann auf kurzem Weg Richtung Strahlspitze. Betroffen sind sehr häufig kaltblütige Typen und stark übergewichtige Pferde. Der Trachtenzwang des weiten Hufes, einmal in seiner beginnenden Entwicklung angelegt, verschlechtert sich rasch weiter. Die weiteste Stelle verschiebt sich Richtung Hufende (Tracht) und mit der Veränderung der Hufform geht auch eine Veränderung der Sohle einher. Die Sohle flacht ab.

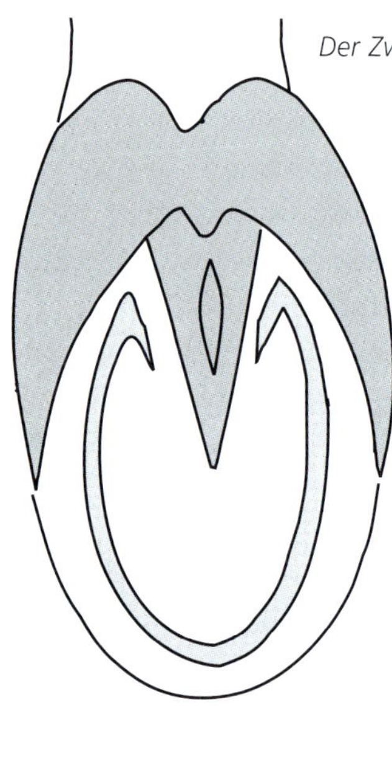

Der Zwanghuf

Hufpflege Reiten Gesundheit

Unphysiologische Bewegung und muskuläre Probleme

Knöcherne Probleme, Probleme in den Gelenken, Verschleiß und sämtliche Arten von Arthrosen veranlassen das Pferd zu einer schmerzmindernden Bewegung. Die daraus resultierende unphysiologische Bewegung führt sekundär immer zu muskulären Problemen. Problematische Veränderungen sind dabei an einem vermehrten Verschleiß des Hufes erkennbar, bevor sie deutlich das Gangbild verändern.

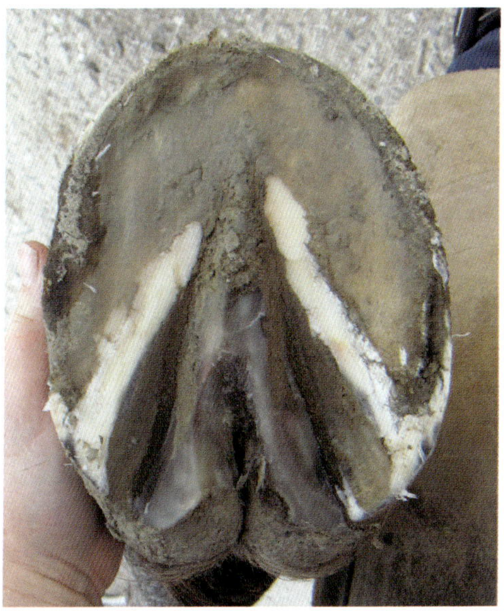

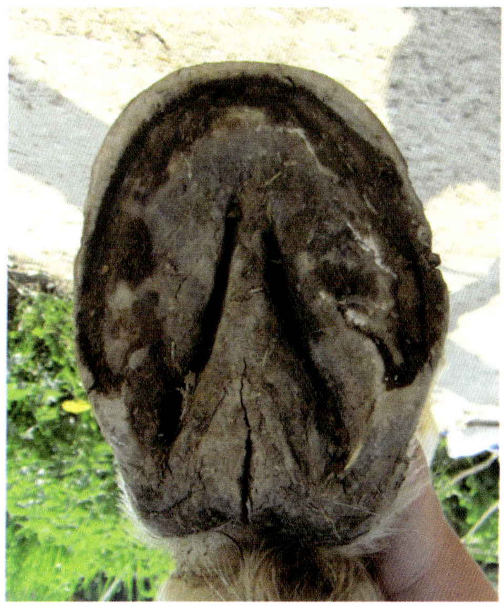

Links und rechts: Zwei Hufe mit geringem Trachtenzwang.

In vielen Fällen nimmt die Fühligkeit des Pferdes zu – dann wird der Hufbearbeiter gerufen und bringt häufig unreflektiert einen Hufschutz an. Nachhaltig wird die Situation dadurch nicht verbessert. Die Ursache kann nur bekämpft werden, indem man die Ursache für das Entstehen des Problems, oftmals das Übergewicht, in den Griff bekommt. Die Barhufbearbeitung eignet sich zur Korrektur ideal.

Beim Trachtenzwang des engen Hufes ist die zwickzangenartige Veränderung der Eckstrebe definitionsgemäß vorzufinden. Der Huf wird im Trachtenbereich immer enger, der Strahl bekommt immer mehr Druck und verkümmert. Sekundär erkrankt der Strahl an Strahlfäule und der Gang wird vorsichtig und tastend. Das Enger-Werden der hinteren Strukturen führt zur Einschränkung der Funktion in den elastischen Elementen des

Der Kleeblatthuf.

Kronenzwang.

Tragrandzwang.

Hufes. Neben der Symptombekämpfung ist unbedingt die Ursache zu bearbeiten. In vielen Fällen liegt sie in zu langen, belasteten Trachtenwänden. Das Pferd zeigt erst sehr spät Bewegungseinschränkungen. Wenn auch die Hufsituation schon lange offensichtlich geworden ist, so dauert es oftmals viele Monate, bis das Pferd vom Reiter bemerkte Veränderungen in der Bewegung zeigt. Viele Wochen sind verstrichen und haben die Bekämpfung des Problems durch die lange Untätigkeit erschwert.

2.10.2.2. Kronenzwang

Unter einem Kronenzwanghuf versteht man einen Huf, der eine Einschnürung direkt unterhalb der Krone hat und dessen beide Seitenwände konkav in Richtung Tragrand verlaufen. Von vorne betrachtet sieht der Huf sanduhrförmig aus. Stärker sind die Trachtenwände betroffen. Der Kronenzwang ist ein Ergebnis von falscher Belastung der Hornkapsel. Wenn ein Pferd von weichen auf harte Böden umgestellt wird, so wirkt die Kraft alleine auf den Tragrand. Die neue Kraftverteilung beeinflusst den Aufhängeapparat und bewirkt eine Verformung der Hornkapsel. Neben Beschlags- oder Hufbearbeitungsfehlern und häufigen ungünstigen Wechseln des Lebensraums kann auch in vielen Offen- und Laufstalleinrichtungen die falsche Gruppenzusammensetzung zu Stress in den Hufen führen und diese Krankheit in Gang setzen. Kronenzwang ist sehr häufig verbunden mit dem Trachtenzwang. Die Therapie ist schwierig. Beim Kronenzwang erleben wir sehr häufig einen lahmen und klammen Gang. Zur Besserung des Kronenzwangs ist eine Veränderung der Haltungsbedingungen oft unausweichlich. Trotzdem ist eine schnelle Heilung kaum möglich.

Die beste Möglichkeit, um das zu korrigieren, ist das Pferd barhuf gehen zu lassen. Man muss die Seitenwände aus der Last nehmen, was wichtig für die gute Entwicklung der Hornkapsel ist.

2.10.2.3. Sohlenzwang

Der Sohlenzwang zeichnet sich dadurch aus, dass

Beim Sohlenzwang ist die Sohle sehr stark gewölbt. Der Tragrand ist schmaler und die Sohle trägt nicht mehr mit.

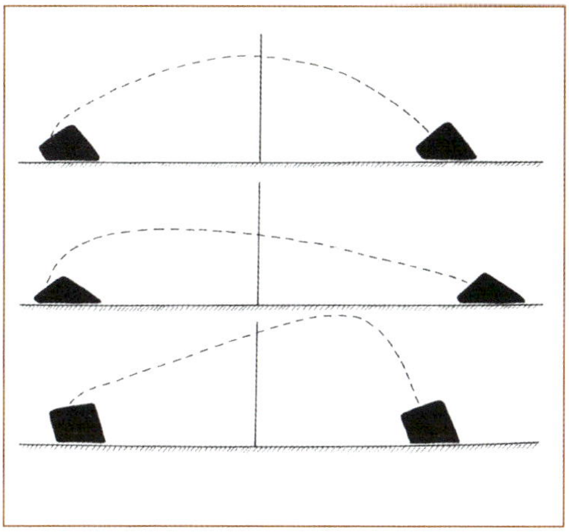

Bewegungsbögen bei verschiedenen Hufformen.

die Sohle eine sehr starke Wölbung aufweist. Der Tragrand wird sehr viel schmaler, die Sohle trägt nicht mehr mit. Der Huf ist fast immer deformiert, die Länge des Hufes ist oft geringer als seine Breite. Neben häufigen Fehlern im Hufbeschlag, z.B. zu stark eingelassenen Kappen, sind eine insgesamt zu starke Belastung der vorderen Hufhälfte, zu lang gelassene Hufe, Übergewicht des Pferdes und ungünstige Haltungsbedingungen ursächlich für das Entstehen des Sohlenzwangs. Die Pferde laufen auf weichem Boden schlechter als auf hartem. Die Korrektur ist manchmal sehr schwierig und ohne Veränderung der Hufbearbeitung und der Haltung kaum zu erreichen. Ein Hufbeschlag wird häufig empfohlen, ist meiner Ansicht nach jedoch in vielen Fällen kontraproduktiv. Die Entstehung des Sohlenzwangs ist ein schleichend voranschreitender Prozess. Sollte der Hufbearbeiter feststellen, dass die Wand von Bearbeitung zu Bearbeitung über Gebühr nachwächst, so ist die Vordergliedmaße zu prüfen. Eine Entspannung der Schultermuskulatur und eine Trainingsarbeit, die das Gewicht des Pferdes vermehrt auf die Hinterhand bringt, ist unumgänglich.

2.10.2.4. Tragrandzwang

Von Tragrandzwang spricht man, wenn der Tragrand in seinem Umfang kleiner als der Kronrand ist. Umgangssprachlich spricht man auch vom »Dosenhuf«. Für das Fohlen ist diese Hufform völlig normal – sein Huf wird sich, wenn die Haltung den Lebensbedürfnissen des Pferdes angepasst ist, in den ersten Lebenswochen weiten und spätestens nach ein bis eineinhalb Lebensjahren zu einem Erwachsenenhuf entwickeln. Ähnliches gilt für den Tragrandzwang des Erwachsenenpferdes: Ohne Bereitstellung von pferdegerechtem Lebensraum, sprich viel Bewegung auf unterschiedlichen Untergründen und möglichst barhuf, wird die Situation kaum zu verbessern sein. Von der Forderung »möglichst barhuf« möchte ich allerdings Tragrandzwang-Pferde mit steiler Schulter und steilem Fesselstand ausnehmen, denn bei steilen Winkeln von Schulter und Fessel ist die Muskulatur durch die Aufprallstöße oft gestresst. Da der Huf, bedingt durch die Winkelung, einen Bewegungsbogen beschreibt, der erst im letzten Drittel seinen höchsten Punkt erreicht, prallt ein solcher Huf bei jedem Schritt mit großer Kraft auf den Boden auf.

Bevor neben der Verformung der Hornkapsel durch diese ständigen Stöße weitere Verschleißerkrankungen wie Schale und Hufknorpelverknöcherung hinzukommen, ist ein energiebrechender Hufschutz hilfreich, da er Stress aus der Situation nimmt. Eine Beklebung oder ein Beschlag aus Kunststoff ist vorzuziehen; ein temporärer Hufschutz über einen Hufschuh ist auch möglich, aus meiner Sicht aber nicht ideal, da er zusätzliches Gewicht mit in die Situation einbringt und durch die Bewegungsenergie damit für noch höhere Aufprallwerte sorgt.

2.10.3. Zusammenhangstrennungen

Wir sprechen von Zusammenhangstrennungen, wenn das Horn entweder im oder gegen den Verlauf der Hornröhrchen gerissen ist. Zusammenhangstrennungen sind eine häufig anzutreffende Erkrankung der Hornkapsel und hängen von der Härte des Hufhorns ab: Je härter und unbeweglicher das Horn, desto größer ist die Gefahr, dass Zusammenhangstrennungen auftreten können.

Im Wesentlichen gibt es drei Ursachen für das Entstehen von Zusammenhangstrennungen:

A. Unfallartiges Geschehen/Traumata

Besonders im Sommer laufen harte Hufe, indem sie gegen harte Gegenstände stoßen oder heftig auf dem Boden aufkommen, Gefahr zu platzen und Zusammenhangstrennungen zu entwickeln.

B. Spannungen in der Hornkapsel gelten als häufigste Ursache für das Entstehen von Zusammenhangstrennungen. Unphysiologisch belastete Hornkapseln entstehen durch unsachgemäße Hufbearbeitung, häufiger jedoch als Ergebnis von Schonhaltungen.

C. Zu selten durchgeführte Hufbearbeitung (mit in der Folge zu langen Tragrändern) führt zu sehr stark an den Hornwänden arbeitenden Hebelkräften und damit zu Tragrandspalten. Dieser Einstieg in das Spaltengeschehen kann weitere massive Auswirkungen haben. Zu lang gelassene Tragränder sind daher kein Kavaliersdelikt.

Wir unterscheiden dabei unterschiedliche Ausprägungen von Zusammenhangstrennungen:

2.10.3.1. Der Tragrandspalt

Dies sind Zusammenhangstrennung der Hornwand, die ihren Ursprung am Tragrand haben. Der

Tragrandriss an der Zehe.

Spalt kann von wenigen Millimetern bis hinauf zum Kronrand verlaufen. In diesem Fall spricht man von einem durchgehenden Tragrandspalt.

2.10.3.2. Der Kronrandspalt

Der Kronrandspalt beginnt im Bereich der Hufkrone (oder mitten in der Hornwand) und ist seltener ein Zeichen für einen Unfall, als eher ein Zeichen für einen unausbalancierten, verspannten Huf.

2.10.3.3. Hornbrüche / Eckstrebenbruch / Sohlenhornbruch

Hornbrüche sind Zusammenhangstrennungen in einem bestimmten Areal. Auch hier sind sowohl Traumata als auch Verspannungen und Fehl- und Überbelastungen mögliche Ursachen. Eckstrebenbrüche kommen zum Beispiel bei sehr hoch belasteten Trabrennpferden oder auch Islandpferden vor, die mit hoher Geschwindigkeit auf sehr harten Untergründen laufen.

Eckstrebenbruch.

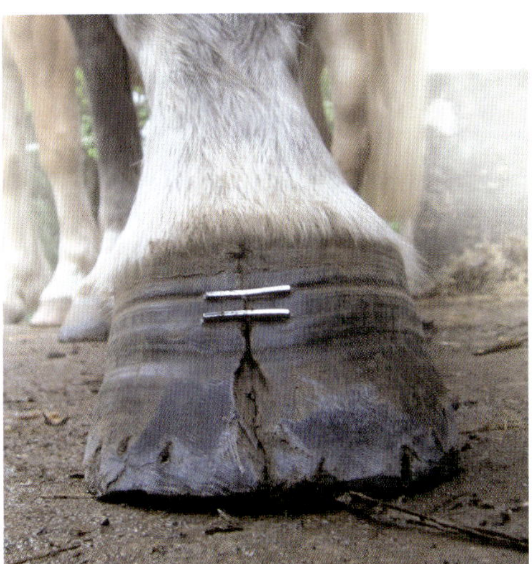

Zusammenhangstrennung am Kronrand (Kronrandspalt).

Sohlenhornbruch.

Die Hornkluft.

Anmerkung

Ein durchgehender Spalt stellt ein hohes Gesundheitsrisiko für das Pferd dar. Liegt der Spalt alleine auf den oberen Hornschichten, so kann man eventuell noch von einem Windriss sprechen. Sind nur wenige Hornröhrchen betroffen, sprechen wir von einem oberflächlichen Riss, reicht der Hornspalt bis in die Tiefe der weißen Linie, sprechen wir von einem tiefen Spalt. Blutet es eventuell sogar, wird der Spalt durchdringend genannt.

2.10.3.4. Die Hornkluft

Die Hornkluft ist eine quer zur Hornröhrchenschicht verlaufende Zusammenhangstrennung. Die häufigste Ursache für eine Hornkluft ist ein an der Hufkrone aufgebrochener Hufabszess, der in die Hornwand herunter wächst.

Ist also eine Hornkluft sichtbar, ist es wahrscheinlich, dass das Pferd in der Vergangenheit längere Zeit einen Hufabszess hatte, der über die Sohlenfläche nicht oder unzureichend geöffnet werden konnte. Entsprechend ist das Pferd vermutlich längere Zeit lahm gewesen. Da selten die gesamte Huffläche betroffen ist, wird das Pferd nur einen Teil der Huffläche zum Laufen genutzt haben. Die Hornkapsel kann sich in dieser Zeit durchaus verformt haben. Es ist nicht auszuschließen, dass der gesamte Pferdekörper in der Zeit des Abszessgeschehens auch muskuläre Asymmetrien entwickelt hat. Das Pferd ist daraufhin genau zu betrachten und zu untersuchen.

Immer wieder sieht man, dass Hufbeschlagschmiede wahre »Meisterwerke« an Technik an Hufen anbringen, um einen blutenden Hornspalt zu managen. Diese Verfahren sind manchmal sehr kurios, aber eine verspannte Hornkapsel kann auf diese Weise kaum spannungsfrei werden, da die Ursachen nicht beseitigt werden.

Ich verwende hier zur Erklärung gern ein Bild: Wenn ich ein Haus baue, ist der Keller entscheidend. Ist dieser nicht tragfähig, sondern krumm und schief, dann werde ich größte Mühe haben, darauf ein langfristig stabiles Haus zu bauen. Die Hufbearbeitung und die Gewährleistung einer artgerechten Bewegung des Pferdes (und damit physiologischer Hufbelastung) ist der Keller – stimmt dieser nicht, mag das Haus (der kunstvolle Hufbeschlag) spektakulär aussehen, wird seinen Zweck jedoch verfehlen.

Beispiel:

Ein Pferd, das selten geritten wurde, erfuhr eine regelmäßige Hufbearbeitung. Zumindest nach Meinung des Pferdebesitzers, denn einmal im Frühjahr und einmal im Herbst den Hufbearbeiter zu rufen und die Hufe des Pferdes nachschneiden zu lassen, ist ja durchaus auch als regelmäßig zu bezeichnen.

Ich hatte den Pferdebesitzer mehrfach informiert, dass diese langen Abstände kein haltbarer Zustand für das Pferd seien. Wobei man dem Besitzer zu Gute halten muss, dass ein Pferd, das wie dieses, ausschließlich auf einer großen Wiese (zwei Pferde auf einer Fläche von ca. 6 ha) gehalten wird, in der Regel keine Anzeichen von Bewegungsproblemen zeigt. Zu lange Hufe auf weichen Untergründen bei einem Pferd, das nicht geritten wird, spielen weniger eine Rolle, als wenn das Pferd regelmäßig auch auf harten Straßen hätte laufen müssen.

Nun wurde ich aber angerufen, dass das Pferd stocklahm sei. Das war nicht verwunderlich, denn der lange Hebel der viel zu langen Seitenwand hatte einen vorhandenen Tragrandspalt zu einem durchgehenden, durchdringenden Seitenwandspalt aufgehebelt. Bei jedem Schritt klaffte die Hornwand ein Stück auseinander. Dabei kommt es sehr schnell zu einer Entzündung. Die entzündete Lederhaut ist sehr stark durchblutet und schwillt an. Bei jedem Auftreten springt die geschwollene Lederhaut in den sich öffnenden Spalt und wird beim Abfußen eingeklemmt. Es entsteht nekrotisches Gewebe und ein Abszess, das Pferd geht lahm.

In einem solchen Fall ist das Anbringen eines Hufbeschlages sinnvoll: Der Hornspalt wird mittels spezieller Klammern ein wenig auseinandergedrückt und die Huflederhaut bekommt Zeit zu heilen. Nach dem Abheilen der Lederhaut zieht man mit dem Schraubgewinde der Klammer die Bruchstellen wieder zusammen. Das Zusammenwachsen des Horns an dieser Stelle geschieht langsam von innen nach außen und das entstehende Wandhorn ist nicht stabil. Der Beschlag dieses Pferdes musste über sechs Monate wiederholt werden. Die Haltungsform und das Management des Pferdes wurde vom Pferdebesitzer nicht verändert. Er verkaufte letztendlich seine Pferde.

2.10.4. Der Spathuf

Diese Form des Hinterhufs ist das Ergebnis der Spaterkrankung, einer Arthrose des Sprunggelenks. Sowohl die Innen- als auch die Außenseite kann betroffen sein. Dadurch, dass die Be-

Der Spathuf.

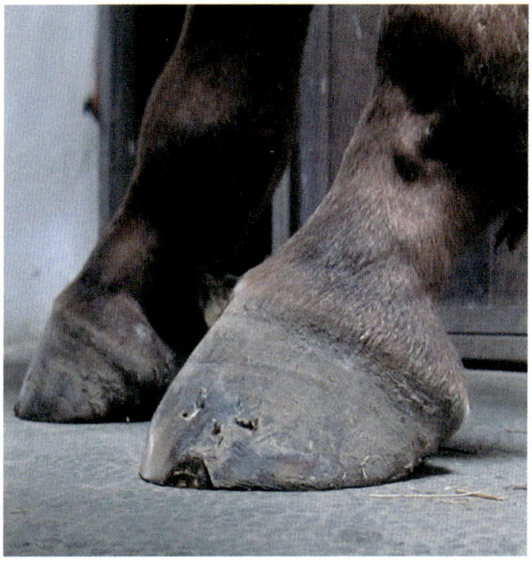

ckengliedmaße über den Spannsägenmechanismus keine isolierte Bewegung des Sprunggelenks zulässt, ist bei Spat nicht nur das Sprunggelenk, sondern die gesamte Hintergliedmaße steif. Der Huf wird stumpf und es entsteht sehr häufig eine sogenannte Bullennase, eine konvexe Verformung der Zehenwand. Die Gliedmaßenführung ist in der Vorwärtsbewegung äußerst flach. Sekundär kommt es häufig zu Überlastungen des nun stärker geforderten Fessel- und Hufgelenks. Pferde, die an dieser Erkrankung leiden, haben mit großer Wahrscheinlichkeit auch Probleme im gesamten Lumbosakralbereich. Ist die Lahmheit der beiden hinteren Beine durch das arthrotische Geschehen nicht gleich stark, entsteht sehr häufig ein Beckenschiefstand. Entsprechend entwickeln sich die beiden hinteren Hufe unterschiedlich. In vielen Fällen ist über die Körperdiagonale auch die Schultergliedmaße in der Hufentwicklung betroffen. Die vorderen Hufe, die nun deutlich höher belastet sind, weil die hinteren Beine nicht ausreichend Schub entwickeln, neigen dazu, breiter zu werden, mit allen bekannten Problemen des weiten Hufs als Folge.

Es ist sinnvoll, chronologisch eindeutig zu klären, wann die Spatveränderung genau begonnen hat, um durch die Hufbearbeitung (oder den Hufbeschlag) die betroffene Arthroseseite zu entlasten. Es ist ungeheuer wichtig, das Sprunggelenk in Bewegung zu halten. Von Arthrose betroffene Gelenke müssen unbedingt weiter mäßig, aber vor allem regelmäßig bewegt werden. Die Behandlung kann also in gar keinem Fall allein die Aufgabe des Hufbearbeiters sein, sondern es ist zwingend notwendig, gleichzeitig eine Bewegungstherapie durchzuführen.

Der Rehehuf

Bei der Hufrehe handelt es sich um eine Entzündung der Zehenwand-Huflederhaut. Diese äußerst schmerzhafte, mit kräftiger Ödembildung verbundene Erkrankung führt zur Lockerung des Aufhängeapparates und kann die Position der Knochen in der Hornkapsel als Rotation oder Absenkung verändern. Die Prognose ist abhängig vom röntgenologischen Befund.

2.10.5.1. Echter Rehehuf

Beim echten Rehehuf zeigt das Röntgenbild, dass die Zehenknochen nicht mehr in einer Linie verlaufen. Das Hufbein ist in Relation zu Fesselbein und Kronbein rotiert, die Hufbeinspitze zeigt stärker in Richtung Hufsohle. Dieser Zustand ist in den meisten Fällen irreversibel. Die Prognose ist abhängig vom Grad der Rotation. Rotationsgrade von mehr als 9° haben eine sehr schlechte Prognose. Der gesamte Krankheitsverlauf ist extrem schmerzhaft und der gesamte Pferdekörper vom Stoffwechsel bis zur Muskulatur reagiert darauf. Die Krankheit hat in vielen Fällen einen grausamen Verlauf. Entsprechend möchte ich hier in diesem Buch über die Therapie nur am Rande sprechen, sondern Sie auffordern, sich intensiv in zusätzlicher Literatur über die vorbeugenden Maßnahmen zu informieren. Deutlich besser sieht es bei der sogenannten unechten Hufrehe aus:

2.10.5.2. Unechter Rehehuf

Bei der unechten Hufrehe ist röntgenologisch feststellbar, dass die Zehenknochen (Hufbein – Kronbein – Fesselbein) in einer Linie stehen. Die Hufkapsel ist um den Hufbeinknochen rotiert. Dieser Zustand ist für das Pferd genauso schmerzhaft, aber reversibel. Bei konsequent guter Hufbear-

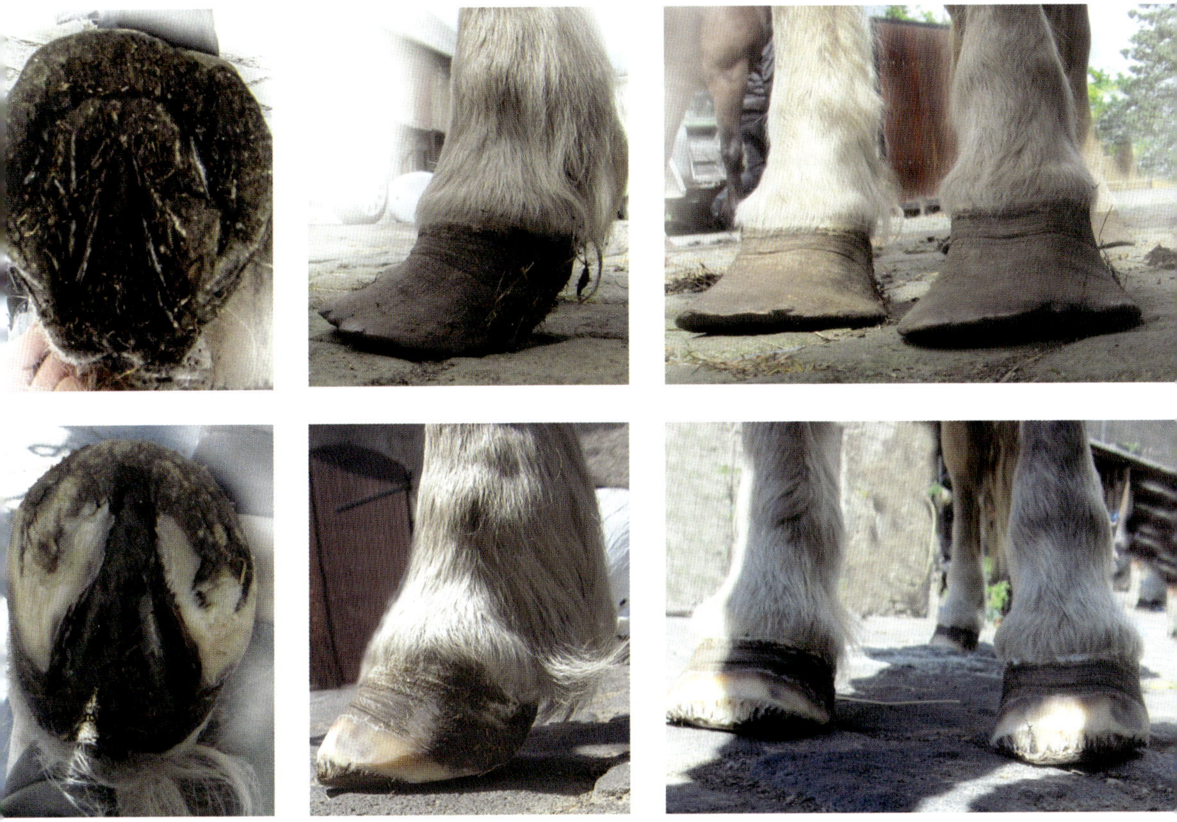

Rehehufe von unten, von der Seite und von vorne.
oben jeweils vor der Bearbeitung und unten nach der Bearbeitung.

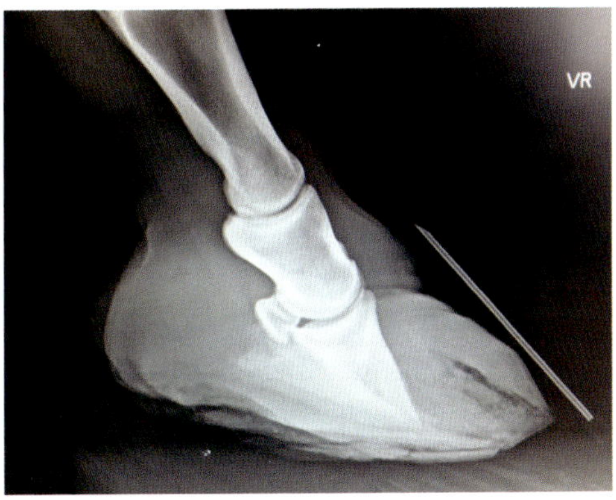

Echter Rehehuf: Die Zehenknochen verlaufen nicht mehr in einer Linie, das Hufbein ist rotiert.

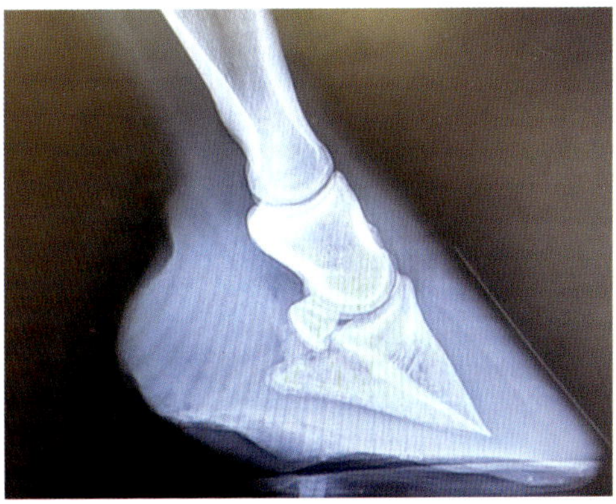

Unechter Rehehuf: Die Zehenknochen liegen in einer Linie und die Hornkapsel ist um das Hufbein rotiert.

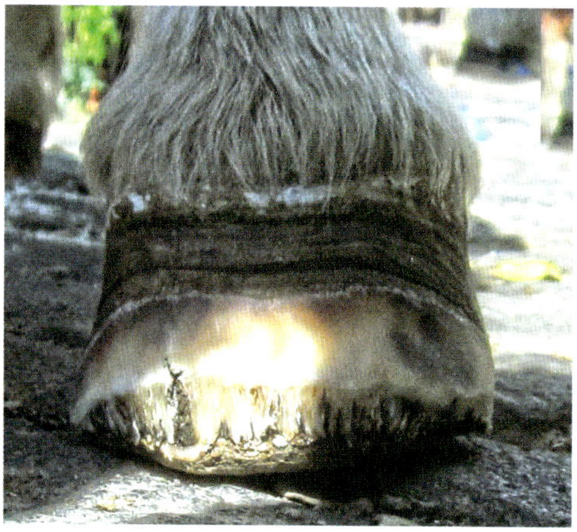

Vergrößerte Abbildung des Rehehufs nach der Bearbeitung (siehe Übersicht auf Seite 71).

beitung (und ein wenig Glück) ist es möglich, nach wenigen Monaten bis zu eineinhalb Jahren eine völlige Genesung und Unauffälligkeit der Hornkapsel wiederherzustellen. Was bleibt, ist die Veranlagung, erneut an Hufrehe zu erkranken. In der Zeit, in der die Hornkapsel zielgerichtet bearbeitet wird (Kürzen des Hufs um das Hufbein herum nach Röntgenbild), bleiben jedoch der muskuläre und psychische Stress für das Pferd. Pferde haben ein ausgeprägtes Schmerzgedächtnis. Deswegen müssen frühzeitig Maßnahmen ergriffen werden, um das Pferd so schnell wie möglich in eine normale Bewegung zurückzuführen.

2.10.6. Der Flachhuf

Beim Flachhuf ist die Sohlenwölbung kaum noch wahrnehmbar. Betroffen sind vor allem weitere Hufformen. Eine geringere Sohlenwölbung nimmt dem Huf die Möglichkeit, intensiv in den Hufmechanismus zu gehen. Die Fähigkeit, Stöße zu brechen, nimmt ab. Entsprechend wächst der Stress für den Rest des Körpers. Die Belastung auf die Hornkapsel steigt. Das Pferd zeigt einen deutli-

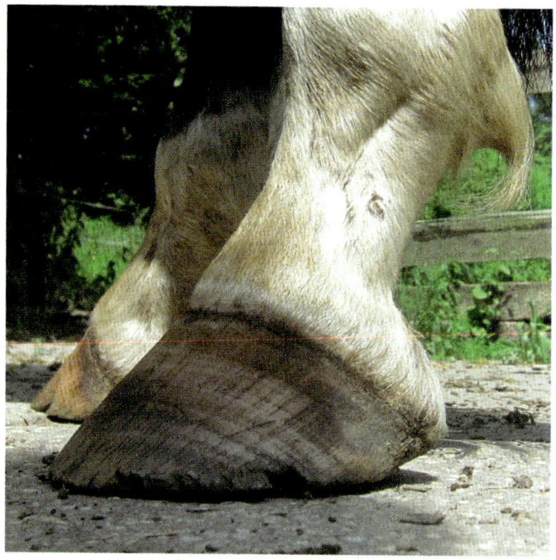

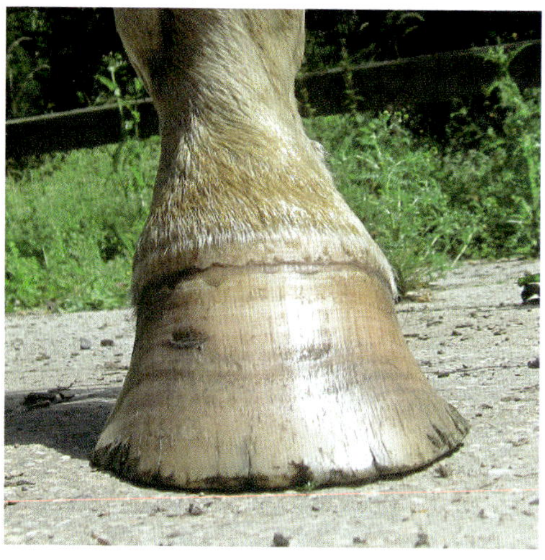

Flachhuf: von oben nach unten: Sohlenansicht, von der Seite und von vorne.

chen Unterschied der Bewegung auf weichen und harten Untergründen. Während es auf weichen Untergründen normal läuft, ist auf steinigen oder harten Untergründen vor allem in der Wendung Widersetzlichkeit zu beobachten. Der Gang wird holprig und gebunden. Die Gefahr des Flachhufes besteht immer, sobald konkave Verbiegungen an der Seitenwand des Hufes feststellbar sind. Verbiegungen führen meistens zum Zerreißen der weißen Linie und bergen immer die Gefahr einer Sohlenabflachung. Gleichzeitig mit der Vergrößerung des Umfangs des Tragrands wächst die Hebelkraft auf Hufe und Fesselgelenk, wenn das Pferd ungebogen und in Schräglage in die Kurve läuft. Die hierdurch muskulär gestressten Pferde verlieren sehr schnell die Schulterbalance und neigen noch mehr dazu, in Schräglage zu laufen – ein Teufelskreis. Eine Hufbearbeitung in regelmäßigen, sehr kurzen Abständen ist neben einer Optimierung von Haltung und reiterlicher Arbeit hier der beste Weg.

2.10.7. Der Vollhuf

Aus einem Flachhuf kann sich jederzeit ein Vollhuf entwickeln. Von einem Vollhuf sprechen wir, wenn die Sohle in Richtung Boden durchgewölbt ist. Oftmals überragt die Sohlenfläche den Tragrand. Das Pferd zeigt eine kräftig ausgeprägte Rillen- und Ringbildung an der Hornkapsel und läuft auf weichen Untergründen meist erträglich, auf harten Gründen dagegen zögerlich oder sogar lahm. Die Prognose für einen Vollhuf ist, auch wenn Ihnen so mancher Hufbearbeiter etwas anderes erzählen möchte, in der Regel schlecht. Man kann die Verschlechterung verzögern, nach meiner Erfahrung ist aber eine Verbesserung kaum noch zu erreichen, wenn über viele Jahre unzureichend gegengewirkt wurde. Trotzdem sind Erfahrungen meinerseits hier nicht allgemeingültig. Sollten Sie ein Pferd mit Vollhuf haben, fragen Sie Ihren Bearbeiter nach seiner ehrlichen Meinung.

2.11. Fohlenhufe

Der Fohlenhuf ist immer ein Tragrandzwanghuf. Beim Neugeborenen ist er von einem gallertartigen Kissen, dem sogenannten Fohlenkissen, umhüllt, das innerhalb der ersten Lebensstunden abfällt. Langsam muss sich der Tragrandzwanghuf zu einem Erwachsenenhuf entwickeln. In den ersten Monaten ist das Hufhorn noch sehr weich. Ist die Haltung optimal, müssen die Hufe in ihrer Entwicklung nur beobachtet und nicht zwingend bearbeitet werden. Je mehr die Haltung von den natürlichen Bedürfnissen abweicht, desto intensi-

Der Vollhuf.

ver müssen die Fohlenhufe bearbeitet werden. Wie an anderer Stelle schon erwähnt, muss vor allem das Strahlpolster des Fohlens von seiner anfänglich watteartigen in eine knorpelige und faserige Struktur umgewandelt werden. Weiterhin wachsen die in der Hornkapsel befindlichen Strukturen, die Knochen und Weichteile. Deren Wachstum ist nicht von äußeren Reizen abhängig. Ist die Haltung des Pferdes unzureichend, sieht man sehr häufig, dass der Huf ballig wird: Das heißt, beide Wände weisen von vorne betrachtet konvexe Verbiegungen auf. Diese Verbiegungen sind zwingend mit einer verschlechterten Durchblutung der Hornkapsel und der Lederhäute verbunden. Die gesunde Fohlenentwicklung ist hier bereits gestört. Ist die Haltung ideal, ist nach ca. 12–15 Monaten der Erwachsenenhuf entstanden.

Angeborene Fehlstellungen möchte ich in diesem Buch nicht abhandeln, sehr wohl aber eine Auswahl an erworbenen Fehlstellungen beim Fohlen.

2.11.1. Fohlenbockhuf

Der erworbene Fohlenbockhuf ist sehr häufig ein Ergebnis schlechter Haltungsbedingungen. Fohlen haben einen sehr kurzen Hals im Verhältnis zu ihren langen Beinen. Wenn das Fohlen kurzes Gras fressen soll, muss es mit den Vorderbeinen entweder in Grätsch- oder Schrittstellung gehen, um mit dem Mäulchen auf den Boden zu kommen. Wild lebende Pferde befinden sich in der Zeit, in der Fohlen mit dem Grasen beginnen, in aller Regel auf hochstehenden Wiesen mit langem Halm und die Fohlen können mit ihren kurzen Hälsen das Gras erreichen und fressen.

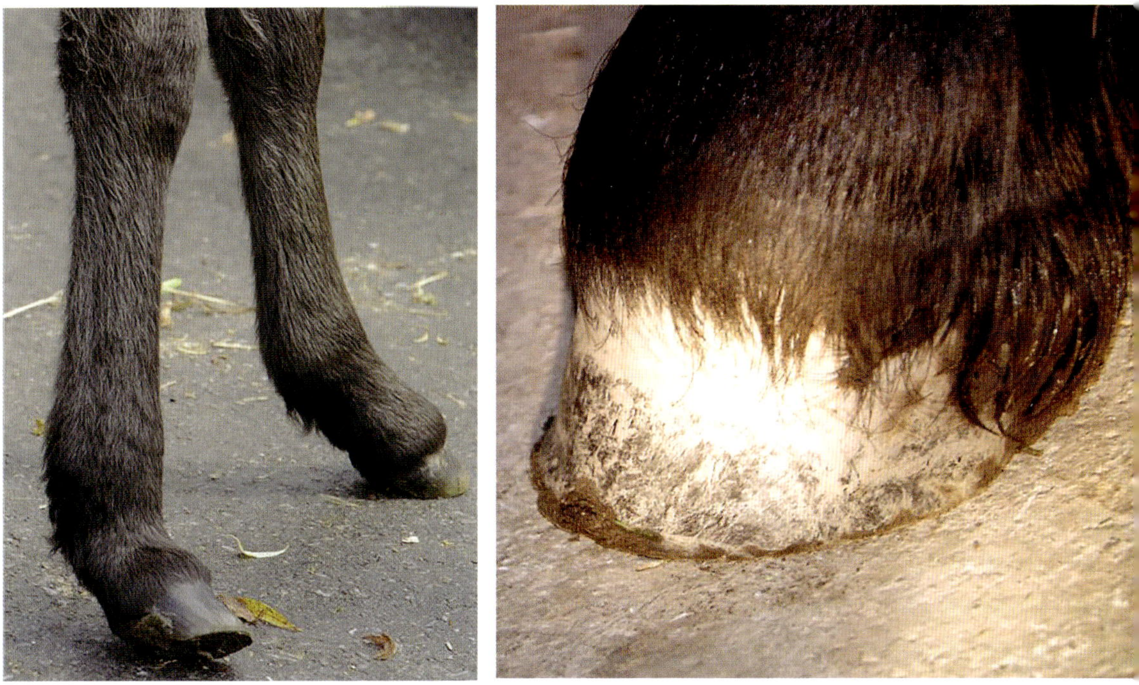

Durchtrittigkeit (links) und Bockhuf (rechts) beim Fohlen.

Steht das Fohlen öfter in Schrägstellung, werden die Innenwände der Vorderhufe stärker beansprucht und die Außenwände wachsen mehr. Je nach Konsistenz der Hornqualität entsteht entweder eine bodenweite Stellung oder ein krummer Huf mit einer konvexen Wölbung der Innenwand und einer konvkaven Wölbung der Außenwand. Beide Zustände sind nicht wünschenswert. Steht das Fohlen bei der Futteraufnahme in Schrittstellung, so wäre dies im Grunde unproblematisch. Da viele Pferde aber eine angeborene »Händigkeit« haben, stellen sie immer das gleiche Bein vor. Dies bedeutet erstens, dass sich die Hufe ungleich entwickeln und zweitens, dass einer der beiden Hufe eine bockhufige Stellung annimmt. Wird dann nicht ausreichend schnell bearbeitet und entgegengewirkt, sieht man schon im jungen Alter einen deutlich aufgestauchten Schulterbereich, mit einer auf der Seite des Bockhufs deutlich aufgestellten und prominenten Schulterblattspitze. Die Korrektur des erworbenen Fohlenbockhufs ist beim erwachsenen Pferd kaum vollständig möglich.

2.11.2. Durchtrittigkeit des Fohlens

Bei der Durchtrittigkeit wird die Tracht des Hufes stärker belastet, weil das Fesselbein eine waagerechte oder flache Stellung einnimmt. Diese nicht angeborene, sondern in der Zeit der Aufzucht entstehende Durchtrittigkeit muss zwingend bearbeitet werden. Die unphysiologische Belastung des sehr weichen Horns kann zu einer sehr starken Verbiegung des Hufs führen und ist nicht alleine über Hufbearbeitung, sondern vor allem über

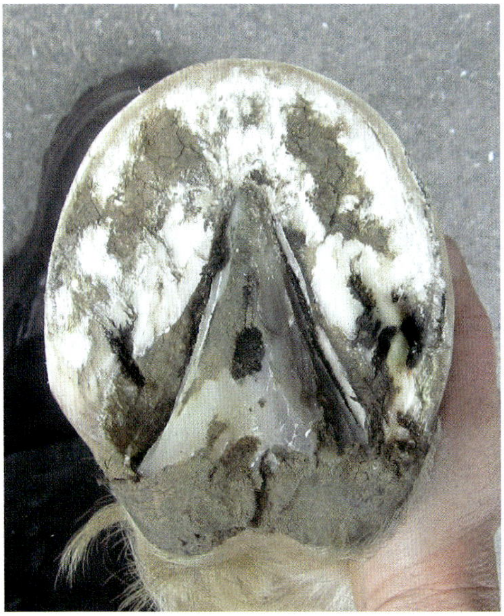

Hufgeschwüre: links beidseitig, rechts einseitig.

Physiotherapie und tierärztliche Assistenz zu behandeln. Die übermäßige Fütterung von Fohlen, um sie auf Schauen und Auktionen schnell gut aussehen zu lassen, ist eine der Hauptursachen für die Entstehung.

2.12. Verletzungen der Hornkapsel

2.12.1. Der Hufabszess

Der Hufabszess (auch als Hufgeschwür bezeichnet) ist eine sehr schmerzhafte Erkrankung der Hornkapsel. Egal ob septisch oder aseptisch entstanden, ist der Hufabszess immer mit einer Schwellung verbunden. Es sammelt sich Flüssigkeit, die in der geschlossenen Hornkapsel verbleibt und nicht ablaufen kann. Dies führt zu enormen Schmerzen, vergleichbar mit Zahnschmerzen beim Menschen. Die Entstehungsgeschichte ist einfach: Bei der septischen Huflederhautentzündung sind es Keime, die von außen in die Hornkapsel eindringen und eine Entzündung verursachen. Die Entzündung produziert Flüssigkeit, die zusammen mit der Schwellung Druck verursacht. Bei der aseptisch verlaufenden Entzündung kommt es zu nekrotischen Veränderungen des Gewebes mit ähnlichem Ablauf, Schwellung der Lederhaut und Sekretbildung.

Im Sinne der Schmerzvermeidung ist es immer sinnvoll, die Region des Hufgeschwürs aufzufinden und es zu eröffnen, damit die Flüssigkeit ablaufen kann. Ist der Eiter gelb bis weißlich und zähflüssig, ist eine tierärztliche Behandlung mit Antibiotika angebracht. Ist das abfließende Sekret schwarz und dünnflüssig, sind nur äußere Teile

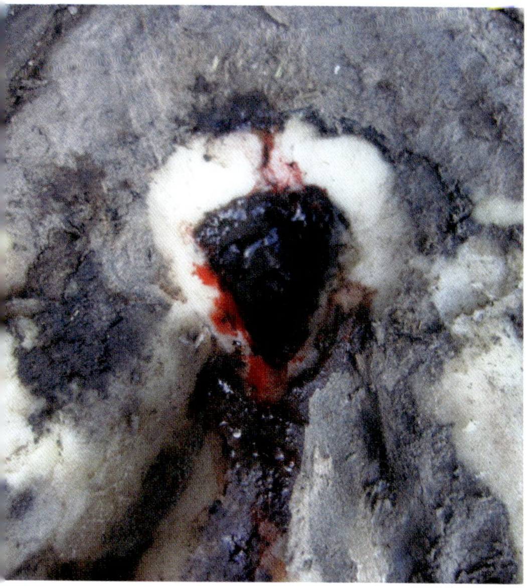

Penetrationsverletzung.

der Lederhaut betroffen und es besteht keine Gefahr, dass der Eiter Knochensubstanz »anfrisst«. Um sicherzugehen, ist die Konsultation des Tierarztes aber immer anzuraten.

Je länger ein Hufabszess das Pferd in seiner Gesundheit beeinträchtigt, desto mehr Auswirkungen kann dies auf die mittel- und langfristige Entwicklung des Pferdes haben. Auch über kurze Zeit lahm gehende Pferde nehmen nicht nur in der Lahmheit eine Schonhaltung ein, sondern auch nach Öffnen des Hufgeschwürs und Gesundung des Hufes erlebt man sehr häufig, dass Takt und Rhythmus des Pferdes gestört sind. Hier ist die Muskulatur intensiv zu prüfen und das Gangwerk fein zu beobachten, denn es besteht immer die Gefahr, dass ein Hufabszess mittelfristig negativen Einfluss auf die Entwicklung des Gangwerkes nimmt. Bei der Hufbearbeitung ist penibel darauf zu achten, ob die Hufe einer Körperachse Veränderungen aufweisen und ungleich werden. In vielen Fällen entwickelt sich hieraus das sogenannte Diagonalsyndrom, bei dem das Hufpaar vorne links / hinten rechts bzw. vorne rechts / hinten links miteinander korrespondiert und sich in eine Richtung entwickelt.

2.12.2. Penetrationsverletzungen

Penetrationsverletzungen – der Klassiker ist der Nageltritt – können immer wieder passieren. Das Leben des Pferdes kann in Gefahr sein, wenn Sie bei solchen Verletzungen falsch reagieren. Sollte ein Nageltritt vorliegen, prüfen Sie, ob sie den Nagel bis zum Eintreffen des Tierarztes im Huf belassen können. Ist dies nicht möglich, entfernen Sie den Nagel und markieren Sie unbedingt die Stelle, an der er gesessen hat, denn man wird die Stelle sonst auch kurze Zeit später kaum wiederfinden. Merken Sie sich, wie tief der Nagel eingedrungen war und in welchem Winkel. Diese Informationen sind wichtig, damit der Tierarzt einschätzen kann, welche innere Struktur eventuell verletzt worden ist. Decken Sie den verletzten Huf bis zum Eintreffen des Tierarztes mit einem Verband ab. Vermeiden Sie es unter allen Umständen, die Wundöffnung mit Desinfektionsmitteln zu behandeln. Sie wissen nicht, welche innere Struktur verletzt worden ist. Im schlimmsten mir bekannten Fall saß der Nagel im Hufgelenk. Wenn dort Desinfektionsmittel hineingelangt, kann irreparabler Schaden angerichtet werden.

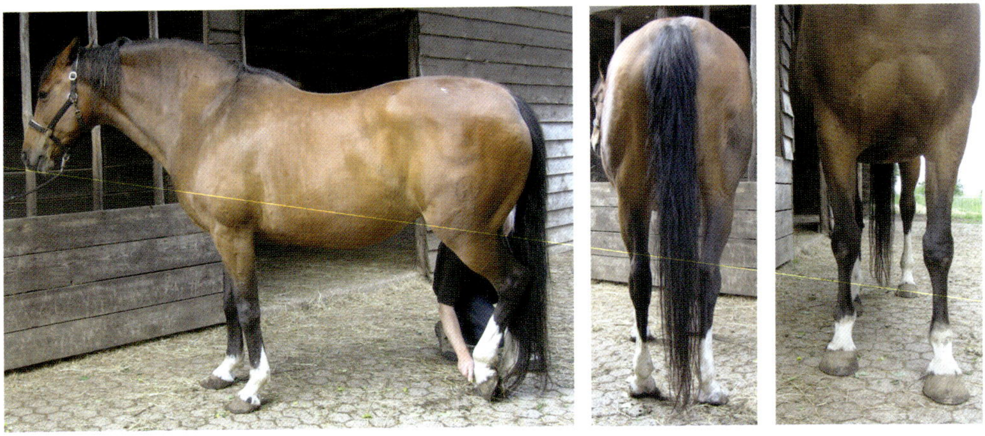

EMS von der Seite, von hinten und von vorne. Typisch sind: Fettblase an der Schulter, Fettablagerungen an der Kruppe, Fettblasen an Euter/Schlauch, festes bis hartes Kammfett.

2.13. Veränderung der Hufe durch Stoffwechselerkrankungen

2.13.1. Equines Metabolisches Syndrom

Beim Equinen Metabolischen Syndrom (EMS) handelt sich um eine Stoffwechselkrankheit, die vielleicht am ehesten mit der Diabeteserkrankung des Menschen vom Typ zwei zu vergleichen ist. Die Pferde entwickeln eine Insulinresistenz. Äußere Anzeichen sind Fettablagerungen im Bereich von Schlauch oder Euter, Kruppe und Schulter. Noch bevor diese »Fettblasen« entstehen, zeigt das Pferd Lustlosigkeit und mag sich nicht mehr gerne bewegen. Wenn also, schon bevor diese typischen Anzeichen erkennbar sind, die Hufe deutliche Veränderungen im Wachstum oder in der Hornqualität, viele Ausbruchstellen oder ungleichmäßige Abnutzung des Hufeisens zeigen, ist auch an eine Stoffwechselerkrankung zu denken. Zur Erkennung kann ein Bluttest durchgeführt werden, aber auch beim bloßen Verdacht ist es sinnvoll, dem Pferd sofort eine Diät zu verordnen. Die Menge des Grundfutters sollte dann bei 4 % des Zielkörpergewichtes liegen. Alle weiteren Futterkomponenten sollten streng nach Notwendigkeit berechnet werden.

2.13.2. Cushing

Cushing ist eine Erkrankung der Hirnanhangdrüse. Die Cortisolproduktion und die Regelkreise im Körper sind gestört. Es droht Hufrehe. Waren früher hauptsächlich ältere Pferde betroffen und Anzeichen für das Entstehen der Erkrankung an Problemen im Fellwechsel, langem, lockigem Fell und Ähnlichem zu erkennen, so scheinen heute immer häufiger auch junge Pferde betroffen zu sein. Lethargie, langsamere Reaktionen und Lustlosigkeit begleiten die Erkrankung in ihrem Anfangsstadium. Solche Verhaltensänderungen kann ein sensibler Pferdebesitzer oder auch Hufbearbeiter früh wahrnehmen und man kann einen Test durchführen. Die Erkrankung ist gut medikamentös behandelbar.

2.13.3. Equines Fibromyalgiesyndrom (EFMS)

Diese Erkrankung ist sehr schwer zu diagnostizieren. Unerklärliche Lahmheiten, Muskelschmerzen, schmerzhafte Sehnen und Bänder, Müdigkeit und gastrointestinale Störungen sind feststellbar. EFMS ist eine komplexe Erkrankung, die übrigens auch im Humanbereich bekannt ist und bei Pferden mit vorgestörtem Immunsystem extreme Auswirkungen zeigt. Die Hufbearbeitung kann erste Hinweise liefern, denn eines der vielfältigen Symptome kann eine diffuse Schonhaltung des Pferdes sein. Sind die Hufe entgegen den Erfahrungen aus der Vergangenheit auf einmal vollkommen anders abgenutzt, so ist das ohnehin auffällig. Ein sicherer Hinweis darauf, dass sich eine weitere Untersuchung in diese Richtung lohnt, ist es, wenn alle vier Hufe auf einmal ein neues Abnutzungsmuster zeigen oder z.B. bei abnehmender Hornqualität außergewöhnlich wenig abnutzen.

2.13.4. Borreliose

Die Borreliose ist eine sehr heimtückische Erkrankung und wird durch Zeckenbisse übertragen. Bis zum Ausbruch der Erkrankung kann es lange dauern. Beim Pferd zeigt sie sich vor allem durch äußerst starke Muskelschwäche. Wenn also Rittigkeitsprobleme vorliegen, das Pferd bei der Hufbearbeitung vor allem mit den hinteren Beinen ungern auf dem Bock steht und verstärkt Muskelzittern festzustellen ist, dann könnte es sich lohnen, den Tierarzt nach einem Borreliosetest zu fragen. Eine der möglichen Begleiterscheinungen ist die Hufrehe.

Hufpflege Reiten Gesundheit

3. Kapitel

Die Hufbearbeitungsmethoden

Die unwichtigen und die wichtigen Hufbearbeitungstheorien

Auf den folgenden Seiten möchte ich Ihnen die meiner Ansicht nach wichtigsten Hufbearbeitungstheorien vorstellen. Der Wissenschaft ist es leider noch nicht gelungen, die einzige und alleinige Bearbeitungsmethode zu finden, die jeglicher Überprüfung standhalten würde und allgemeingültig Verwendung finden könnte.

Was mich in der Vergangenheit immer wieder gewundert und bewegt hat, war Folgendes: Wenn man mit Leuten sprach, die gerade die Hufe Ihres Pferdes von einem speziellen Bearbeiter aus einer der vielen sehr unterschiedlichen Schulen bearbeiten lassen hatten, so äußerten sich diese zu der Bearbeitungsmethode entweder mit euphorischer Begeisterung oder totaler Ablehnung: dass ein solcher Bearbeiter nie wieder an die Hufe herankommen würde. Und dies war durchgängig für jede der unterschiedlichen Methoden anzutreffen, die heute auf dem Markt gegeneinander konkurrieren.

Der Rückschluss daraus ist einfach: Die einzelnen Bearbeitungsmethoden sind weder falsch noch richtig. Sie haben alle ihre Berechtigung! Eine Hufbearbeitung, die in dem einen Fall erfolgreich ist, im nächsten aber vollends versagt, ist nicht per se schlecht. Sie ist vermutlich nur in ihren Grundzügen nicht richtig verstanden worden und wird daher bei Pferden angewendet, bei denen sie nicht sinnvoll ist. Sowohl das Pferd als auch alle Faktoren, die es beeinflussen – Haltung, Reitweise, Reiter, Equipment, Untergründe etc. – spielen mit in die Entscheidung hinein, was wie an den Hufen zu tun oder zu lassen ist. Also muss es unsere Aufgabe sein, herauszufinden, welche Methode in welcher Situation für welches Pferd in welcher Umgebung die richtige ist.

Dies stellt anfänglich eine große Herausforderung dar. Zeigt sich doch, dass es Methoden gibt, deren Erfolgsquote so gering ist, dass sich das Lernen und Praktizieren kaum lohnt.

Aktuell (2020) beobachte ich ein Aufweichen der Barhufbearbeiter-Szene. Viele Barhufbearbeiter, die Methoden bevorzugen, welche oftmals wenig erfolgreich sind, schwenken immer mehr auf das Anbringen von alternativem Hufschutz um. Dies ist in den letzten Jahren sehr einfach geworden, denn die Zahl der Varianten des temporären Hufschutzes ist nahezu explodiert. Auch die Möglichkeiten, den Huf mit geklebtem Hufschutz zu versorgen, sind nicht nur preisgünstig geworden, sondern auch praktikabel und äußerst haltbar. Geklebter Hufschutz scheint aktuell auf dem Weg zu sein, den genagelten Hufschutz ablösen zu können.

Diese Entwicklung ist sehr schade, denn es war bislang das »Privileg« der Barhufbearbeiter, keine

Alternative zu haben. Genau diese Alternativlosigkeit hat sie mit großer Konstanz weiter den Barhuf bearbeiten lassen – über den Punkt hinaus, an dem der Hufschmied schon lange einen Hufschutz vorgeschlagen hätte. Sich an Grenzen zu bewegen macht schlau, denn nur so erkenne ich dieselben. Habe ich mich öfter an dieser Grenze bewegt – bei unterschiedlichen Pferdetypen mit unterschiedlichen Aufgaben – bin ich irgendwann in der Lage, zu beurteilen, wo die Grenze der Barhufbearbeitung liegt. Bin ich jedoch in der Lage, einen Hufschutz anbringen zu dürfen, so beraube ich mich selbst der Möglichkeit, die Grenzen der Machbarkeit auszuloten. Eine durchaus bessere Entwicklung könnte es sein, wenn Barhufbearbeiter und Schmiede intensiver in Netzwerken zusammenarbeiten würden. Und wenn sie konsequent nur Barhufe bearbeiten und das Anbringen von Hufschutz dann einem Huftechniker aus ihrem Netzwerk überlassen würden. Schön wäre es, wenn sich die Hufschmiede dieser neuen Entwicklung weiter öffnen würden. Denn seien wir einmal ehrlich: Es ist sehr wahrscheinlich, dass sich die Zeit des Hufeisens dem Ende zuneigt.

Die Erkenntnis, dass eine Methode in einem Fall funktioniert und im nächsten nicht, ist insofern spannend, wenn man herausfinden möchte, welche Methoden in ihrer Anwendbarkeit möglichst weite Verbreitung finden könnten.

Ohne Anspruch auf Vollständigkeit möchte ich im Folgenden die aus meiner Sicht wichtigsten Prinzipien der Hufbearbeitung formulieren. Dies sind die Hufbearbeitung nach F-Balance, die Hufbearbeitung nach NHC und die Hufbearbeitung nach BPHC.

Dieses Pferd fußt lateral (links).

Hufbearbeitung

Zuvor aber kurz noch ein paar Worte zu der Frage, ob man den Huf nach Fessel- oder Zehenstand oder nach Fußung kürzen sollte. Dies ist für das weitere Verständnis wichtig, es handelt sich dabei aber nicht um »Methoden« in eigentlichen Sinne.

3.1. Kürzen nach Fesselstand und Zehenachse

Hier geht es um die statische Betrachtung des Hufes. Der Huf wird von vorn, von der Seite und von hinten betrachtet und das Ergebnis der Beurteilung gibt uns den Plan, an welcher Stelle der Huf gekürzt werden soll, um eine gerade, nicht gebrochene und gestreckte Zehen- bzw. Fesselachse zu erreichen.

Von der Seite betrachtet suche ich die Kürzungslinie, die eine Linie durch die Zehenknochen, also Fesselbein, Kronbein und Hufbein als ungebroche-

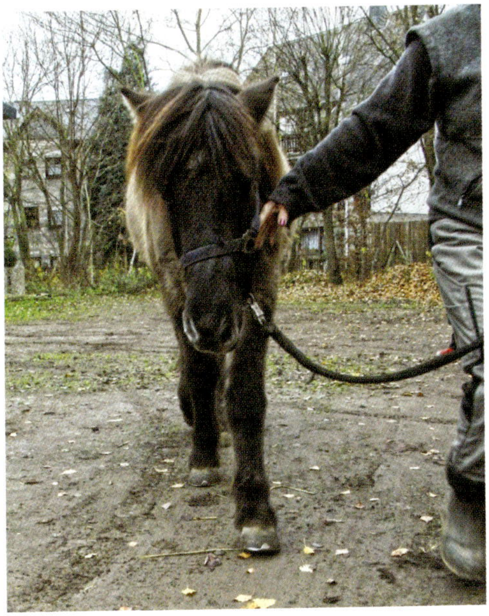

Unplan auffußendes Pferd. Es wird nach deutschem Verständnis des Kürzens nach der Fußungstheorie an der Stelle gekürzt, die zuerst den Boden berührt. Das Ergebnis sind aber oft asymmetrische Hufe, die immer noch unplan auffußen.

ne Gerade darstellt, die parallel zur Zehenwand und Trachtenwand verläuft. Von vorne betrachtet soll eine gedachte Linie durch die Zehenknochen in der Mitte der Hufzehe ankommen und ebenfalls eine nicht gebrochene Gerade darstellen.

Jede der anderen Kürzungsmethoden muss der Beurteilung auch nach dieser Theorie standhalten. Das Abgleichen der Hufbearbeitung nach diesen Vorgaben ist Pflichtprogramm.

3.2. Kürzen nach der Fußungstheorie

Beim Kürzen nach der Fußungstheorie wird der Huf in seiner Landungsphase betrachtet.

Für mich hat diese Kürzungstheorie eine untergeordnete Bedeutung, ist sehr wohl aber wichtig bei der Betrachtung unter diagnostischen Gesichtspunkten. Einige Erkrankungen des Pferdes verändern das Auffußungsverhalten. So zum Beispiel die Podotrochlose oder das »Hufrollensyndrom«, das zu einer Zehenfußung zwingt, oder die Hufrehe, die eine Trachtenfußung zur Folge hat. Die Problematik bei der Betrachtung der planen Fußung ist erst einmal eine rein praktische: Das Auge ist nicht schnell genug, um die Art der Fußung wirklich aufzunehmen und danach zu kürzen. Entscheidend ist jedoch die Frage, was mit planer Fußung gemeint ist und was wir erreichen wollen. In der deutschen Literatur findet man die Aussage, dass der Huf da gekürzt werden muss, wo er zuerst den Boden berührt. Wenn man dies tut, wird das Pferd eine plane Fußung zeigen. Die Erfahrung zeigt aber, dass dem so nicht ist. Die Amerikaner (Adams und Stashak) sagen, die plane Fußung wird erreicht, wenn der Huf da gekürzt wird, wo er als letztes auffußt. Sie sagen, der Bereich, an dem der Huf zuerst auffußt, hat sich naturgemäß von alleine gekürzt und die anderen Bereiche sind defizitär.

Die Hufbearbeitung nach der planen Fußung bringt aus meiner Sicht keine vernünftigen Ergebnisse.

3.3. Hufbearbeitung nach F-Balance

Seit vielen Jahren wurde an unterschiedlichsten Stellen der Welt an der Objektivierung der Methoden zur Kürzung des Hufes gearbeitet. Savoldi machte in der Vergangenheit sehr eindrücklich auf die Betrachtung der natürlichen Sohle aufmerksam. Biernat, Strasser, Rau (Der richtige Hufschutz, Kosmos, Stuttgart) u.a. machten in ihren Veröffentlichungen schon in den neunziger Jahren des letzten Jahrhunderts darauf aufmerksam, dass der Huf als dreidimensionales Gebilde zu betrachten ist. Dominik und Moser arbeiteten an der Form und Funktion der Hornwände. Diese vielen Ergebnisse sind in der F-Balance zusammengefasst und zu einem oft, aber nicht immer gut anwendbaren Gesamtkonzept der Hufbearbeitung gereift.

Das Konzept bezieht natürliche Faktoren des Hufs als Grundlage für die Entscheidung dafür, wo und wie gekürzt wird, mit ein. Der erste Faktor ist dabei der Stresspunkt.

Der Stresspunkt beschreibt eine Läsion im Verlauf der Trachtenwand. Dieser Bruch der Trachtenwand konnte durch rasterelektronenmikroskopische Aufnahmen an der Universität in Leipzig belegt werden. Dies ist eine interessante Erkenntnis, denn die Position der erkennbaren Stresspunkte ist an allen vier Trachten einer Achse an derselben Stelle, sodass sich für alle vier Trachten dieselbe Länge ergibt. In vielen Fällen war die vorangegangene Hufbearbeitung offensichtlich ungeeignet. Oder das Bewegungsmuster des Pferdes hatte dazu geführt, dass eine Seite des Ballens nach oben gedrückt war. Die Betrachtung der Stresspunkte bietet die Möglichkeit, die Hornkapsel in einem hohen Maße zu entspannen. Man kann sich vorstellen, dass eine Hornkapsel, deren Hornröhrchen verklebt und auf der Gesamtlänge dauerhaft verspannt sind, immer latent Gefahr läuft, zu brechen.

Eine Verspannung der Hornkapsel (häufig sichtbar an einseitig hochgestauchtem Ballen) führt dazu, dass sich das Pferd nicht wohlfühlt. Klammer Gang ist die Konsequenz. Es läuft trotzdem einige Zeit so weiter, weil es sehr leidensfähig ist. So bleibt die Verspannung dauerhaft bestehen und der Reiter wird erst darauf aufmerksam, wenn Zusammenhangstrennungen der Hornkapsel auftreten. Überhaupt entstehen Zusammenhangstrennungen immer in erster Linie durch solche Verspannungen und viel seltener als angenommen durch Verletzungsgeschehen oder Unfälle.

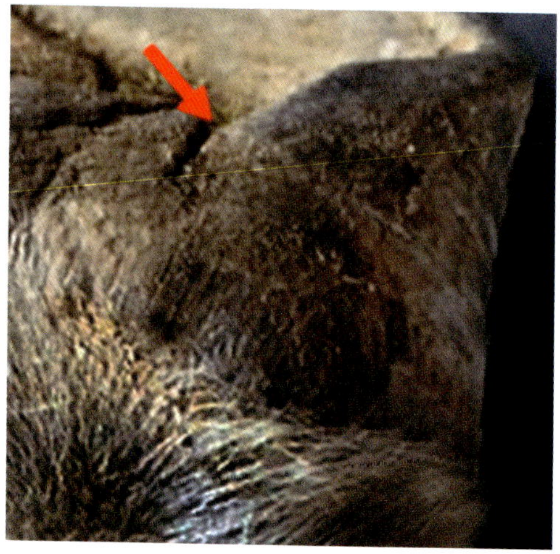

Der Stresspunkt (Pfeil) bezeichnet die von der Natur vorgesehene Länge der Trachtenwand. Wird die Tracht länger, knicken die Hornröhrchen an dieser Stelle und es entsteht eine sichtbare Einbuchtung.

Das Kürzen des Hufes bis zum Stresspunkt ist in vielen Fällen nicht sinnvoll. Besonders bei barhuf laufenden Pferden sollte ein gleichmäßiger Abstand von Stresspunkt zu Stresspunkt über den gesamten Tragrand erhalten bleiben.

Liegt am Huf ein aufgestauchter Ballen vor, so gleicht das Ergebnis der Hufbearbeitung (Bearbeitung von Stresspunkt zu Stresspunkt) einer Spirale. Setzt das Pferd seinen Huf wieder auf den Boden, kommt es zur Entspannung der Hornkapsel und der aufgestauchte Bereich entspannt sich und sinkt auf den Boden.

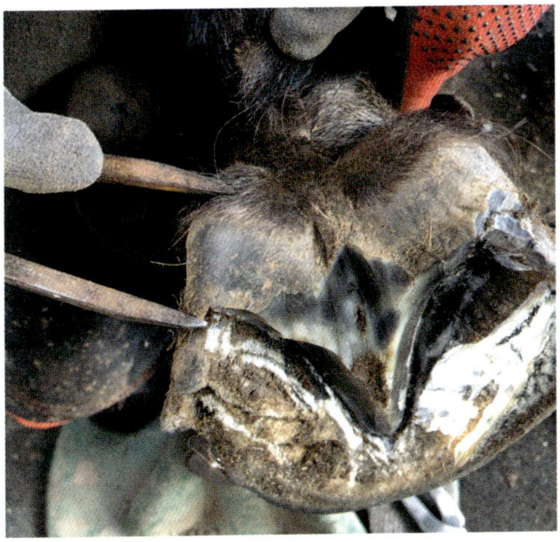

Der Abstand von der Haarlinie zum Stresspunkt ist auf allen vier Trachten einer Beinachse gleich.

Hier wurde der Huf von Stresspunkt zu Stresspunkt entlang der funktionalen Sohle gekürzt.

Achtung: Vor dem Kürzen ist gut zu prüfen, ob der Huf bei aufgestauchtem Ballen noch genügend Beweglichkeit hat, damit eine Entspannung der Hornkapsel erfolgen kann. Sind Verschleiß, Umbau von knorpeligem in knöchernes Gewebe oder arthrotische Prozesse weit fortgeschritten, können Veränderungen in der Hornkapsel problematisch oder schmerzhaft sein. In solchen Fällen ist das Kürzen nach T-Square vorzuziehen.

Der Test ist einfach: Die Ballen sollten sich mit mittelkräftigen Bewegungen der Hände gegeneinander verschieben lassen.

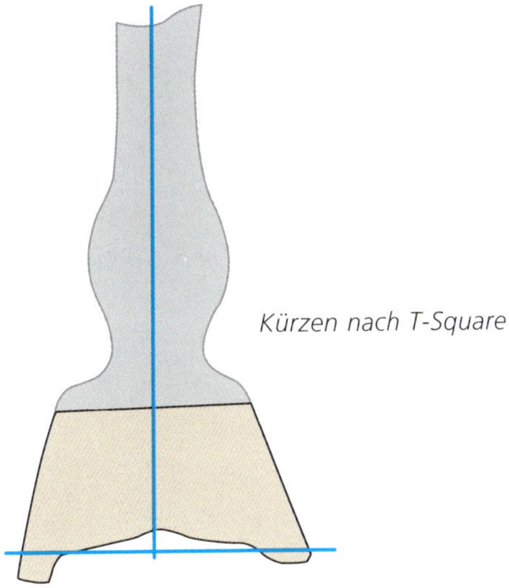

Die Entspannung der Hornkapsel wird bei einem geschmeidigen Huf schneller funktionieren als beim Huf mit sehr hartem und ausgetrocknetem Hufhorn. Dieser harte und ausgetrocknete Huf wird weitere Probleme zeigen, denn wenn er die Entspannung, die durch das richtige Kürzen möglich ist, nicht sofort zeigt, dann ist davon auszugehen, dass die Hufmechanik in der Vergangenheit eingeschränkt war und die Nährstoffversorgung des Pferdes im Hufbereich schlecht ist.

Die Betrachtung der Stresspunkte ist eine wunderbare Möglichkeit, über die Hufe die Gesamtproblematik des Pferdes besser zu verstehen. Ungleich hohe Ballen weisen sehr früh auf Verspannungen vor allem der Brust- und Schultermuskulatur. Allerdings kann die verspannte Muskulatur wiederum ein Ergebnis ursprünglich falscher Hufbearbeitung sein … Sie sehen also einmal mehr: Es ist wie mit der Frage nach Henne und Ei und man muss in jedem Einzelfall neu herausfinden, was die Fehlentwicklung ursächlich angestoßen hat.

Der zweite Faktor ist die funktionale Sohle. Das Herausfinden der funktionalen Sohle ist ein essenzieller Bestandteil jeder Hufbearbeitung, nicht nur der nach F-Balance. Der Huf muss von Zerfallshorn befreit werden und ich nutze den Blick auf den Stresspunkt, der das natürliche Ende der funktionalen Sohle darstellen sollte, als Orientierungspunkt, um die richtige Kürzung zu finden. Die Eckstreben werden herausgeschnitten und begradigt, der Zusammenhang der Sohle mit der Strahlspitze wird herausgearbeitet. Ich entscheide nun über das Maß der Kürzung von Stresspunkt zu Stresspunkt in Abhängigkeit davon, ob der Huf danach beschlagen, beklebt oder barhuf bleiben soll. Bei korrekter Ausarbeitung der funktionalen Sohle ist es ausgeschlossen, dass der Huf durch zu dünnes Sohlenhorn fühlig wird, genauso ist es ausgeschlossen, dass eine zu dicke Sohle die Beweglichkeit der Hornkapsel verhindert.

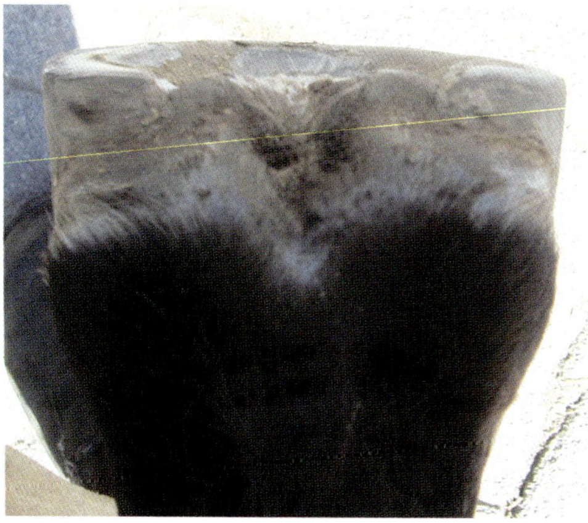

Von Stresspunkt zu Stresspunkt ergibt sich unmittelbar nach dem Ausschneiden oft ein spiralförmig aussehender Tragrand. Nach dem ersten Auftreten ist diese dreidimensionale Verschiebung oft schon wieder verschwunden.

Bei der genauen Arbeit und dem Herausarbeiten der funktionalen Sohle wird vor allem dann, wenn es auch Stauchungen im Bereich der Hufkrone gibt, keine ebenmäßig geformte Sohle entstehen. Die Sohle ist in den meisten Fällen ein Ebenbild des Kronrandverlaufs. Bei der Kürzung des Tragrandes orientiere ich mich von Stresspunkt zu Stresspunkt, aber mit Durchhalten der Parallelität zur funktionalen Sohle. Daraus ergibt sich, dass in den Fällen, in denen wir einen aufgestauchten oder abgesenkten Kronrandverlauf haben, kein gleichmäßiger Tragrand, sondern eine Schwebe entsteht. Dieser Hohlraum ist ein Zeichen für die Verspannung der Hornkapsel und entspannt sich, wenn das Pferd kräftig auf harten Untergrund auftritt. Ich habe schon häufig erlebt, dass solche Schweben nicht nur ein Widerlager gegen untergeschobene Trachten darstellen, sondern in kurzer Zeit entspannt werden.

Der dritte Faktor ist das Kronhorn. Dabei schaut man den Verlauf der Hornwand direkt unter der Wachstumszone aus der Hufkrone heraus an. Der wünschenswerte Zustand ist, dass das Hufhorn von der Krone bis an den Tragrand gerade gestreckt verläuft. Bei gesunden Hufen ist das der Fall. Allgemein kann man annehmen, dass das Kronhorn im Bereich direkt unterhalb der Hufkrone den Winkel und den Verlauf der Hornwand anzeigt, wie sie genetisch angelegt ist. Die zukünftige Bearbeitung muss diese Information aufnehmen und ihr nachstreben. Es gibt allerdings Krankheitssituationen des Hufes oder des Pferdes, die das Ziel der Arbeit kurzfristig verändern können.

Die Hufbearbeitung nach dem Entspannungskonzept gehört in den Werkzeugkasten jedes Hufbearbeiters. Das Konzept liefert nicht in allen Situationen eine umsetzbare Lösung, ist in der Betrachtung der Stresspunkte und dem Herausarbeiten der funktionalen Sohle aber jederzeit ein wichtiges Element.

3.4. Hufbearbeitung nach Biernat

Der inzwischen verstorbene Jochen Biernat war der Begründer der Huforthopädie. Die Grundidee seiner Hufbearbeitung ist sehr einfach: Wenn der Huforthopäde stark verstellte Hufe bearbeitet, so beschneidet er den Huf nicht mit dem Hintergrund der Korrektur, sondern so, dass sich durch die folgende Bewegung die Abnutzung der Hornkapsel so verändert, dass sich eine verbesserte Stellung durch die Bewegung einstellt.

Dies vollziehen Huforthopäden vor allem im Bereich der Sohle. Sie verdünnen den Tragrand in Bereichen, die einer stärkeren Abnutzung unterliegen sollen, deutlicher und lassen Tragrandbereiche dicker, die sich nicht abnutzen sollen. Ausbuchtungen in der Hornkapsel, so wie sie immer entstehen, wenn ein zwanghufartiges Geschehen vorliegt, weil sich die weiteste Stelle des Hufes nach hinten verlagert, wird von den Huforthopäden nach Biernat nach der so genannten Rietdachstruktur geraspelt.
Diese Art der Hufbearbeitung ist dann von Vorteil, wenn arthrotisch belastete Pferde langsam in eine neue Stellung gebracht werden sollen. Kurze Bearbeitungsintervalle sind Voraussetzung, damit dieses System funktionieren kann. Zweitens wird die Biernat-Hufbearbeitung nur dann von Erfolg gekrönt sein, wenn das Pferd sich ausreichend von sich aus bewegt. Ist der Krankheitsverlauf so weit fortgeschritten, dass sich das Pferd aus eigenem Antrieb nicht genug bewegt, wird die Abnutzung unzureichend sein. Die Grundidee, dass das Pferd sich tüchtige Hufe selber anlaufen soll, wird in diesem Fall nicht funktionieren. Trotzdem gehört diese Idee der Hufbearbeitung in das Repertoire der Hufbearbeiter.

Viele »Hufleute« nach Biernat vergessen leider das Vorführen des Pferdes vor und nach der Bearbeitung.

Merke: Das Vorführen des Pferdes vor jeder Hufbearbeitung ist essenziell. Es ist die Voraussetzung für die Erstellung des Arbeitsplans. Den Huf als Zeigeorgan verstehen zu wollen, kann ohne Vorführen nicht gelingen!

3.5. Hufbearbeitung nach NHC

Wenn Sie einen Hufbearbeiter nach NHC bestellen, wissen Sie nicht ganz genau, wen Sie gerufen haben. Arbeitet er nach Rooney, nach Jamie Jackson oder ist er Vertreter einer der vielen Natural-Hoofcare-Abkömmlinge, die mittlerweile in Deutschland arbeiten und deren Hufbearbeitung deutliche Abweichungen zu den Originalmethoden aufweist.

Unter diesen Begriff fällt auch die Arbeit von Gene Ovniceck, der die NBS-Beschläge auf den deutschen Markt gebracht hat. Er hat den »Natural Balance Hoof Trim« kreiert. Zeitgleich entstand die Vier-Punkte-Theorie von Ric Redden.

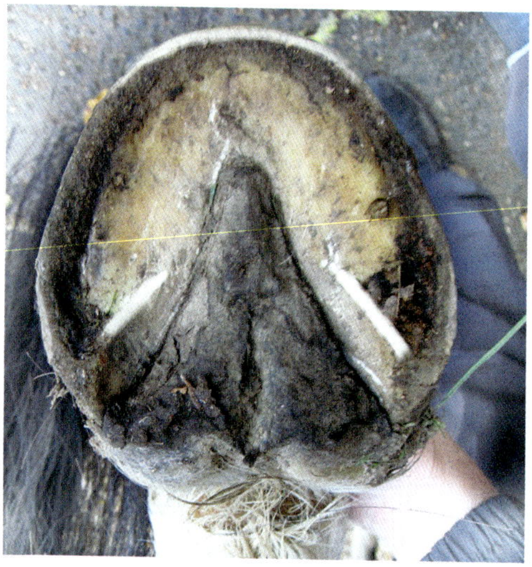

Bearbeitung nach NHC: von unten und von der Seite.

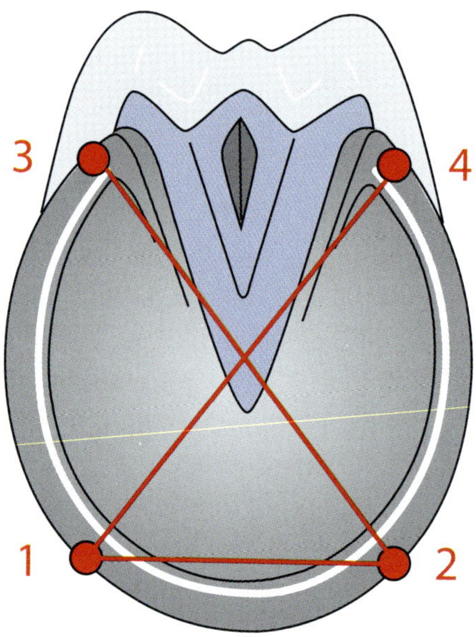

4-Point-Trim
4 Belastungspunkte des Hufes mit Abrolllinie (1–2)

All diesen Hufbearbeitungen sind zwei Dinge gemein. Die Hufsohle wird deutlich sparsamer bearbeitet, man möchte eine kräftige, gut mittragende Hufsohle. Der Tragrand wird umlaufend berundet, der Abrollpunkt oder Break Over Point wird intensiv bearbeitet, das Hufhorn wird bis zur sogenannten »Waterline« zurückgesetzt. Der »Toe Rocker« geht als Abrolllinie sogar deutlich über die Waterline zurück und verkürzt die Zehenlinie. Die Wand wird gestreckt. Vor allem das Zurücksetzen und Ausstellen der Wand bis zur Waterline ist ein wichtiges Element. Die Waterline stellt in der Hornwand den Bereich dar, in dem das pigmentierte Horn auf das unpigmentierte Horn trifft. Das Strecken der Wand oder das Zurücksetzen des Abrollpunktes findet an diesen Trennlinien sein Ende. (Das ist nach Jamie Jackson. Andere NHC-Hufbearbeiter verwenden den Toe Rocker, dieser geht deutlich über die Waterline hinaus.) Wenn ich bis zu dieser Linie arbeite, kann ich den Huf verbessern, ohne die Tragfähigkeit der Hornwand entscheidend zu schwächen.

3.6. Bearbeitung nach BPHC

Dieser neuere Ansatz der Hufbearbeitung stammt von Annelie Michels und Burkhard Rau. Die Abkürzung steht für Best Practice Hoof Care und versucht, alle gängigen Hufbearbeitungsmethoden für das Pferd zu vereinen. Alle Möglichkeiten der Hufbearbeitung werden abgeglichen, ob sie im Fall dieses Pferdes sinnvoll und notwendig sind. Ebenso können Elemente der einzelnen Hufbearbeitungsmethoden miteinander kombiniert werden. Annelie Michels lehrt die BPHC-Methode heute in ihrem Institut.

BPHC orientiert sich an den Stresspunkten in der Tracht und arbeitet die funktionale Sohle heraus. Die Eckstreben werden begradigt und so weit gekürzt, dass sie nicht in die Strahlfurche drücken. Druck auf die Lederhaut des Strahls ist in jedem Fall zu vermeiden. Eine unzureichende Bearbeitung der Eckstreben führt zu unphysiologischem Druck auf den Strahl, die Beugesehne und somit auf den Hufknorpel. Sind die Eckstreben zu lang, führt das zu langsam tiefer werdenden Strahlfurchen. Der solchermaßen »unbequem« gewordene Huf wiederum bedingt dann oftmals zurückhaltenden Gang und verspannte Muskulatur.

Die Eckstrebensituation ist ein wichtiges Thema, da sie an vielen Hufen ungünstig ist und die zu langen Eckstreben Sollbruchstellen aufweisen. Die dann folgenden Eckstrebenbrüche können fatale Auswirkungen auf das Geschehen in der Hufkapsel haben. Sie führen schmerzbedingt zu Stress in der gesamten Muskulatur des Pferdes.

Nicht in allen Fällen werden die Trachten so bearbeitet, dass sie gleich lang sind (wie im F-Balance Konzept vorgesehen), unbewegliche Hufe oder offensichtlich arthrotisch veränderte Pferde werden zuweilen auch mit unterschiedlich langen Trachten bearbeitet (palpatorische Überprüfung der Hornbeweglichkeit ist dabei vorausgesetzt). Meistens bearbeitet man die Hufe so, dass für den Barhuf ein 3-mm-Abstand über der von Stresspunkt zu Stresspunkt gedachten Bearbeitungslinie belassen wird.

Die Strahlspitze ist in jedem Fall aus der Last zu nehmen, um Druck auf die tiefe Beugesehne zu vermeiden. Dazu müssen die äußeren Strahlfurchen so weit bearbeitet werden, dass der Zusammenhalt zwischen Strahl und Sohle erkennbar wird. Die Strahlspitze wird in Richtung Eckstrebe betrachtet mindestens in einem Bereich von 2 cm bis zur Sohle freigelegt, sodass man den Zusammenhang der Sohle mit dem Strahl sehen kann.
Der Huf wird in der Zehe so weit wie möglich zurückgesetzt, um einen guten Abrollpunkt zu erreichen. Im Bereich der Zehe wird auf Wandüberstand über der Hufsohle meist verzichtet. Die lichte Höhe zum Tragrand im Bereich des Strahls sollte bei 1,6–2 cm liegen.

Die Sohle muss bis in den funktionalen Bereich hinein reduziert werden, um Rückschlüsse auf die Lage der von der Hornkapsel eingeschlossenen Knochen und Weichteile ziehen zu können. Eine nicht gerade verlaufende seitliche Strahlfurche ist hier zu erwähnen. Von der Strahlspitze zur Eckstrebe sollte der Strahl, frisch beschnitten, eine gerade Linie der seitlichen Strahlfurche ergeben. Leider ist aber oft zu erkennen, dass die Sohle eine kleine Wölbung in Richtung Strahlköper macht.

Dieser Bereich wird oft übersehen, ist aber ein sehr früher Hinweis auf ein Nachgeben des Strahlbeins und ein Durchsacken in Richtung palmar/plantar.

Ein wichtiges Element der Bearbeitung im BPHC-Institut Annelie Michels ist die sogenannte Hornröhrchen-Betrachtung: An der zentralen Zehenwand sind die Hornröhrchen im Mittelsegment maßgeblich und das Kürzen des Hufes erfolgt an der Seite, zu der hin die Knickung der Hornröhrchen zu beobachten ist (siehe Bilder rechts).

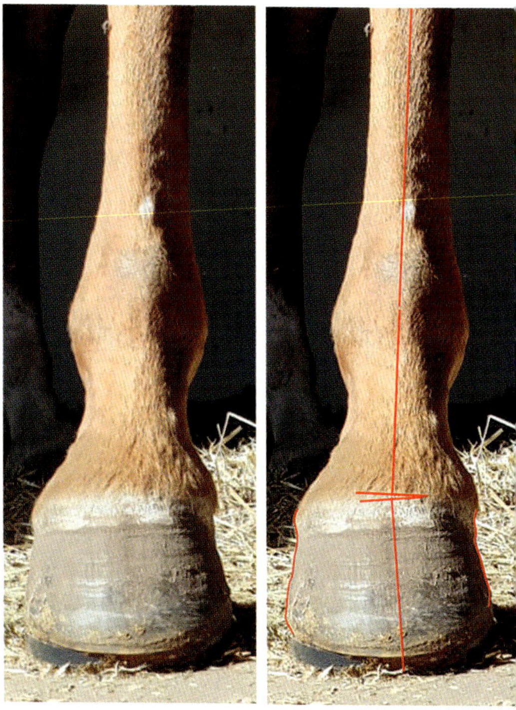

Kürzen nach dem Verlauf der zentralen Hornröhrchen der Zehenwand.

Die Hornröhrchen sind auch ein Indiz für Überkorrekturen des Hufes in der Vergangenheit. Die Achsen und Winkelungen des Hufes entstehen durch Stellung und Gangwerk. Die Hornröhrchen helfen zu ergründen, inwieweit die natürliche Stellung überschritten wurde und was in der Zurückführung in das physiologische Maß getan werden kann. Um keine Überkorrekturen und damit Lahmheiten zu erzeugen, werden dem Pferd per Hufkorrektur andere Stellungsmöglichkeiten angeboten, ohne diese zu erzwingen – mit der Option für das Pferd, diese anzunehmen oder in der gewohnten Weise weiterzulaufen.

BPHC ist eine Bearbeitung des Hufes mit deutlichem Blick auf die Ursache.

Annelie Michels

3.7. Hufe im jahreszeitlichen Wandel

Bevor ich die heute oft praktizierten Methoden der Hufbearbeitung etwas intensiver vorstelle, möchte ich den Pferdehuf noch einmal unter einem anderen Blickwinkel betrachten. Wie ich bereits in

Kapitel 2.3. dargelegt habe, ist der Huf als Organ zu betrachten und reagiert als solches auf sämtliche exogenen (äußeren) und endogenen (inneren) Faktoren und zeigt uns somit Veränderungen an. Zu den exogenen Faktoren gehören beispielsweise die Stallumgebung, der Reitplatzboden, der Wanderweg, der neu aufgeschüttete Feldweg, die neue Einstreu und eben auch der Wechsel der Jahreszeiten. Die Jahreszeiten bedeuten nicht nur sich verändernde Temperaturen und Sonnenstunden, sondern auch ein anderes Feuchtigkeitsmilieu, eine vollkommen andere Ernährung und andere Nährstoffversorgung, was alles im Einklang mit der Natur des Pferdes geschieht.

Es liegt auf der Hand, dass diese Faktoren auch den Huf beeinflussen, denn eine sich verändernde Umwelt stellt andere Anforderungen an ihn.

Die nächste Schwierigkeit wird klar: Wie soll man bei Betrachtung und Beurteilung von Hufen ein durchgängig einheitliches Ergebnis erzielen, wenn die einen Pferde den Wechsel der Jahreszeiten aktiv an der frischen Luft, vielleicht sogar auf der Koppel, erleben, andere hingegen im Stall, wo sie in der Box von so vielen Faktoren abgeschirmt sind?

Kann hier eine über das ganze Jahr gleiche und für jedes Pferd anwendbare Methode der Hufbearbeitung greifen und für jedes Pferd immer die besten Ergebnisse bringen? Natürlich nicht. Umso dogmatischer die Lehre, desto weiter entfernt wird eine für jedes Pferd optimale Hufversorgung sein.

Schauen wir uns zuerst den Huf im Wechsel der Jahreszeiten an. Das Verständnis der Zusammenhänge zwischen Witterungs- und Bodeneinflüssen und der Konsistenz des Hufhornes ist wichtig für die Erkenntnis, welche Bedeutung Hufmechanismus, Stoßdämpfung, Hornbeschaffenheit und die Frage der Haltung für die Auswahl der richtigen Methode der Hufbearbeitung und natürlich auch des Hufschutzes haben.

Das Horn des Strahls ist sehr quellfähig, was heißt, dass es besonders viel Wasser aufnehmen kann. Auch das Harthorn und das Blättchenhorn können Wasser aufnehmen und wieder abgeben. Aus dieser Tatsache ergibt sich, dass der Härtegrad des Hufhornes in den Jahreszeiten abhängig von der Feuchtigkeit in der Umgebung variiert. Weitere maßgeblich auf die physikalische Härte, Zähigkeit, Abriebfestigkeit, Flexibilität und Verformbarkeit des Hufes einflussnehmende Faktoren sind das im Wechsel der Jahreszeit sich verändernde Nährstoffangebot, der Wechsel im Hormonhaushalt (Brunft oder Stalldepression) und die Vitaminversorgung (Vitamin D im Winter). Das bedeutet für alle Überlegungen zur Hufbearbeitung also auch, inwieweit das Pferd naturnah gehalten wird und wie der Huf die jahreszeitlichen Anforderungen erfüllen muss. Oder ist die Haltung so, dass jahreszeitliche Einflüsse weitestgehend vom Pferd abgeschirmt sind und die Hufbearbeitung allein den Temperatur- und Futterumstellungen genügen muss?

Die Hufe im Sommer

Um die jahreszeitlich bedingten Veränderungen der Hufe und der Anforderungen an sie am deutlichsten zu machen, beschreibe ich die Veränderungen mithilfe einer sehr überzeichneten Darstellung der entsprechenden Jahreszeit. Also haben wir einen Hochsommer, in dem es manchmal wochenlang nicht regnet und selbst am frühen Morgen nur minimale Spuren von Tau zu fin-

Das Horn ist im Sommer hart und daher brüchig. Die Sohle platzt an und der Hornstrahl (Weichhorn) hat die Konsistenz und die Härte der Hornwand.

den sind. Das Hufhorn hat im Jahreszeitenwechsel seine maximale Härte.

Wenn Sie in dieser Zeit schon einmal versucht haben, die Hufe Ihres Pferdes zu beschneiden oder Ihren Hufbearbeiter aufmerksam dabei beobachtet haben, dann bemerkten Sie, wie verzweifelt der Mann/die Frau vor dem Huf kniete oder diesen zwischen den Beinen hatte und mit dicken Backen vergeblich versuchte, am Strahl zu schnitzen, während er oder sie Flüche des Zornes gen Himmel schickte.

Vielleicht schaut jetzt der Pferdebesitzer den Experten fragend an, was hier verkehrt gelaufen ist, oder der Hufbearbeiter fragt den Pferdebesitzer kopfschüttelnd, warum denn die Hufe nicht ausreichend gewässert werden. Dieser Zustand ist von der Natur gewollt und durchaus sinnvoll! Die sommerharten Hufe sind, Sie können es sich schon denken, selbstverständlich auch abriebfester als geschmeidige und weiche Hufe. Die harten Hufe entsprechen also vollkommen dem Anspruch der Natur, den Huf zu befähigen, auf den harten, abriebintensiven Untergründen laufen zu können. Die Relation von abgeriebenem und nachgewachsenem Hufhorn ist gewahrt.

So ist das zumindest beim Wildpferd. Schauen wir aber einmal in die Realität der bei uns domestiziert lebenden Pferde. Das Pferd wird im Hochsommer vielleicht auf einer Bachwiese gehalten. Die Weide ist mit einem Unterstand bestückt und das Pferd hat eine große, saftige Wiese mit einem permanenten Zugang zum Bachlauf. Die Haltung ist im Grunde ideal, denn die Besitzer müssen kein Wasser auf die Weide fahren und das Pferd lebt geradezu paradiesisch. Immer wieder steht es genüsslich längere Zeit im Bachlauf und planscht mit den Hufen im Wasser.

Dieses Paradies aber ist gleichzeitig auch ein Problem, denn obwohl die Hufe wie gemalt aussehen, sind sie für die in der Jahreszeit überall anzutreffenden völlig ausgetrockneten, schon aufgesprungenen Böden und die knochenharten Wege viel zu weich. Wenn das Pferd im Gelände geritten werden soll, braucht es einen Hufschutz, denn seine Hufe würden sich viel zu schnell abreiben und einen permanenten Hufschutz bedingen. Dieser Hufschutz könnte abnehmbar sein, denn das Pferd kommt auf seiner Wiese ja durchaus gut ohne Hufschutz zurecht.

Kehren wir noch einmal zum Phänomen des harten Sommerhufes zurück. Vielleicht haben Sie schon für sich überlegt, dass die harte Hornsubstanz auch weniger Hufmechanismus zulässt, als dies bei weichem Horn der Fall ist. Das stimmt genau. Obwohl die Böden sehr hart sind und im Abschnitt über den Hufmechanismus gesagt wurde, dass auf sehr hartem Untergrund ein Maximum der Formveränderung stattfindet, beschränkt die Härte des Hornes dies aber wieder. Sie vermuten weiter richtig, dass Stoßbrechung bei diesen Untergründen aber besonders wichtig wäre, und auch diese Vermutung ist korrekt. Aber: Zu dieser Jahreszeit muss das Wildpferd (und für dieses hat die Natur ja den riesigen evolutionären Entwicklungsaufwand gemacht) im Grunde am wenigsten laufen, denn es gibt Futter in Hülle und Fülle. Was ist mit den natürlichen Feinden? Fast alle Tiere haben ihre Nachkommenschaft im Frühjahr geboren. Die Nachkommen der potenziellen Beutetiere sind nun vier bis fünf Monate alt, also unerfahren und weder so ausdauernd, noch so schnell wie die ausgewachsenen Artgenossen. Im Sommer sind die Nachkommen die gesuchten Leckerbissen für die großen Jäger. An langsamen, aber auch schnellen Kilometern, die die Pferdeherden im Sommer zurücklegen, kommt gar nicht so viel zusammen.

Wenn der harte Sommerhuf also einen reduzierten Hufmechanismus und damit eine reduzierte Stoßdämpfung hat (der Hufmechanismus absorbiert bis zu 4 % der auftretenden Stöße), mag das für ein freilaufendes Pferd, das niemanden zu tragen hat, deshalb noch schadlos ausgehen. Wenn aber Sattel und Reiter zum eigenen Körpergewicht hinzukommen, so muss bis zum Erreichen einer besseren und elastischeren Hornsubstanz der Hufschutz die Stoßabsorption übernehmen. Sie erinnern sich: Die Belastung wächst im Quadrat der Geschwindigkeit. Da eine Komponente, die auf die einwirkende Kraft Einfluss nimmt, das Körpergewicht ist, kommt es in höherem Tempo auch zu einer progressiven Steigerung der Belastung durch das Reitergewicht. Wenn also das Pferd dreimal so schnell läuft, erfahren seine Beine und Hufe eine neunmal höhere Belastung durch das Reitergewicht.

Pferdehufe erleiden durch ihre trockene Hornsubstanz im Sommer öfter Zusammenhangstrennungen – Hornrisse und Tragrandspalten, die aber selten bis nie durchdringend sind. Andere Spalten als Tragrandspalten bis hin zu durchgehenden Spalten haben ihre Ursache nicht in der Trockenheit, sondern in dysfunktionaler Hornkapsel oder unzureichend arbeitender Muskulatur. Die meisten Risse in der Hornwand, wie sie im Sommer entstehen, sind sehr oberflächlicher Natur und gehen fast nie durch bis an die weiße Linie. Hornspalten der harmlosen Art sind bei wild lebenden Pferden häufig und unbedenklich. Im Übrigen werden diese Hornspalten bei wilden Pferden oft durch einen zu lang gewordenen Tragrand ausgelöst. Da sie sehr oft nur 1–2 cm vom Tragrand in die Hornwand hineinreichen, kann man sie getrost als eine natürliche Form des kontrollierten Ausbrechens ansehen, also eine Methode, mit der nachgewachsenes, aber nicht abgenutztes Hufhorn natürlich gekürzt wird.

Bei unseren gerittenen Pferden ist das aus den oben schon genannten Gründen anders. Durch den Einfluss des erhöhten Gewichtes kommt es zu einer deutlichen Zunahme der Hufmechanismusaktivitäten. Das glasharte und spröde »Sommerhufhorn« reagiert darauf aber nicht mit elastischer Verformung, sondern mit Bruchstellen. Zusammenhangstrennungen des Hornes auch in höher gelegenen Wandbereichen können die unangenehme Folge sein. Auf der Weide entstandene, oberflächliche und an sich harmlose Hornspalten können sich in kurzer Zeit dramatisch verschlimmern. Oft passiert das zum Ende des Sommers und wird durch die vermehrte Feuchtigkeit kaschiert, die jetzt auf die Hufe einwirkt. Feuchtigkeit wird vom Huf aufgenommen, das Hufhorn quillt, das heißt, dass sich das Hufvolumen durch das aufgenommene Wasser vergrößert und die Sichtbarkeit, aber nicht die Existenz des Hornspaltes verschwinden lässt.

Im Sommer zeigen sich Fehlleistungen der Hufbearbeitung oft sehr schnell: mit undogmatischer und sinnvoller Bearbeitung der Hufe wird der Hufschutz vielleicht vermieden, im anderen Fall oft sehr schnell notwendig.

Nach der Trockenheit des Sommers nehmen die Hufe im Herbst viel Wasser auf. Der Strahl löst sich ab, auch die Sohle kann sich separieren. Unter der abgelösten Sohle oder dem abgefallenen Strahl ist gesundes Hufhorn.

Das bedeutet also, dass immer dann, wenn Wege, Wiesen und alle Orte, an denen geritten wird, sehr hart und unnachgiebig sind, ein Hufschutz geprüft werden muss – oder auf den harten Untergründen mit ruhigem und langsamem Tempo geritten werden muss. Wird das nicht ausreichend respektiert, gelangen Huf und die stoßabsorbierende Muskulatur in Stress.

Die Hufe im Herbst

Die meisten Pferdehufe kommen gut aus dem Sommer, nur beschlagene Pferde (Eisen oder Kunststoff ist dabei unerheblich) und darunter vor allem solche, die von einem weniger guten Hufschmied oder Huftechniker bearbeitet wurden, sehen oft schlimm aus: zernagelte Wände, Horndefekte und dadurch keimbelastete Hornkapseln. Bei extremen Witterungsverhältnissen haben schon geringe Fehler der Arbeit starke Auswirkungen. Ein falsch platzierter Hufnagel, der nicht in der weißen Linie sitzt, ein zu weit gelegter Beschlag, ein für das Pferd unpassend zubereiteter Huf und der Beschlag geht verloren, das harte Hufhorn platzt auf, weil es keine Toleranz gegen physikalische Belastung besitzt.

Was den Hufen nun aber Stress bereiten kann, ist ein plötzlicher Wechsel von starker Trockenheit auf recht feuchten Untergrund. Es ist immer wieder zu beobachten, dass der Huf nun schnell die versteifenden Elemente der Hornkapsel entfernen möchte: Der »Sommerstrahl« wird vielfach vollständig ersetzt, fast ähnlich wie bei einer Schlangenhaut. Das alte Strahlmaterial löst sich vollständig ab und macht dem darunter liegenden, schon neu nachgewachsenen Strahl Platz. Die im Sommerhuf dicke bis sehr dicke Hornsohle löst sich. Verunsicherte Pferdebesitzer erkennen oft eine sich ablösende Sohle und rufen entsetzt nach dem Fachmann. Nimmt man aber diese Sohle vorsichtig heraus, erkennt man eine vollkommen intakte und unversehrte neue Hornsohle. Der Tragrand bzw. der Wandüberstand ist über der Sohle deutlich erhaben und die Eckstreben sind als sicht- und fühlbare Erhebung auf der Sohle erkennbar.

Ist der Huf in einer allgemein guten und symmetrischen Kondition, dann zeigt dieses Bild die physiologische, also für dieses Pferde passende und richtige Sohle und wäre bei der Bearbeitung für dieses Pferd die Referenz für die Zukunft.

Der Herbst ist die Zeit, in der sich die Pferde nach ihrem angeborenen Verhalten den Bauch vollstopfen und mit dem Anlegen und Füllen der Fettspeicher auf den Winter vorbereiten. Hier zeigt sich in vielen Fällen der Nutzen, der durch die korrekte Ausbildung für das Pferd gewonnen wird. Das noch nicht oder nicht gut ausgebildete Pferd zeigt deutliche Veränderungen an den Vorderhufen. Die vorhandlastige Fressposition und die ebensolche Bewegung lässt die weichen Hufe leicht deformieren. Die hier entstehenden Zerreißungen der Zona Alba führen sofort zum vermehrten Eindringen vom Keimen und Pilzen, ein Problem, das, wenn nicht bekämpft, im Winter weiteren Ärger machen kann. Die Vorhandlastigkeit zusammen mit oft glockenartiger Verformung der Vorderhufe initiiert Verhärtungen der Schulter und der unteren Verspannung.

Das weiter ausgebildete oder auch besser gerittene Pferd kann hier seine Schultergliedmaße besser entlasten. Die oben beschriebenen negativen Entwicklungen bleiben oft aus.

Zu beobachten bleibt auch beim gut gerittenen Pferd die Entwicklung allemal, denn die Vorderhufe sind vor allem dann stärker belastet als die Hinterhufe, wenn weniger geritten wird. Die Zehen der Vorderhufe werden deutlich kürzer. Die Tragränder der Vorderhufe beginnen sich zu runden, die Hinterhufe sind scharfkantig und geben gute Traktion, um die Kraft sofort in Geschwindigkeit umsetzen zu können.

Was passiert nun mit dem Huf, wenn er ständig sehr großer Feuchtigkeit ausgesetzt ist? Er nimmt Wasser auf und wird weicher. Er wird sogar so weich, dass das Hufhorn im Hinblick auf die Aufnahmekapazität von Feuchtigkeit nahe an seinem Sättigungspunkt ist. Der Huf wird weniger abriebfest – kein Problem für das Wildpferd, das sich im Herbst auch über weichere Böden bewegt als im Sommer, ein Problem aber für das Reitpferd, das auch im Herbst mit seinen weicher gewordenen Hufen über Schotterwege und Asphalt laufen soll. Niemand sollte sich von den vielen Dogmatikern in der Hufszene verunsichern lassen! Bei den domestizierten Pferden sind hier Hufpflegeprodukte anzuraten. Als Faustregel kann man sich merken: Hochwertige Huffette und -öle sollten eingesetzt werden, wenn der Huf vor der Aufnahme von zu viel Wasser geschützt werden oder aber davor bewahrt werden soll, allzu viel Wasser abzugeben. Fette und Öle sind wasserabweisende Barrieren und daher in diesen Situationen nützlich. Fette werden bei einer intakten Hornkapsel verwendet und Öl verwendet man dann, wenn Zusammenhangstrennungen da sind und das Öl in den Spalt eindringen soll. Je feiner der Spalt, aus umso wässrigerer Konsistenz sollte das Öl sein. Hier ist darauf zu achten, dass das Öl versetzt mit keimabtötenden Bestandteilen ist, damit die Keimbelastung der Spalten bekämpft werden kann.

Die Hufe im Winter

Es ist kalt, die Böden sind über viele Wochen hart gefroren und eventuell sogar schneebedeckt.
Die entscheidende Veränderung, die der Huf in der Frostzeit erfährt, ist in der Temperatur begründet. Das Hufhorn ist zwar ein hervorragender Temperaturisolator, allerdings ist auch jede isolierende Wirkung begrenzt. Biologische Prozesse, im Allgemeinen als Metabolismus bezeichnet, erzeugen nicht nur Wärme, sie können auch nur dann stattfinden, wenn ein Temperaturgrenzwert überschritten ist. Bei Kälte wird ein guter Teil des Futters vom Pferd gebraucht, um die Körpertemperatur aufrechtzuerhalten und damit die essenziellen Prozesse zur Erhaltung der lebenswichtigen Funktionen zu gewährleisten. Futter ist draußen für das Pferd knapp und daher ein Gut, welches sparsam und pfleglich verwaltet werden muss. Die Hornkapsel hat eine direkte Verbindung zum kalten Untergrund. Daher könnte über den Huf unnötig Wärme aus dem Körper abgeleitet werden. Damit das in nur sehr reduzierter Weise passiert, hat der Huf eine ausgeklügelte Thermoregulation. Über Abzweigungen der am Kronrand verlaufenden Arterie wird das kapillare Geflecht des Hufes mit Blut versorgt. Das Durchblutungssystem des Hufes verfügt über Kurzschlussverbindungen von Arterien und Venen. Diese so genannten AVAs können die Blutführung verändern, das arterielle Blut sofort über die Venen abführen und die Durchblutung des Hufes damit umgehen. Auf diese Weise kann der Huf, wenn die AVAs öffnen, bis zu zwei Stunden nicht bzw. weniger durchblutet werden. Damit findet keine Wärmeabgabe über den Huf statt, aber natürlich auch keine Nährstoffversorgung und damit kein Hornwachstum.
Die Thermoregulation funktioniert perfekt, denn es wird nur so viel Blut für die Durchblutung des Hufes genutzt, dass die Vitalität erhalten bleibt und keine nekrotischen Vorgänge entstehen.
So geht über den Huf sehr wenig Wärme verloren, erkauft mit der herabgesetzten Durchblutung des Hufes. Bekommt der Huf weniger Nährstoffe, so ist verständlich, dass das Hufwachstum im Winter deutlich verringert ist.

Der Winter ist kalt und manchmal feucht. Das gesättigte Horn kann Wasser kaum aufnehmen. Alle Hornschichten quellen auf.

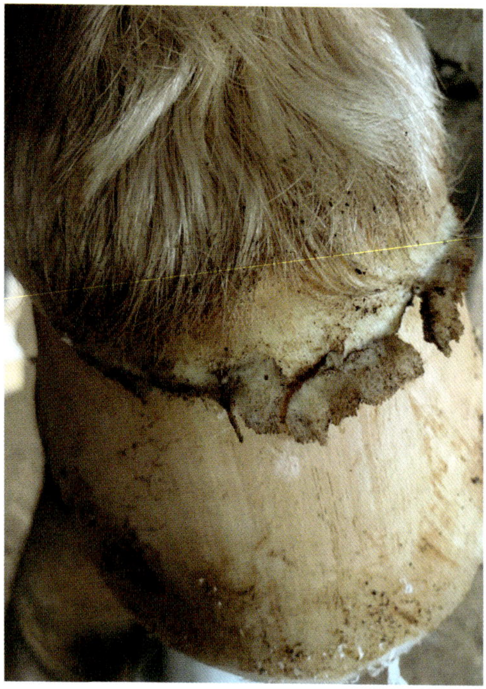

Das Aussehen der Winterhufe ist in einigen Details sehr verschieden von dem der Sommerhufe. Die Sohle ist schön sauber und glatt. Oft fallen deutlich abgegrenzte und prominente Eckstreben auf. Es befinden sich sehr viel seltener Abplatzstellen des Verfallshorns an der Sohle. Die Sohlenhornplatte wird im Winter etwas dicker. Die Kanten des Tragrandes sind rundlich abgeschliffen. Hufe im Schnee sind frei von Fäulnisstellen und verfilzten Arealen, sofern die Pferde durch den Schnee laufen können (ein deutlicher Hinweis, dass fleißiges Reinigen und Waschen der Hufe auch in anderen Jahreszeiten nützlich sein kann).

Der Hufmechanismus ist reduziert, denn eine dicke Sohle verbessert die Isolationsschicht und erzeugt eine Versteifung der Hornkapsel. Egal, ob das Pferd über den weichen Schnee oder eine Wiese mit hartgefrorenem Boden läuft – es tut das mit erhöhter Vorsicht, denn es hat eben keine Spikes an den Hufen und muss mit Rutschgefahr rechnen. Es setzt seine Füße mit erhöhter Vorsicht auf und federt den Lauf vermehrt in der Schulter oder dem Becken ab. Sicher haben auch Sie schon einmal beobachtet, dass Ihr Pferd im Winter über die tief gefrorene Matschkoppel ging, besser schlich, sodass Sie dachten, dass es auf allen Beinen lahm sei. Dieses Pferd hat zum Schutz seiner Beine, seiner Hufe und seines gesamten Bewegungsapparates bloß mit größtmöglicher Vorsicht einen Weg über die harte und unebene Fläche ertastet und versucht, schadlos die andere Seite der Koppel zu erreichen.

Das Pferd hat im Winter keinen erhöhten Gleitschutz, einzig die prominenten Eckstreben verbessern die Ausgleitgefahr im Schnee. Der wichtigste Schutz vor Stürzen ist die unnachahmliche Trittsicherheit und die ungeheure Aufmerksamkeit und Vorsicht, mit der sich das Pferd bewegen kann. Ich habe ausgewachsene Pferde, die sich (natürlich unbeschlagen) auf schneebedeckten Wiesen oder hart gefrorenen Untergründen bewegten, noch niemals stürzen sehen. Anders sieht das selbstverständlich auf vereisten Betonplatten oder spiegelglatten Asphaltflächen aus, und wieder verkehrt sich die Situation bei mit Reitern besetzten Pferden; aber daran konnte die Natur verständlicherweise nicht denken!

Für uns Reiter heißt das: Wenn das Hufhorn im Winter langsamer wächst, wir aber eventuell genauso viel reiten wollen wie zu anderen Jahreszeiten auch, braucht unser Pferd einen Hufschutz. Wenn wir weiterhin unsere Ritte nicht nur auf weiche und griffige Untergründe beschränken, sondern auch Asphaltstrecken und befestigte Wege überqueren müssen, braucht unser Pferd unbedingt einen Gleitschutz.

Die Hufe im Frühjahr

So wie die ganze Natur erwacht auch das Pferd aus dem Wachschlaf des Winters. Die Wiesen werden langsam wieder grün, das Fell des Winters wird gegen das dünne Haarkleid der warmen Jahreszeit getauscht. So wie der Bewegungsdrang wächst, so bereiten sich auch die Hufe auf das Kommende vor. In keiner Jahreszeit ist die Natur bewegter als jetzt. Die jungen Hengste schauen, was dieses Jahr für sie schon drin ist und fordern die alten Artgenossen heraus. Die Jährlinge testen mit großer Vehemenz die Grenzen der Physik und lernen, dass blaue Flecken wehtun.

In dieser Zeit hat das Pferd für seine Bewegung die idealen Voraussetzungen. Die Böden sind feucht, aber nicht nass, die Hufe hinterlassen

Spuren, ohne im Boden zu versinken – es herrschen die Verhältnisse, die wir Reiter uns das ganze Jahr über wünschen würden. Das Pferd hat Bewegungsdrang, ist vielleicht sogar übermütig, läuft und buckelt und will nun wirklich keinen Reiter tragen.

Die Abnutzung des Pferdehufs ist in dieser Zeit beim Wildpferd sehr viel geringer als die Menge der nachwachsenden Hornsubstanz. Das Althorn der im Winter dick gewordenen Sohlenplatte bröckelt heraus, nur die Eckstreben bleiben stehen und geben dem Pferd bei diesem Geläuf einen zusätzlichen und hervorragenden Gleitschutz. Durch den wieder auf Hochtouren gekommenen Stoffwechsel wächst das Horn schnell und der Tragrand ist scharfkantiger als im Winter. Das Pferd kann sich auf sein Profil verlassen.

Die Hornsubstanz ist zu dieser Jahreszeit ideal. Das Horn bekommt genügend Feuchtigkeit, um geschmeidig zu bleiben, die Hornwände sind glatt und das Wandhorn glänzt. Die fetten Wiesen, die wir unseren Pferden anfänglich nur portions- und minutenweise zumuten können, um nicht eine Hufrehe oder Kolik zu riskieren, sind für die Wildpferde das Paradies. Sie werden nicht krank, weil sie in noch größerem Maße Platz für die Laufattacken mit den Artgenossen haben.

Das Frühjahr ist auch die Zeit der Nachkommenschaft. Die wandernde Pferdeherde gebärt die Fohlen auf einer noch nicht beweideten Fläche. Ich kenne viele Tierärzte, die eine saftige Frühjahrswiese für kleine Eingriffe am Pferd aus hygienischen Gründen der gefegten und auch desinfizierten Stallgasse vorziehen.

Die Fohlenentwicklung beginnt in der idealen Jahreszeit und auch der Huf des Fohlens trifft auf die idealen Bedingungen, um sich richtig zu entwickeln. Er wird nicht so stark abgerieben, dass das Laufen zu einer schmerzhaften Angelegenheit wird, erfährt aber auch vom mäßig festen Boden so viel Widerstand und Bodendruck, dass der Huf sich in einer idealen Form entwickeln kann und weder zu weich und weit (was bei sehr nassen Böden passieren würde) noch zu hart und eng (bei harten und trockenen Böden) wird.

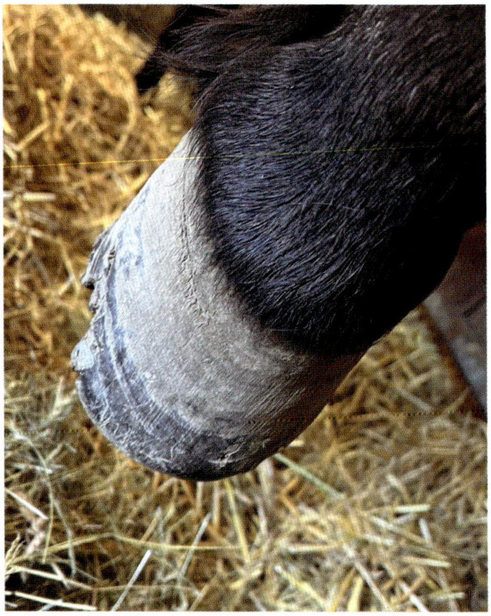

Das überschießende Hornwachstum im Frühjahr macht sehr engmaschige Hufbearbeitung bzw. engmaschigen Hufbeschlag nötig.

Sie sehen, wie sehr die Jahreszeiten Einfluss auf die Hufe unserer Pferde nehmen, wenn die jeweilige Haltungsform dies zulässt.

Auch wird deutlich, warum es zu Problemen kommt, wenn die Haltung dem Pferd so gleichbleibende Bedingungen bietet, dass es das ganze Jahr auf harten »Sommerhufen« oder auf weichen »Herbsthufen« unterwegs ist.

Hufpflege
Reiten
Gesundheit

4. Kapitel

Wechselwirkungen Huf-Pferd unter der Lupe

Geschichte des alternativen Hufschutzes

Im folgenden Kapitel beschreibe ich konkrete Zusammenhänge zwischen Abnutzung und Auffälligkeiten am Huf mit den jeweiligen Problemen, wie sie am Pferd feststellbar und zu behandeln waren. Vermutlich werden sich manche Hufbearbeiter und Hufschmiede an vielen Stellen auf den Schlips getreten fühlen, denn für einige der im folgenden beschriebenen Probleme ist vor allem die unsachgemäße Durchführung von Hufbearbeitung und -beschlag die Ursache – mit allen daraus resultierenden Problemen zuerst für die Rittigkeit, später für die Gesundheit des Pferdes.

Wenn ich eins in den Jahrzehnten meiner Arbeit mit Pferden gelernt habe, dann, dass Dogmen nicht hilfreich sind. Ich habe immer versucht, mit offenen Augen neugierig für jede neue Entwicklung zu bleiben, aber mich nicht auf jedes Schwein zu stürzen, das gerade durchs Dorf getrieben wird. Jede Innovation, jede Neuigkeit, jede publizierte Idee habe ich zur Kenntnis zu nehmen und kritisch zu hinterfragen versucht. Ich habe viele unterschiedliche Ausbildungen zur Physiotherapie gemacht, ich habe mich immer wieder um die neuen Ansätze in der Hufbearbeitung gekümmert. Anregungen und neue Impulse habe ich aufgenommen und probiert, manches übernommen, vieles wieder vergessen, aber die Summe all dieser Dinge hat mich zu dem geführt, was ich hier zu Papier bringe. Geschätzt habe ich meinem Leben 250.000 Hufe bearbeitet, mittlerweile einige hundert Pferde behandelt, unzählige Pferde trainiert und sehe der Kritik von professionellen Hufbearbeitern, die schon »fast hundert« Hufe in ihrem Leben gesehen und bearbeitet haben, gelassen entgegen.
Böse bin ich mit vielen Hufschmieden – ich kritisiere ihre Arbeit schon seit vielen Jahren, aber noch mehr kritisiere ich ihre Rückwärtsgewandtheit.

Das Pferd steht im Zentrum, und meine Arbeit soll die Bewegungsfähigkeit und Gesundheit des Pferdes fördern – oder zumindest nicht negativ beeinflussen. Zusammen mit meiner Frau Gisela habe ich in unserem Buch »Der richtige Hufschutz für mein Pferd« schon im Jahre 2003 beschrieben, dass das Hufeisen (dabei liegt die Betonung auf dem Material Eisen) zwar nie eine ganz schlechte Auswahl für den Hufschutz ist, mit Sicherheit aber auch nicht die ideale.

In den vergangenen Jahren hat sich ungeheuer viel auf der technischen Seite entwickelt. Nicht nur die Technik ist fortgeschritten, auch die Preise, die heute für einen alternativen Hufschutz bezahlt werden müssen, haben sich denen für ein Hufeisen stark genähert. Das Hufeisen hat seine Berechtigung als Hufschutz immer noch. Aber keinem Pferd (keinem!) bekommt es gut, sein ganzes Leben lang zwölf Monate im Jahr beschlagen zu laufen. Die schon damals von uns beschriebenen Nachteile des Eisenbeschlages bestehen weiterhin. Es ist schwer, es ist starr, es führt zu Erhöhung der Aufprallenergie des Hufes, des Beins (und des gesamten Pferdes) auf dem Boden. Und es verhindert die vollständige Funktion des Hufs als »Tastorgan«.

Aus Sicht des Hufschmiedes, Hufbearbeiters und Pferdetherapeuten möchte ich heute mein Credo von der Wichtigkeit der Abwechslung deutlich machen.

Die elementare Grundaufgabe eines jeden, der mit Hufen arbeitet, ist es, den Huf jederzeit daraufhin zu beobachten, ob Abweichungen vom Idealhuf feststellbar sind. Ist dies der Fall, so ist der Grund dafür herauszufinden. Von niemandem ist zu erwarten, dass er eine umfassende Befundung leisten kann. Von jedem Profi ist aber zu erwarten, dass er in einem Netzwerk Fachleute jeder Fakultät versammelt hat, um frühzeitig gegen Fehlentwicklungen in der Huf- und Pferdegesundheit zu intervenieren.

Ist das Fundament, der Huf, in Ordnung, ist jegliche Art von Hufschutz je nach Untergrund, je nach Nutzung, Jahreszeit, Reiterwunsch in abwechselnder Reihenfolge möglich.

In Anbetracht der vielen Pferde, die sich mit gestresster Muskulatur in Schonhaltung bewegen und weit weg von Spaß an der Arbeit sind, bevorzuge ich Energie aufnehmende Beschläge. Als Universalbeschlag möchte ich hier den »Duplo«-Beschlag, einen Kunststoffbeschlag mit Polyurethanmantel und Metallkern, nennen.

Reine Kunststoffbeschläge ohne Metallkern sind als universeller Hufschutz oft ungeeignet, denn sie unterstützen meist ein unerwünschtes Weiten des Hufes.

Die günstige Entwicklung in der Technik hat insbesondere im Bereich Klebehufschutz in den letzten Jahren Quantensprünge nach vorn gemacht.

Hufpflege Reiten Gesundheit

Netzwerk Pferd

Oft beschweren sich Hufschmiede und Barhufbearbeiter, wenn Osteopathen Anweisungen zu Hufbearbeitung und Hufbeschlag geben. Die Hufleute fühlen sich angegriffen und weisen die »Einmischung« zurück, da die Osteos doch nur acht Stunden über Hufe in ihrer Ausbildung gehört haben. Warum aber geben diese Leute den »wirklichen« Profis Anweisungen? Weil sie es besser wissen! Sie sehen den Huf nicht isoliert, wie es leider immer noch viele Huffachleute tun, sondern im Kontext. Und darüber sollten die Hufexperten einmal intensiv nachdenken!

Die Goodsmith-Platte kann an den Huf geklebt oder geklettet werden.

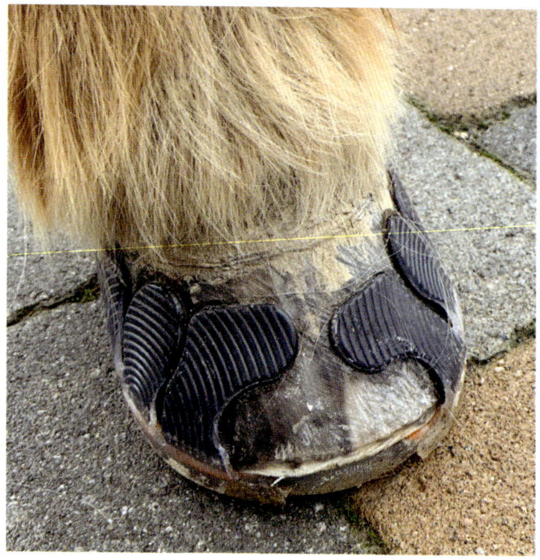

Ein mit RB-Carbon angeklebter Duplo-Beschlag.

Der geklebte Hufschutz ist einfach anzubringen, hält wunderbar und öffnet durch das Fehlen von Nagellöchern keine Eintrittspforten für Destruenten.

Sollte Kleben aus irgendeinem Grund nicht möglich sein, ist der genagelte Beschlag aus Kunststoff ein sicheres Medium.

Die aus dem Material Kunststoff herrührende Stoßdämpfung schont das Hufhorn und sorgt für optimale Entlastung von Muskulatur, Knochen, Gelenken und Knorpeln.

Aluminium wäre durch das geringe Gewicht und die bessere Stoßdämpfung sowie durch geringere Vibrationen als beim Hufeisen sicher eine Alternative, allerdings ist die Herstellung von Aluminium ungeheuer energieintensiv. Ist es wirklich nötig, diese wertvolle Ressource zu verbrauchen, wenn es doch gute Alternativen zu diesem Werkstoff gibt? Ich denke nicht.

Das Hufeisen aus Stahl ist eine günstige und universell verwendbare Form des Hufschutzes. Wird es jeweils mit Abstand einer Beschlagsperiode, also immer einer Barhufphase zwischen den Beschlägen, verwendet, ist es am einfachsten, den Huf in guter Kondition zu halten. Selbstverständlich ist es auch möglich, ein Pferd mit Eisen zu beschlagen und über das gesamte Pferdeleben einen konstant guten Huf zu erhalten. Dies ist dann möglich, wenn Haltung und Management des Pferdes sowie das Können des Reiters überdurchschnittlich sind. Nach meiner Erfahrung ist dies in der Realität heute selten gegeben. Daher halte ich das eben vorgeschlagene Verfahren, nicht regelmäßig zu beschlagen, für den besseren Weg.

Auch der Markt für Hufschuhe ist in den letzten Jahren enorm gewachsen. Es ist heute kein Problem mehr, für nahezu jeden Huf einen passenden und ideal sitzenden Schuh zu finden, jedoch schwerer als je zuvor, für das Pferd passende Hufschuhe zu finden. Mit Ausnahme ganz weniger Modelle sind sie viel zu schwer und verlängern die mit viel Mühe korrekt gestellten Hufe in der Zehe.

Aus meiner Sicht sind Hufschuhe nicht die beste Alternative zum Eisen, Kunststoffbeschlag oder Barhuflaufen. Hufschuhe sind dann eine Option, wenn das Pferd zu kurz gelaufene (oder bearbeitete) Hufe hat, aktuell empfindlich an der Sohle ist oder durch den Stallwechsel oder die Veränderung der Bedingungen im Stall über längere Zeit einen Hufschutz auf dem Paddock oder dem Sommerauslauf benötigt. Auch bei Erkrankungen der distalen Gliedmaße wie dem Hufgeschwür, einem entzündlichen Prozess wie Rehe o.ä. ist der Einsatz von Hufschuhen sinnvoll. Sobald es aber um schnelle oder gar sehr schnelle Bewegung geht, ist der Hufschuhe durch das Gewicht und die auftragende Bauweise nicht wirklich ideal, denn jedes zusätzliche Gewicht verändert die Gliedmaßenführung. Durch das Gewicht kommt es vermehrt zu deutlicher Trachtenfußung, der Bewegungsbogen wird verändert und eine größere Auftrittsfläche könnte durch eine Verlängerung der Hebel eine Zusatzbelastung der Zehengelenke bedeuten, wenn das Pferd sich noch nicht gut stellen und biegen lässt. Nicht zuletzt verändert die durch den Schuh verlängerte Zehe das Abfußen.

Für den Wanderritt oder die stark hufbeanspruchende Nutzung des Pferdes verwende ich trotzdem gerne Hufschuhe. Ich möchte den **Swiss Horse Boot** oder **Rohner Boot**, wie er heute heißt, an dieser Stelle explizit erwähnen, denn neben Dallmer war Rohner einer der ersten, die sich dem Thema Hufschuhe angenommen haben und beide Fabrikate sind immer noch am Markt. Alleine hieraus lässt sich doch ein Rückschluss auf die Konstruktion und Fabrikation schließen. Er ist eines der erprobtesten Modelle auf dem Markt und sehr simpel in der Konstruktion mit Bestandteilen, die vom Reiter selbst ausgetauscht werden können. Das Material und die Bauart lassen eine individuelle Anpassung und Veränderung auf viele (nicht alle) unterschiedliche Hufe und Pferdebewegungssituationen zu. Nachteile des Schuhs bestehen darin, dass das An- und Ausziehen etwas mühselig ist und das Pferd eine gewisse Gewöhnungszeit braucht, um mit dem Rohner Boot auch lange Strecken schadlos laufen zu können.

Weitere Schuhe kann ich im Grunde nicht mehr empfehlen: Ich muss leider beobachten, dass bisher funktionierende Produkte so verändert wur-

Eine Auswahl des heute fast unüberschaubaren Hufschuhangebots.

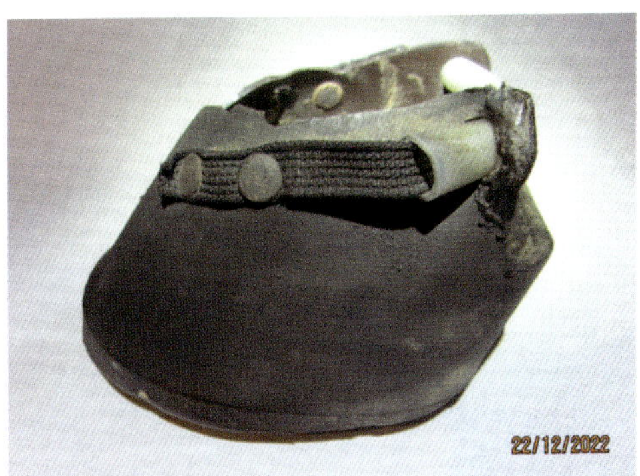

Hier ein Rohner Boot, gebraucht, viele Nutzungskilometer und immer noch in Ordnung.

den, dass sie nicht mehr richtig zu empfehlen sind – bislang gute Schuhe erfahren Materialveränderungen und verlieren ihre guten Eigenschaften, bei anderen schießen die Preise raketenartig in die Höhe und sind kaum noch bezahlbar. Am besten lassen Sie sich vor Ort beraten, aber fragen Sie den Schuhanpasser nach dem möglichst leichten Modell, das den Hufumfang nur gering vergrößert und die Zehe so wenig wie möglich verlängert.

Barhuf vs Beschlag

4.1. Die Muskeln

Die Muskeln, welche im Pferdekörper für Bewegung sorgen, liegen immer paarweise vor. Ein Muskel zieht sich zusammen, um ein Gelenk zu beugen, und wird von seinem Gegenspieler wieder gestreckt.

Muskeln bestehen aus einer großen Zahl von Muskelfasern, die wiederum zu Faserbündeln zusammengefasst sind. Die einzelnen Einheiten bestehen aus Muskelzellen.

Muskelfasern und Faserbündel sind mit Faszien überzogen. Auch der gesamte Muskel ist von diesem besonders straffem Bindegewebe umhüllt. Es schützt und verbindet die einzelnen Funktionseinheiten des Muskels. Die Faszien sind äußerst elastisch und helfen dem Muskel, nach der Dehnung oder Verkürzung wieder in seine normale Ruheposition zurückzufinden. Diese Entspannung ist eine wichtige Voraussetzung, damit der Muskel seine Maximalkraft entfalten kann.

Die Muskelfasern bestehen aus einer Vielzahl von Fibrillen; die einzelnen Fibrillen wiederum aus einer Vielzahl von Aktin- und Myosinfilamenten. Die kleinste Struktur, die für die Kontraktion des Muskels zuständig ist, nennt man Sarkomer.

4.2. Störungen der Muskulatur

4.2.1. Zerrung

Bei der Muskelzerrung kommt es zu einer Überdehnung der Sarkomere, als Ergebnis zu starker oder unphysiologischer Belastung.

Ermüdung durch Überlastung, falsches Training in die Verspannung hinein, erworbene Schonhaltungen sowie grundsätzlich mangelnde Dehnbarkeit des Muskels können die Ursache von Zerrungen sein. Die Symptomatik ist einfach: Das Pferd zeigt Schmerz bei Bewegung und Belastung des Muskels. Der Muskel ist berührungsempfindlich.

Die Therapie besteht aus zwingend notwendiger Pause, Kühlung und Kompression. Eine Schmerztherapie ist in den meisten Fällen nicht sinnvoll. Nach einer Schonung von etwa ein bis zwei Wochen sollten die Auswirkungen der Zerrung ausgeheilt sein. Schonung bedeutet beim Pferd übrigens niemals Boxenruhe, sondern die Vermeidung starker Belastung.

Mit vernünftigen Präventionsmaßnahmen lassen sich Zerrungen weitgehend vermeiden. Ausreichend langes Lösen des Pferdes, um die Muskulatur aufzuwärmen, ist genauso wichtig wie ein belastungsorientiertes Training der Muskulatur.

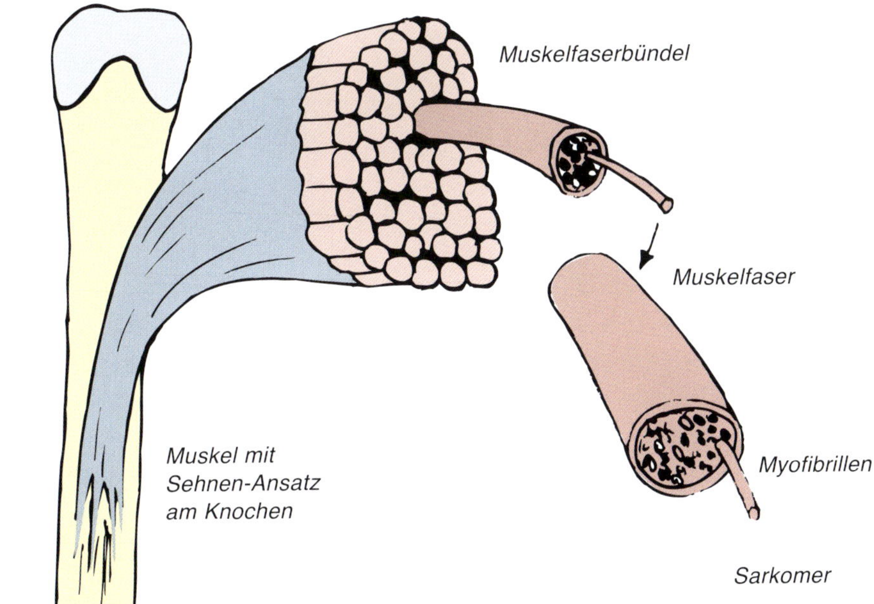

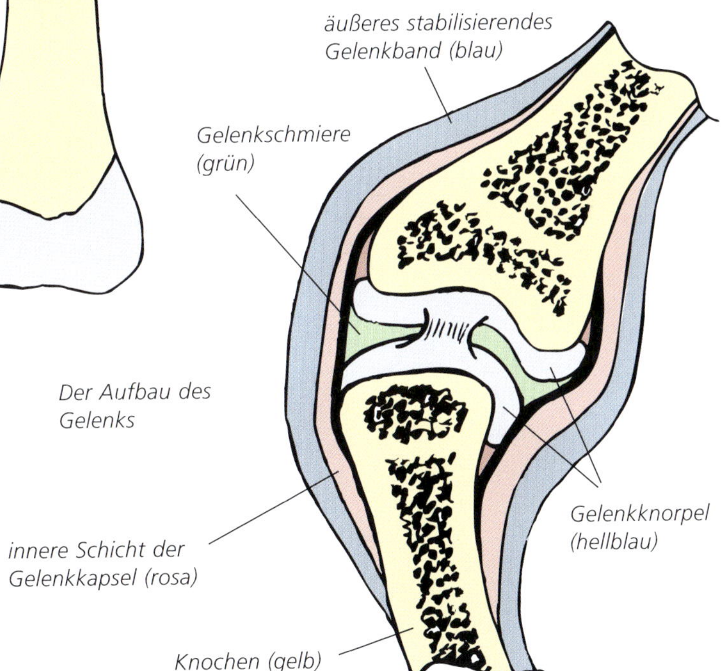

Der Aufbau des Gelenks

Hufpflege Reiten Gesundheit

Anmerkungen zur Lösephase

Zum Lösen, also dem Aufwärmen der Muskulatur durch Bewegung zur Vorbereitung auf Leistung, habe ich aus Neugier ein paar eigene Untersuchungen angestellt: Ich habe Pferde aus verschiedenen Haltungsformen und mit unterschiedlichen Trainings- und Ausbildungsständen während der Lösephase mit der Wärmebildkamera inspiziert. Zusammengefasst ergab sich: Die Lösezeit lag zwischen 10 und 30 Minuten. Je aktiver die Pferde durch die Haltungsbedingungen waren, umso schneller war die Muskulatur erwärmt. Die Aufwärmzeit war direkt proportional zum Trainingszustand: Je besser trainiert, desto schneller war die Aufwärmung der Muskeln erreicht. Gut gerittene Pferde zeigten an allen vier Beinen eine gleichmäßig ansteigende Temperatur der bemuskelten und unbemuskelten Strukturen, schlechter gerittene erwärmten sich zuerst an der Schultergliedmaße und erst dann an den Hinterbeinen. Schlecht trainierte Pferde aus allen Haltungsformen zeigten in der Reitbahn offensichtliche Ermüdungsanzeichen, bevor eine befriedigende Muskelaufwärmung erreicht war.

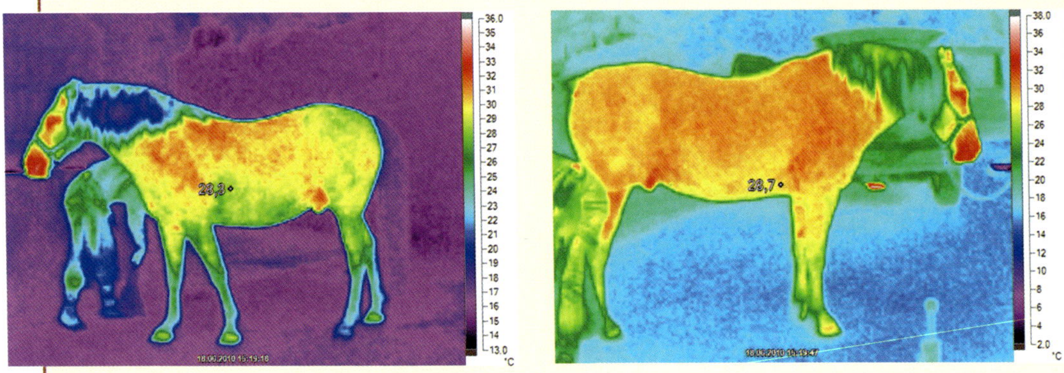

Vor (links) und nach dem Aufwärmen (rechts).

4.2.2. Muskelverspannungen

Man spricht von Muskelverspannungen, wenn durch einen lang anhaltenden erhöhten Muskeltonus ohne Entspannungsphase eine dauerhafte Verhärtung der Muskulatur auftritt. Überlastung, Überanstrengung durch Fehlhaltung oder Fehlstellungen können die Ursache sein. Und genau wie beim Menschen können auch psychischer Stress, Depression und Angst zu Muskelverspannungen führen.

Reflektorische Verspannungen sind ein Ergebnis von Vorerkrankungen wie Arthrose, alten Traumata, Entzündungen oder Operationen. Sie treten immer dann auf, wenn das Pferd einen Schmerz erwartet und sich dagegen wappnet.

Jede Art von sportlicher Betätigung führt zu kurzfristigen Verspannungen der Muskulatur. Problematisch sind nur dauerhafte Verspannungen. Bei diesen kommt es zu einer langanhaltenden Kompression der Kapillare im Muskel. Teile des Muskels werden mangelhaft durchblutet und es starten Entzündungsprozesse, die wiederum Schmerz verursachen, was zum Ansteigen der reflektorischen Spannung des Muskels führt. Weiter verminderte Durchblutung und verstärktes Entzündungsgeschehen sind die Folgen.

Dieser Kreislauf kann viele Wochen anhalten. Schnell führen Verspannungen jedoch zu Schonhaltungen, die sich in den Bewegungsabläufen etablieren. Oftmals werden sie schon bald über die Hufe angezeigt und schließlich durch falsche Hufbearbeitung gefestigt.

Beispiel:
Wird ein junges, muskulär noch nicht weit genug entwickeltes Pferd vor der Kutsche eingefahren, so wird es weniger seine Kraft als vielmehr sein Gewicht zum Ziehen einsetzen. Hierbei nimmt es eine rückständige Stellung mit den Vordergliedmaßen ein, wenn es sich nach vorn »ins Geschirr stemmt«. Tut es das über längere Zeit, passt sich die Muskulatur an diese Zug-Haltung an und die rückständige Stellung wird zur Gewohnheit. Sie führt zu einem etwas steileren Fesselstand und einer spitzer werdenden Zehe. Erkennt der Hufbearbeiter jetzt das Problem nicht, würde er die Zehe entsprechend kürzen, da er annimmt, dass die steile Fesselstellung physiologisch für das Pferd richtig ist. Die erworbene, mit verspannter Muskulatur einhergehende Fehlstellung wird damit etabliert.

4.2.2.1. Diagnose und Therapie

Teile oder Fasern des Muskels sind unnachgiebig, verhärtet oder fühlen sich knotig an. Bei Druck entsteht ausstrahlender Schmerz. Die Therapie besteht im Erkennen der Ursache und in Entlastung der verspannten Bereiche durch veränderte Bewegung. Massage, Wärmeanwendungen, Physiotherapie und manuelle Therapie sind weitere geeignete Maßnahmen.

In der letzten Zeit hat sich bei Physiotherapeuten zur Bearbeitung und Verbesserung von Muskelverhärtungen immer wieder der Einsatz von Gerätschaften und maschinellen Hilfsmitteln durchgesetzt. Auch wenn der Einsatz von Gerätschaften mit tollen Namen für den Pferdebesitzer spektakulär aussieht, so ist dies ein eindeutig ideales Gebiet für den Einsatz der Hände. Nichts kann Probleme besser erfühlen und ertasten und gleichzeitig behandeln, als es unsere Hände können.

4.2.3. Die Prellung

Prellungen entstehen durch Traumata mit dem Ergebnis einer Einblutung in die Muskulatur. Hinzu kommt meist noch der Einfluss von Lymphflüssigkeit. Das Ergebnis ist eine entzündliche Schwellung und es entstehen Hämatome, die manchmal beim Pferd kaum sichtbar sind. Tiefliegende Prellungen können bisweilen sehr langfristig die Bewegung des Pferdes ungünstig beeinflussen. Gelenksnahe Prellungen führen immer zu Bewegungseinschränkungen, auch bei geringeren Schwellungen und kleineren Blutergüssen. Die Therapie besteht hier in Pausieren, Kühlen und Kompressionsverbänden. Bei stärkeren Schwellungen ist das Punktieren eine sinnvolle

Manuelle Therapie ist dem Einsatz von Geräten vorzuziehen.

Möglichkeit, um eine starke Ödembildung und die damit verbundene Bewegungseinschränkungen zu eliminieren.

Wichtig!
In der Therapie einer Prellung wird keine Massage, keine Wärme und kein durchblutungsförderndes Element eingesetzt!

4.3. Das Fasziensystem

Der Beschreibung des Fasziensystems im Pferdekörper möchte ich einen besonderen Raum geben und ausführlich erläutern, welche Bedeutung die Faszien nicht nur für die Therapie, sondern auch für das Verstehen von Erkrankungen und die Diagnose haben können.

Die Faszien, früher als Bindegewebe bezeichnet, sind erst in den letzten Jahren in ihrer Bedeutung erkannt worden und in den Fokus der wissenschaftlichen Forschung gerückt. Ich kann mich noch gut erinnern, dass wir Anfang der achtziger Jahre des letzten Jahrhunderts, in einer Zeit, in der während des Studiums der Biologie Präparate vorbereitet und gezeichnet (!) werden mussten, mühselig das Bindegewebe von der Muskulatur wegpräparierten, um die »wichtigen« Strukturen ungestört und in voller Pracht zeichnen zu können.

Die Faszienstrukturen sind aber nicht nur eine Hülle um Muskelfasern oder Muskelbäuche, sie umhüllen nahezu alle Strukturen – Knochen, Muskeln, Organe, Blutgefäße und Nerven. Sie bilden ein Netzwerk, das eine ungeheure Wichtigkeit im Kommunikationssystem des Körpers hat.

Die Faszien des Körpers sind in drei große Gruppen zu unterteilen:

Die oberflächlichen Faszien (Fascia superficialis) bestehen aus lockerem Binde- und Fettgewebe. Organe, Drüsen und neurovasculäre Leiterbahnen werden von ihnen umhüllt. Die oberflächlichen Faszien liegen im Unterhautgewebe und reichen in die Lederhaut. Mehr als 200 Rezeptoren pro Quadratzentimeter bedeuten, dass die oberflächlichen Faszien ein hochsensibles Sinnesorgan für die Außenwahrnehmung darstellen.

Die tiefen Faszien (Fascia profunda) bestehen aus faserreichem Bindegewebe, das Muskeln, Knochen, Nervenbahnen und Blutgefäße einschließt. Die Belastung der tiefen Faszien ist sehr unterschiedlich und je nach Forderung formen sie sich als Sehnenplatten oder großflächige Faszien aus, die Bänder, Sehnen, Gelenkkapseln oder Muskeln umhüllen. Die tiefen Faszien haben einen hohen Anteil an Kollagenfasern, sind hoch viscoelastisch und zugbelastbar.

Die viszeralen Faszien betten die inneren Organe ein und sind für ihre Aufhängung im Bauchraum zuständig. Oft sind sie unter einem anderen Namen bekannt: Im Bauchraum heißen die Faszien zum Beispiel Peritoneum (Bauchfell), im Thorax Pleura (Brustfell), im Herzbereich Pericard (Herzbeutel) und in der Kopfregion Meningen (Hirnhaut).

Die Faszien haben folgende Funktionen:
Sie geben Organen und Muskeln ihre Form. Sie helfen der Muskulatur, die vollständige Kraft auf Ursprungsansatz und Bewegung zu konzentrieren. Wird ein Muskel trainiert, verdicken sich die Faszien und erhöhen die Spannung. Die Mobilität der Faszien wird geringer.
Dazu kommt häufig eine schützende Funktion. Muskeln, Bänder, Gelenke und Kapseln werden vor Verspannungskräften, physikalischem Stress und Gewalteinwirkung geschützt. Je nach Funktion sind Faszien eher weich (Oberschenkel) oder sehr fest (Bänder im Kniegelenk), nie sind sie jedoch hart. Harte, trommelartige Veränderungen der Faszien sind immer die Folge von pathologischen Ereignissen.
Faszien sind Gleitflächen und zeigen daher untereinander immer Beweglichkeit, verhindern aber dennoch, dass sich Organe oder Strukturen voneinander entfernen.
Auch Nerven sind von Faszien umschlossen und damit zum Beispiel vor Zugkräften geschützt.
Die Faszien können Organe in Unterbereiche unterteilen – diese Einrichtung der Natur verhindert zum Beispiel die Ausbreitung einer Entzündung auf das ganze Organ.
Zudem haben Faszien einen wesentlichen Anteil an Heilungsvorgängen. Sie fungieren auch als Leitstruktur für die Fresszellen des Immunsystems, die so den Weg zu geschädigten Strukturen finden.

Faszien haben eine Kräfte weiterleitende Funktion, und weil sie den gesamten Körper umspannen, werden die Kräfte über eine sehr große Fläche verteilt. So kann Kraft von kleineren Knochenstrukturen, kleinen Muskelansätzen und inneren Organen genommen werden, um unphysiologische Kräfte zu neutralisieren. Halten letztere über längere Zeit an, können im Verlauf der Faszienketten Dysfunktionen entstehen.

Faszien haben durch ihre sehr festen Bestandteile und die Tatsache, dass der gesamte Körper von ihnen umspannt ist, eine stabilisierende Funktion, unter anderem auch für die Bänder und Gelenke. Die Bewegung der Faszien unterstützt das Lymphsystem sowie das venöse System.

Sämtliche Zustandsänderungen in Thorax und Abdomen werden über Kräfte im gesamten Körper bis in die Extremitäten übertragen. Diese Bewegung unterstützt den Abfluss. Sind die Faszien jedoch zu fest, kann es bei der arteriellen Versorgung, aber natürlich auch bei der venösen und lymphatischen Entsorgung zu Störungen kommen. Heilung von Gewebe wird begünstigt, wenn die Faszienspannung normalisiert ist.

Die Kommunikationsfunktion der Faszien:
Faszien sind auch ein großes, sensibles Sinnesorgan. Faszienstrukturen enthalten eine große Anzahl an Propriorezeptoren – einfach erklärt sind dies Rezeptorzellen, die Informationen aufnehmen, damit das Gehirn die Lage des Körpers im Raum wahrnehmen und steuern kann.

Für uns besonders interessant ist dabei der Golgi-Sehnenapparat, der im Übergang zwischen sehniger Struktur und Muskel in der Faszie liegt. Er dient als Rezeptor, der in der Stresspunktmassage eine zentrale Bedeutung hat. Mechanischer Reiz auf diesen Rezeptor führt über einen Regelkreis zur sofortigen Entspannung der Muskulatur. Der Golgi-Sehnenapparat ist ein wichtiges Element, um Muskulatur und Sehnen im Alltag vor Überlastung und Zerstörung zu schützen.

Die Berührung der Faszien durch Massagen oder Faszientechniken (siehe Kapitel 5 Faszientechnik S. 149) wird von den Zellen des Bindegewebes als Information aufgenommen und begünstigt die Bildung neuer elastischer Grundsubstanz und Kollagenfasern.

Das Fasziennetz besitzt etwa sechsmal mehr sensible Nervenenden als die rote Muskulatur. Sie sehen also, dass die therapeutische Arbeit am Fasziengewebe große Auswirkungen haben kann. Eine Berührung der äußeren Faszien wird Informationen in das gesamte Fasziennetz abgeben.
Zwischen den Faszien wird auch die Lymphe abtransportiert. Abbauprodukte aus den und Aufbaustoffe für die Zellen fließen hier, Muskelbewegungen werden unterstützt. Durch die Muskelbewegung kommt es zum Abtransport der Lymphe. Wenn es allerdings zu einem Stau der Lymphe kommt, beginnen die Faszien zu verkleben.

Für weitergehend Interessierte: Das Fibrinogen, ein Blutgerinnungsfaktor, ist als gelöster Stoff in der Lymphe. Bei Muskelanspannung wird Adenosintriphospat freigesetzt, was zusammen mit anderen Stoffen die Umwandlung des Fibrinogens in unlösliches Fibrin ermöglicht. Das Fibrin verklebt die Faszien intensiv miteinander.

Ein Test zur Veranschaulichung von verklebten Faszien

Legen Sie ein großes Tuch auf einen Tisch. Das Tuch ist, wenn Sie es mit beiden Händen anfassen, auf dem Tisch frei beweglich. Nun nageln Sie das Tuch in der Mitte des Tisches fest. Sie können es jetzt an jeder Stelle des Tisches anfassen und immer noch eingeschränkt bewegen. Nur alle Bewegungen, die vom Nagel wegführen, sind nicht mehr möglich. Genauso verhält es sich mit einer Verklebung der Faszien. Eine verklebte Faszie zu finden, braucht ein bisschen Zeit und das Sherlock-Holmes-Gen in Ihnen …

Die Faszien haben noch weitere Funktionen. Hier steht zwar die abschließende wissenschaftliche Abklärung noch aus, aber es bestehen sichere Hinweise darauf, dass das Bindegewebe auch als Zwischenlager für Schadstoffe (Schlacken) dient. Dies gilt vor allem für die Zwischenlagerung von im Übermaß produzierten Säuren (Übersäuerung). Siehe auch Faszientechniken (Kapitel 5).

Gesichert scheint auch die Annahme, dass Faszien unabhängig von der eingebetteten Muskulatur selbstständig auf Stress reagieren können.
Der Wissenschaftler Dr. Robert Schleip konnte nachweisen, dass Faszien-Gewebestücke als Stressboten unabhängig von der Muskulatur reagieren und verkrampfen.
Dies erklärt, warum Stress Bewegungseinschränkungen oder sogar Bewegungsblockaden auslösen kann. Eine weitere sehr interessante Entdeckung ist die Verbindung des Fasziensystems mit dem vegetativen Nervensystem. Schleip beschreibt daher das Fasziensystem des Körpers als ein »wichtiges Tor, um mittels manueller Therapie auf das gesamte vegetative System zu wirken«.

Ebenfalls intensiv ist die Veränderung des Fasziensystems bei Traumata. Traumata führen zu Stress und damit zur Aktivierung von Bindegewebsstabilisatoren. Diese Myofibroblasten führen innerhalb kurzer Zeit zur Versteifung der Faszien. (Bei Menschen mit chronischen Rückenschmerzen zeigt sich eine erhöhte Dichte der muskelfaserbildenden Zellen und in der Folge eine Verdickung und gestörte Gleitfähigkeit in der großen Rückenfaszie.) Interessant ist, dass sanfte Berührungen die Matrix des Bindegewebes dazu bringen, Botenstoffe auszuschütten (Matrix-Metalloproteinase-1), welche überschüssiges Kollagen auflösen können. Im Weiteren wird bei ruhigem Arbeiten die Ausschüttung des Botenstoffes Stickoxid beobachtet, der feste Fasern aufzulösen imstande ist.
Faszien können uns also wichtige Hinweise auf Probleme im Pferdekörper geben.

A. Triggerpunkte

Triggerpunkte sind Zonen am Muskel und im Fasziengewebe, die zum Teil schon auf geringen Druck überempfindlich reagieren. Sie liegen entweder mittig im Muskelbauch oder an den Muskelansätzen im Sehnenübergang. Kleine, lokale Gefäßentzündungen führen zur Reizung der sogenannten Nozizeptoren. Diese Rezeptoren sind Schmerzfühler im Gewebe. Schmerz wird über elektrische Potenziale weitergeleitet und es kommt zu Fehlschaltungen im Rückenmark. So kann der Schmerz an einem weit von der Schmerzursache entfernten Ort wahrgenommen werden. Der Triggerpunkt (Trigger = Auslöser) liegt z.B. im Bereich der Kruppe, der Schmerz wird aber am Bein gezeigt. Man spricht in diesem Zusammenhang vom sogenannten Übertragungsschmerz.

Triggerpunkte sind also druckempfindliche Zonen im Faszienanteil der Muskeln. Sie strahlen Schmerz immer in charakteristische Korrespondenzgebiete aus und können auch an anderen Orten Muskelkontraktionen hervorrufen. Kettenreaktionen durch Triggerpunkte sind ebenfalls möglich. Bestehen Schmerzen über längere Zeit, führt dies zur sogenannten reflektorischen schmerzbedingten Abschwächung der betroffenen Muskeln, auch ohne eine primäre Muskulatur. Das Ergebnis sind gestörte Bewegungsmuster.

Beispiel:
Sie haben einen verspannten Nacken. Ihre Schultern sind hochgezogen und versteift, das Ergebnis der aktiven Triggerpunkte sind Kopfschmerzen. Sie bekommen weiterhin Zahnschmerzen am Unterkiefer und wenig später stellen sich Ohrenschmerzen ein.

! Merke: Bleibt Schmerz längere Zeit unbeachtet (falscher Sattel, schief sitzender Reiter etc.), kann eine nachhaltige Veränderung der Bewegungsmuster in Gang gesetzt werden.

Triggerpunkte sind messbar. Über die Veränderung des elektrischen Hautwiderstandes kann man, wenn man möchte, die Therapiepunkte für die Triggerpunktmassage messen. Unsere Hände sind aber zum Auffinden von Triggerpunkten ebenso geeignet.

B. Die Head'schen Zonen

Schon in der embryonalen Entwicklung des Fohlens kommt es zu Nervenverschaltungen von inneren Organen mit Stellen an den oberflächlichen Faszien. Das bedeutet, dass es Zonen an der Oberfläche des Pferdes gibt, die, sollten sie verspannt sein, Hinweise auf Probleme der inneren Organe geben können.

Die Thermoregulationsmedizin nach Rost macht sich diesen Umstand schon lange zunutze: Der Organismus wird aus der Kälte in einen wärmeren Raum gebracht. Die Thermoregulation des Körpers geschieht dabei nicht gleichmäßig. Die zuerst mit der Wärmebildkamera wahrnehmbaren wärmeren Zonen sind die auffälligen Zonen. Die Thermoregulationsmedizin kann uns Hinweise darauf geben, welches innere Organ einen höheren Grad an Metabolismus zeigt und weiterer Untersuchung bedarf.
Dazu braucht man nicht unbedingt eine Wärmebildkamera – das Betasten des Pferdekörpers kann uns ebenfalls wertvolle Hinweise geben.

Immer dann, wenn der Pferdekörper auf das Betasten und Berühren auffällig reagiert, ist eine genaue Diagnostik anzuraten. Und niemand kann Veränderungen des Verhaltens an der Oberschale besser und eher registrieren als Sie selbst!

Der aktuelle Kenntnisstand

In den letzten Jahren ist es mir gelungen, die bekannte Kartierung der Head'schen Zonen, wie sie beim Mensch und teilweise schon für den Hund existiert und seit Jahren bekannt ist, auch auf das Pferd zu übertragen. Dazu habe ich in über 100 Fällen, in denen eine gesicherte Diagnose der Erkrankung (akut oder chronisch) vorlag, die bekannte menschliche Karte grob auf das Pferd übertragen, die genauen Zonen beschrieben und deren Lage und Position ständig verfeinert. Ich bin sicher, dass die Zonenkarte für das Pferd nun eine gute Genauigkeit erreicht hat, aber in den kommenden Jahren sicher durch viele weitere Anwender im Pferdebreich weitere Verbesserung erfahren wird. Im folgenden habe ich diesen Erkenntnissen ein eigenes Kapitel gewidmet.

4.4. Die Hufentwicklung zeigt Veränderungen im Körper an

Die Betrachtung der Hufentwicklung gibt uns Hinweise, dass in der Pferdebewegung irgendetwas nicht stimmt. Der Hinweis wird deutlicher, je intensiver die Veränderung ist. Die Betrachtung der Hufe alleine sagt uns zwar, dass ein Problem vorliegt, zeigt aber selten auf einen einzelnen Muskel, sondern eher auf eine Muskelgruppe. Die Hufentwicklung ist nur ein Indiz, wenn auch ein wesentliches. Sie ist ein Hinweis unter vielen anderen, der uns mit viel detektivischer Arbeit an die Stelle des Behandlungsbedarfs führt.

Gewünscht und durchaus erreichbar ist, dass ein Pferd über viele Jahre mit völlig konstanten und sich nicht verändernden Hufen lebt. Das Foto unten zeigt einen Huf, dessen letzte Bearbeitung fast drei Jahre her ist. Bewegung, Haltung, Fütterung, Gesundheit und Reiten stehen in einem ausgewogenen Verhältnis. Dieses ausbalancierte System kann durch jegliche Form der Erkrankung, eine Zerrung, eine Kolik, eine Bronchitis, gestört und empfindlich ins Ungleichgewicht gebracht werden.

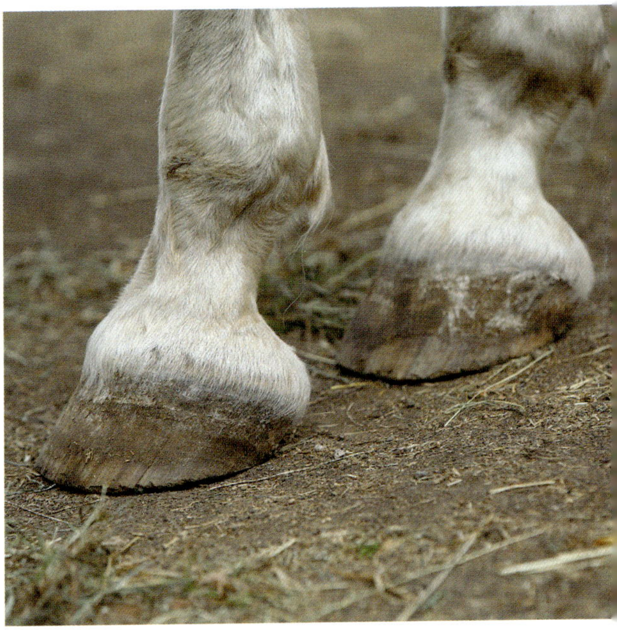

Dieses Pferd bewegt sich ausreichend auf abriebintensiven Untergründen, teilweise auf Wiese. Die letzte Hufbearbeitung war vor drei Jahren!

Im Folgenden möchte ich Ihnen eine Auswahl von häufigen Ursachen für schlechte Hufzustände vorstellen. Ich bin sicher, dass jeder für die Bewegung zuständige Muskel im Körper verspannen kann und auch eine Auswirkung auf die Hufe hat, genau wie jede beginnende Arthrose oder jede andere Erkrankung sofort eine Kausalkette auslöst, die sehr früh an der Veränderung der Hufe identifiziert werden kann.

Eine veränderte Bewegung fällt häufig dadurch auf, dass plötzlich Vordereisen verloren gehen.

4.4.1. Probleme mit den hinteren Beinen

Hufe nutzen einseitig an der Innenseite ab

Eine veränderte Bewegung, die zu unterschiedlicher Abnutzung des Hufes führt, bemerken viele Reiter unter Umständen dadurch, dass plötzlich Vordereisen verloren gehen. Das Pferd zeigt mit den hinteren Beinen z.B. einen veränderten Bewegungsbogen, das Hinterbein schwingt nach außen. Der mangelnde Schub resultiert aus der Energieabgabe, die nicht mehr in die Vorwärtsbewegung des Pferdes erfolgt, sondern im veränderten Bewegungsbogen und unnötigen Gelenkbewegungen verpufft. Der Bewegungsablauf ist verzögert. Anfangs treffen sich Hinter- und Vorderbein am äußeren Eisenschenkel, später, wenn die Brustmuskulatur verspannter wird, am Innenschenkel des Eisens.

Problematisch ist in diesen Fällen häufig der zu den Hüftgelenksmuskeln zählende **Musculus tensor fasciae latae**. Ist er verspannt, ist in Folge auch häufig das Knie instabil. Außerdem ist von hinten zu beobachten, dass das Sprunggelenk keine geradlinige, sondern in der Stützbeinphase eine leicht instabile Bewegung zeigt. Der Oberschenkel mit dem Musculus biceps femoris und dem Musculus glutaeus medius ist oft verspannt, meist auch die Faszie vom Knie bis zum Hüftbeinhöcker.

> ***Überprüfen:***
> *Liegen Probleme in Rückenmuskulatur und Wirbelsäule vor? Hat das Pferd in der Ausbildung gelernt, mit der Hinterhand unter den Schwerpunkt zu treten und sein Gewicht mit der Hinterhand zu tragen?*

Steifer Gang, Hufe werden stumpf

Wird der Gang in der Hinterhand bei stumpfer werdenden Hufen steif, ist oft ein verspannter

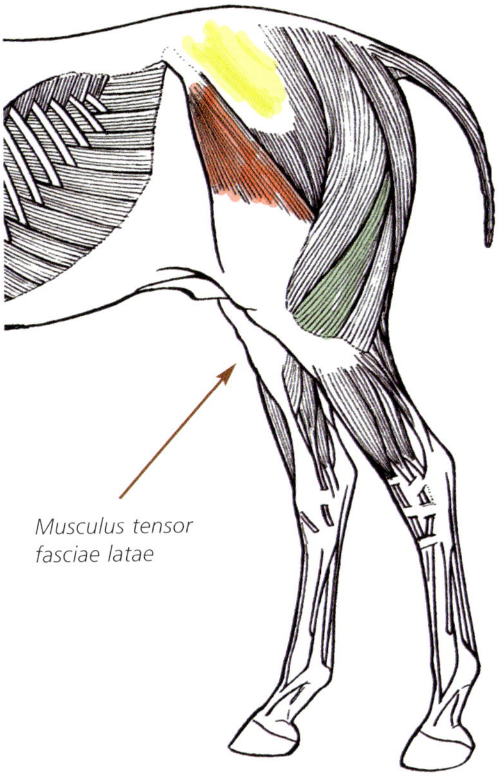

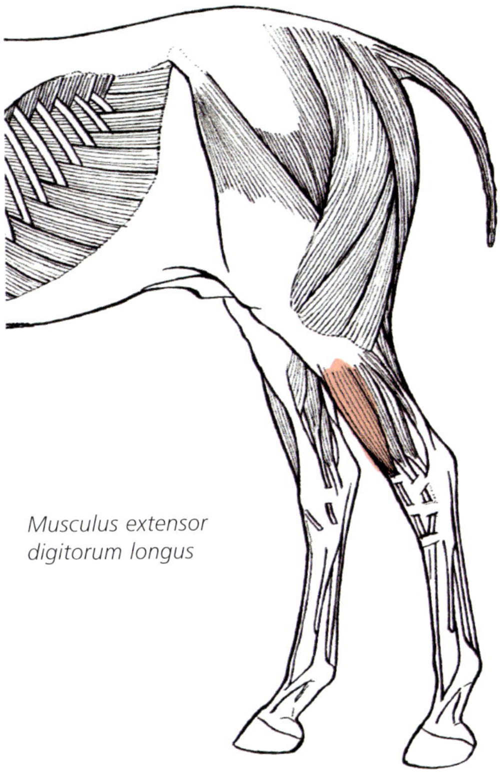

Musculus extensor digitorum longus, der lange Zehenstrecker, die Ursache.

Jede Einschränkung der Beckengliedmaße führt wie ein Stein, den man ins Wasser wirft, zu einer Wellenbewegung der Probleme von hinten nach vorne. Sind die hinteren Beine in der Funktion eingeschränkt, wird es sofort (!) zu einer Überlastung der vorderen Hufe kommen, an denen die Folgen der Überforderung sehr schnell sichtbar werden – entweder durch schlechter werdende, untergeschobene Trachten oder Überlastungserscheinungen der Hornkapsel. Dies ist meist schon erkennbar, bevor es zu Muskelverspannungen in der Schultergliedmaße gekommen ist.

Stumpfer werdende Hinterhufe

Stumpfer werdende Hinterhufe haben ihren Ursprung auch oft in Muskulaturproblemen, häufig in Muskelfaserverklebungen des Unterschenkels. Die Muskulaturproblematik führt zu flacher Bewegung und einem schleifenden Gang – mit sich sehr schnell verändernden Hufformen und Abnutzungsbildern von Hufbeschlägen als Folge. Siehe auch S. 59, Umformungshuf.

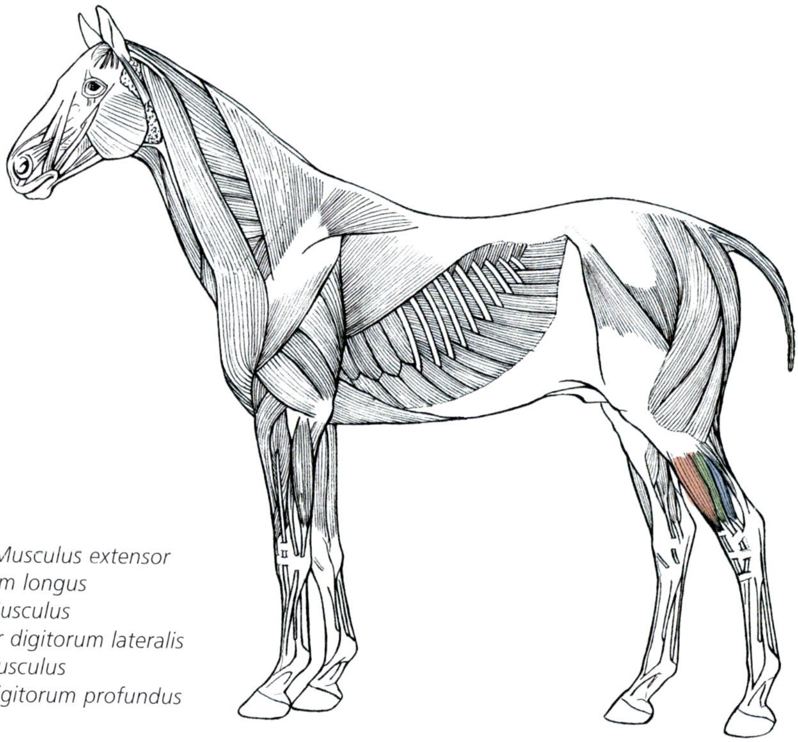

braun: Musculus extensor digitorum longus grün: Musculus extensor digitorum lateralis blau: Musculus flexor digitorum profundus

Bull Nose – Verformung der Hinterhufe
Diese Verformung der Hornkapsel ist meist ein Ergebnis von arthrotischen Veränderungen in den Sprung- oder Kniegelenken.

4.4.2. Probleme mit den vorderen Beinen

Spitze Hufe, untergeschobene Trachten
Grundsätzlich können drei verschiedene Szenarien möglich sein.

1. Wiederholte Hufbearbeitungsfehler können die Balance des Hufes so verändern, dass eine höhere Lastaufnahme im Trachtenbereich zur kontinuierlichen Verschlechterung der Situation führt (kommt leider immer noch zu oft vor).
2. Aus der Beckengliedmaße beginnende Probleme führen zu verstärkten Problemen in der Mittelhand, diese wiederum beantwortet das Pferd mit einer vorständigen Stellung. Das Pferd fällt auseinander, der Rücken versteift in der Bewegung oder drückt nach unten weg. Die Vorderhufe werden an den Trachten und die Hinterhufe stärker an der Zehe beansprucht. Die Trachten verändern sich schneller, daher sind Probleme hier früher erkennbar. Ein guter Hinweis auf beginnende Veränderungen sind die Eckstreben. Beginnen sie sich zwickzangenartig zu verbiegen, ist der Prozess gestartet und läuft in der Folge immer schneller ab.
3. Ein unpassender Sattel führt zur Versteifung des Rückens oder sogar zum Herunterdrücken des Rückens und die Belastungsveränderung der Vorderhufe führt zu untergeschobenen Trachten und spitzer werdenden Zehenwinkeln.

Überprüfen:

- *Widerrist, hier kann eine Schwellung vorliegen.*
- *Der Musculus latissimus dorsi, der breite Rückenmuskel, kann verspannt sein – wenn dies einseitig ist, wird an den Hufen das Diagonalsyndrom auftreten.*
- *Im hinteren Rückenbereich, dem Lumbalbereich, ist der Musculus iliacus, der Darmbeinmuskel, oft deutlich verspannt. Die Lastaufnahme im hinteren Rücken und in der Hinterhand ist stark eingeschränkt. Das Pferd hat weder die Kraft noch die Möglichkeit, Seitenbiegung zu zeigen, die Hufe verlieren ihre runde Form.*

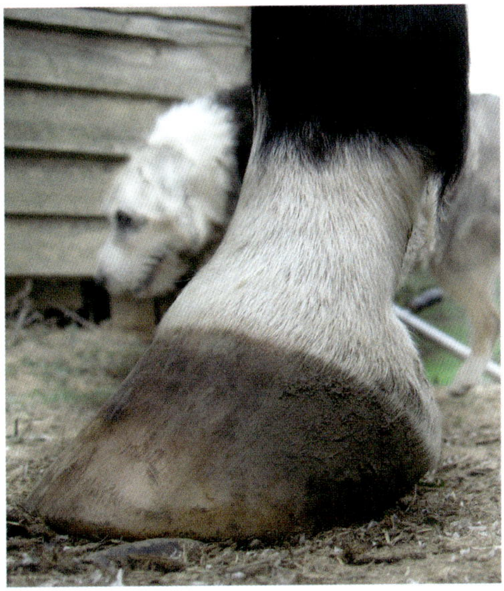

Untergeschobene Trachten können das Ergebnis fehlerhafter Hufbearbeitung sein, aber auch von Problemen in der Beckengliedmaße oder von einem unpassenden Sattel.

Musculus latissimus dorsi

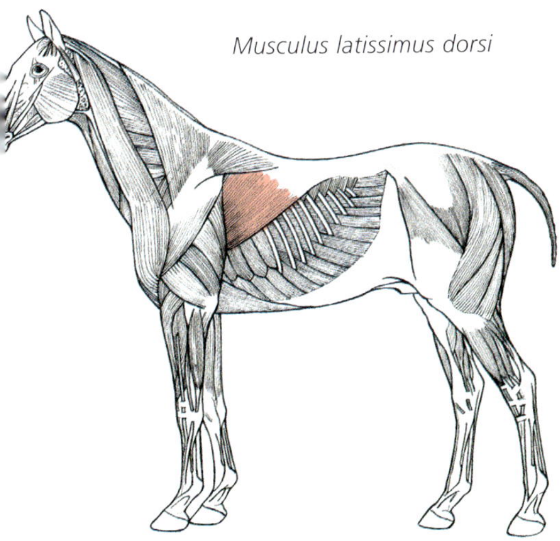

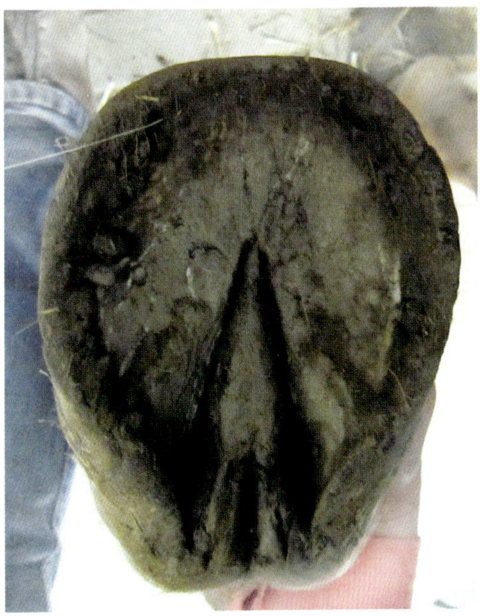

Zwanghuf mit untergeschobenen Trachten.

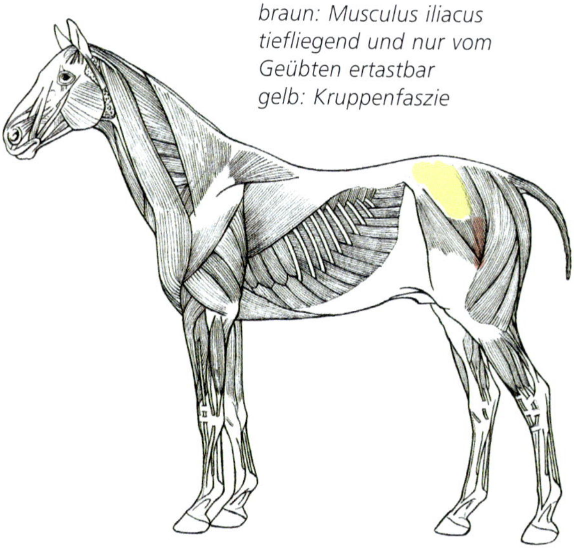

braun: Musculus iliacus tiefliegend und nur vom Geübten ertastbar
gelb: Kruppenfaszie

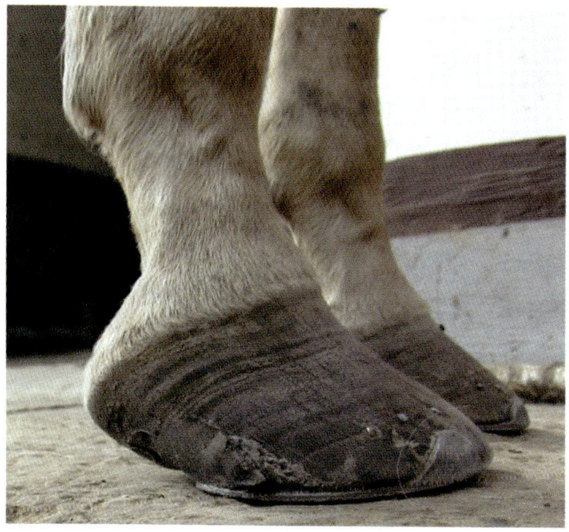

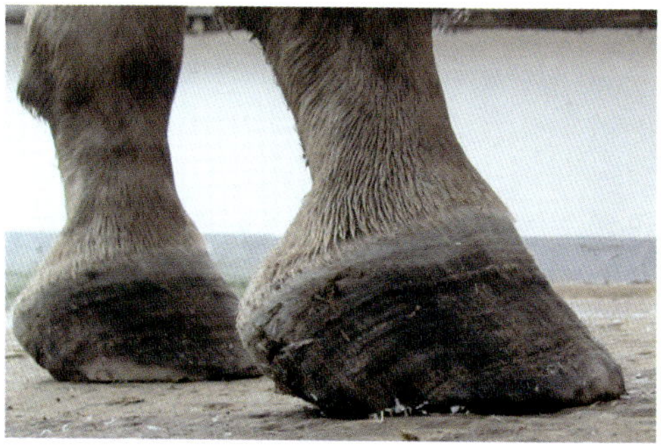

Der Huf kann aus verschiedenen Ursachen spitzer oder stumpfer werden.

Veränderungen der Vorderhufe zur regelmäßig spitzen Form

Oft werden zeitgleich die hinteren Hufe stumpfer. Ursächlich ist fast immer der Rücken, die tiefe Schulter und die Lende. Man kann sehr früh bemerken, dass die Muskulatur zurückgeht. Besonders an der Lende und im Bereich der Glutealmuskeln ist dies meist einfach zu erkennen. Das Pferd zeigt sehr früh Widerwillen beim Versammeln und nimmt gerne den Kopf hoch. Hier muss man sehr aufpassen, dass der Zustand nicht sehr schnell weiter fortschreitet.

Stumpfer werdende Vorderhufe

Beim gesunden Pferd bildet die Zehenwand von der Seite betrachtet einen Winkel von etwa 50° zum Boden und verläuft parallel zum Fesselbein. Dieser Winkel kann sich ändern. Der Huf kann aufgrund krankhafter oder auch alltäglicher Ursachen sowohl spitzer als auch stumpfer werden. Wenn die Vorderhufe stumpfer werden, sind mehrere Optionen möglich:

1) Das Pferd hat Probleme mit den Trachten und mag diese nicht belasten, folglich belastet es die Zehe stärker und nutzt sie verstärkt ab.

2) Das Pferd leidet unter dem Hufrollen-Syndrom (Podotrochlose), das ebenfalls zur Entlastung des schmerzenden hinteren Hufbereichs und zur Zehenfußung führt.

3) Das Pferd hat Probleme im Bauch- bzw. Magen-Darmbereich. Es hält sich im Bereich der Bauchmuskulatur fest, versteift den Rücken und zieht

ihn hoch, oft verbunden mit steif und hoch getragenem Hals. Der Gang ist kurz und spannig mit viel Knieaktion und heftigem Auftreten auf dem Boden – die Hufe werden deutlich stumpfer.

Für die Hinterhufe siehe auch »Spathuf«, S. 69.

Einseitig aufgestauchter Ballen

Ein einseitig aufgestauchter Ballen kann auf Fehler in der Hufbearbeitung hinweisen, aber auch auf Verspannungen in den Rippenzwischenraummuskeln und dem **Musculus iliopsoas** (Darmbein-Lenden-Muskel).

Da das Pferd diese Muskelverspannung meist einseitig zeigt, kommt es zu einer verstärkten Belastung einer Hufwand, meist der inneren. Die Kürzung der Hufe nach F-Balance ist eine gute Option, wenn eine Ballenaufstauchung vorliegt. Muskelprobleme im Bereich von Sacrum (Kreuzbein) und Hüfte führen zur Überlastung der Schultergliedmaße. Die Beziehung ist direkt und eindeutig. Verspannungen in Sacrum und Hüfte führen sekundär immer zu Schulterproblemen bzw. Verhärtungen der Muskulatur und zum Kollabieren der Trachten.

Verkürzte und stärker abgelaufene Hufzehe an der Hinterhand

Spat oder Kniegelenksarthrose sind die häufigsten Ursachen für stumpfer werdende Hinterhufe. Aber auch Verspannungen in der Glutealmuskulatur verursachen ein Nachziehen der Hinterbeine und ein Verkürzen der Schritte. Die Hufzehe der Hinterbeine ist deutlich verkürzt und abgelaufen oder die Hufeisen zeigen eine stärkere Abnutzung am Zehenteil. Der Rücken versteift sich oder senkt sich in der Bewegung ab, macht den Vorderhuf schlanker, schiebt die Tracht unter und führt zur Entstehung von Trachtenzwang.

Die Problematik startet sehr oft im Bereich der Schulter oder Mittelhand mit einer Verspannung

Hier ist der im Bild linke Ballen nach oben aufgestaucht.

Musculus iliopsoas

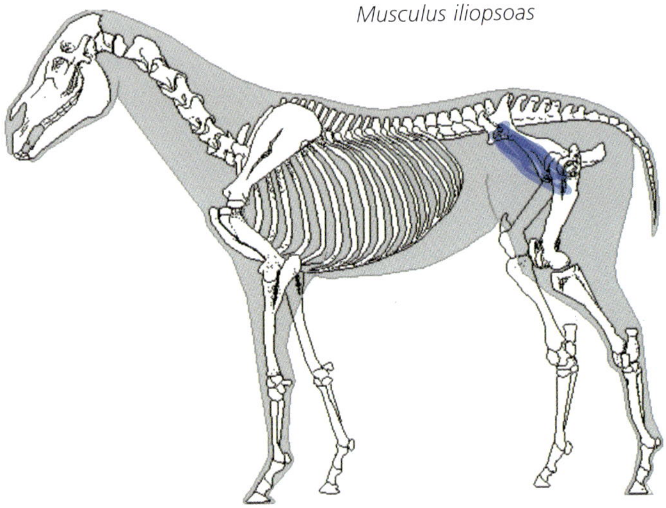

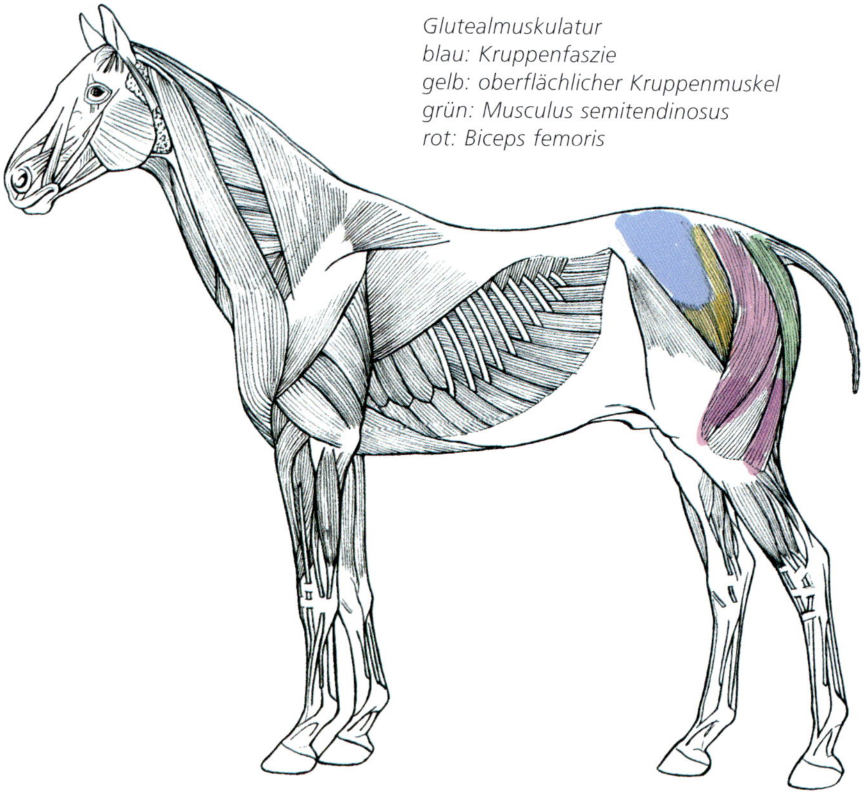

Glutealmuskulatur
blau: Kruppenfaszie
gelb: oberflächlicher Kruppenmuskel
grün: Musculus semitendinosus
rot: Biceps femoris

des **Musculus infraspinatus und/oder Musculus supraspinatus**.
Ursächlich für die Muskelverspannung sind sehr oft ein nicht passender Sattel und ein nicht gleichmäßig belastend sitzender Reiter. Dies führt zu großen Empfindlichkeiten im Bereich des Widerrists. Beim schief sitzenden Reiter ist oft nur eine Schulter oder eine Seite des M. longissimus dorsi betroffen.

Die Muskulatur um das Schulterblatt ist in der Regel stark berührungsempfindlich. Es gibt phasenweise immer wieder Hangbeinlahmheiten, die ihre Ursache in der verspannten Schulter haben. Auch der **Musculus brachiocephalicus** ist stark verspannt – oft einseitig stärker, aber meistens sind beide Seiten betroffen.

Ebenfalls einseitig kann man feststellen, dass im Bereich 16. Rippe bis unterer Hüftpunkt der **Musculus iliacus** und der Beckenboden verspannt sind. Die Situation führt neben Einschränkungen der Bewegung zu ungleich hohen Hüften, kurzen Schritten und einer Lateralflektion – das Becken ist von hinten betrachtet rotiert. Dabei rotiert der tiefer liegende Teil des Beckens meist nach hinten

Tief liegende Muskulatur
grün: Schulter infraspinatus
rot: Supraspinatus

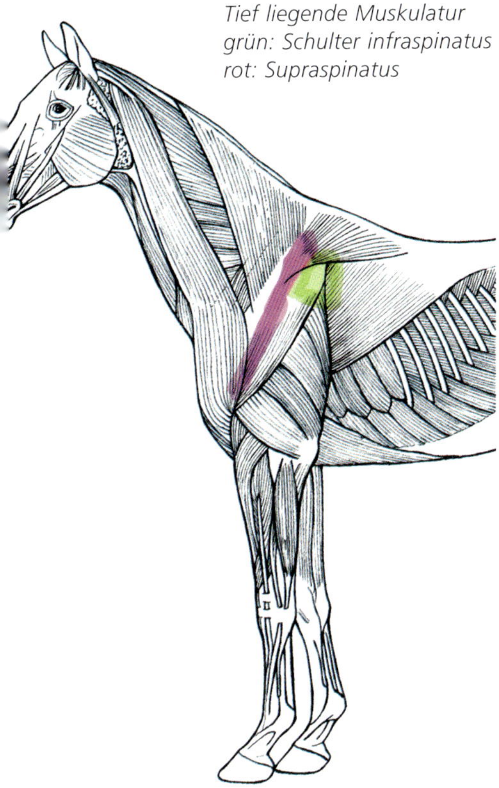

Musculus brachiocephalicus

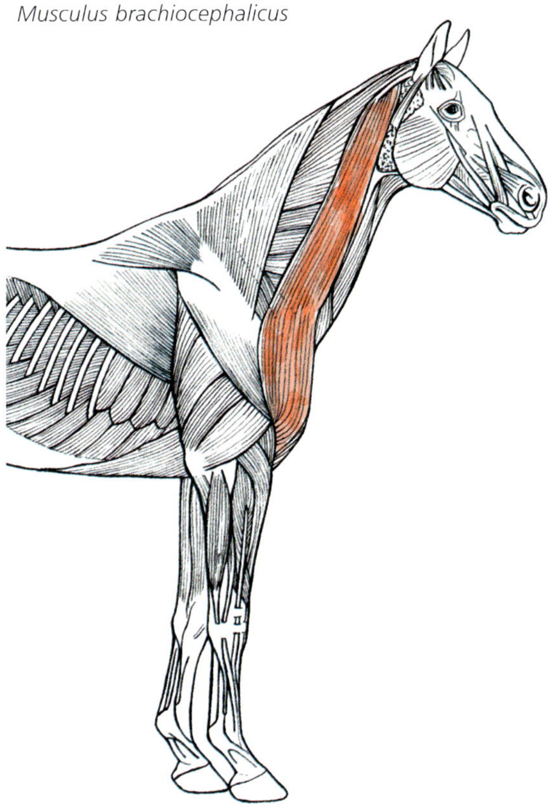

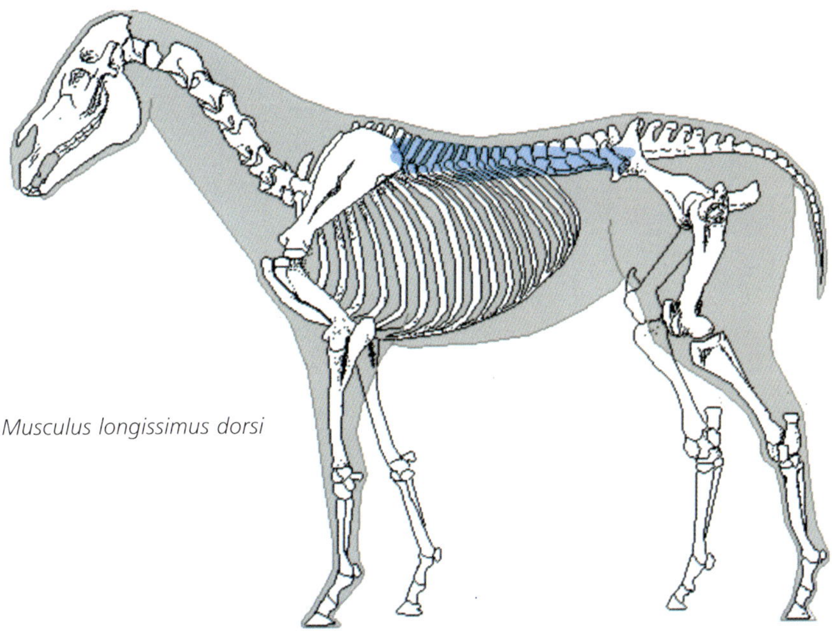

Musculus longissimus dorsi

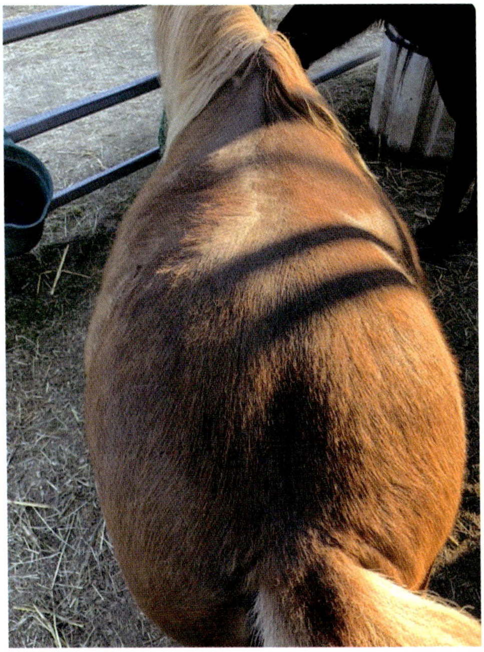

Flexion und Rotation des Beckens.

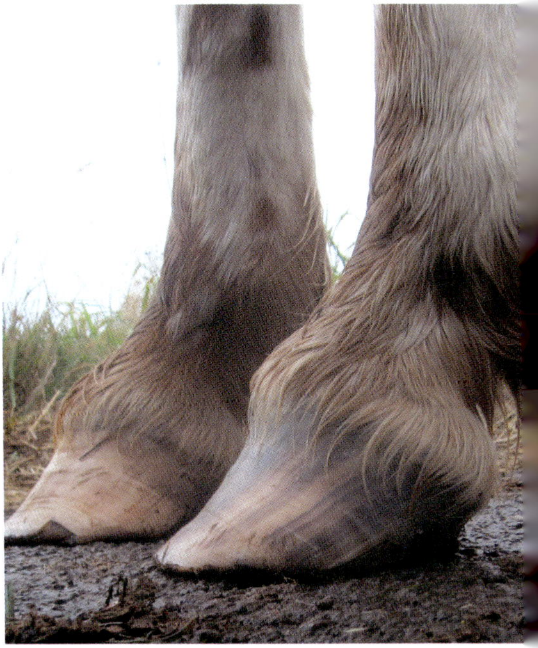

Konkav verbogene Zehenwand.

(caudal) und der höher liegende nach vorn (cranial). Hier führt das Pferd das Bein weiter unter den Schwerpunkt. Auf der anderen Seite lahmt es möglicherweise. Der Schweif wird in der Regel angeklemmt und die Hinterhufe bilden sich unterschiedlich aus. Der Huf des Beines mit der Gliedmaßenführung eher hinter den Körper wird stumpfer, an dem anderen entstehen kürzere Trachten.

Konkav verbogene Zehenwand

Die Zehenwand kann bei Hufen, die sonst keine überdurchschnittliche Abnutzung zeigen, verbogen sein. Es kann jedoch auch zu einer konkaven Verformung der Zehenwand kommen, bei der sich die Trachten aufstellen.

Probleme in mehreren Strukturen können ursächlich sein; häufig liegen sie jedoch im Bereich Kopf, Oberkiefer, Unterkiefer und Zungenbein.

Verhärtete Kopfmuskulatur, insbesondere durch Zusammenbeißen der Zähne und ein schiefstehendes Zungenbein führen zu steiferen Bewegungen. Der Aufprall auf den Boden wird härter, da die Geschmeidigkeit fehlt. Die Problematik der Kopfmuskulatur hat auch Auswirkungen auf die Nerven; so vermutet man u.a. einen Zusammenhang mit dem oft für das Headshaking-Syndrom verantwortlichen **Trigeminusnerv**.
Das unwirsche Schnicken mit dem Kopf, das die Headshaker häufig zeigen, könnte also nicht nur ein Indiz für Unwohlsein sein, sondern hat mögli-

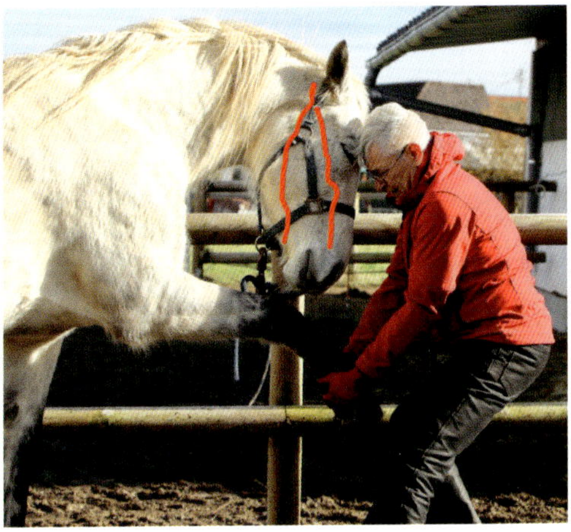

Trigeminusnerv

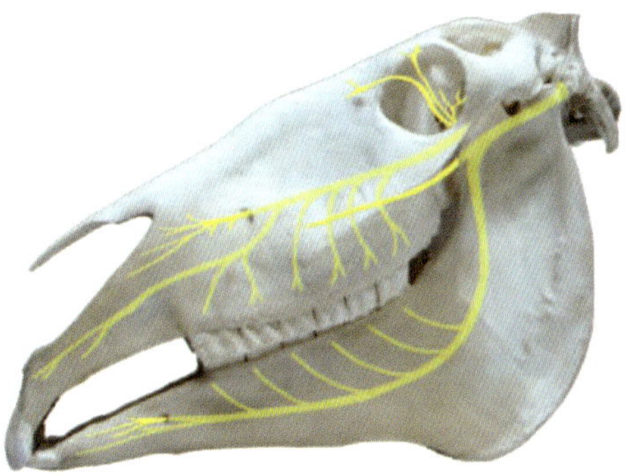

cherweise eine körperliche Ursache in der sporadisch auftretenden Entzündung des Nervs.

Stellt man eine konkave Zehenwandverbiegung fest und die Tracht stellt sich auf, kann es sich um eine sogenannte erworbene Rückständigkeit handeln. Diese entsteht meist durch unsachgemäße Bearbeitung des Hufes, wenn der Hufbearbeiter die Situation falsch einschätzt und versucht, den Huf zum Fesselstand passend zu machen, obwohl die nach hinten veränderte Beinstellung das Problem ist und nicht der Huf. Damit kann er die rückständige Stellung dauerhaft etablieren.

Beispiel:
Stellt das Pferd sein Bein zurück unter den Körper, stellt sich die Fessel auf, der Huf wird in Relation dazu spitz. Durch die höhere Belastung auf die Zehenwand verbiegt sich diese. Die weiße Linie weitet sich, es kommt zur Absenkung der Hufkrone im Mittelteil des Hufes und zum Aufstellen der Trachtenwand. Die Korrektur muss über das Kürzen der Trachtenwand erfolgen. Der Körper antwortet oft mit vorübergehend verspanntem Laufen – hier muss man genau überprüfen, ob man das tolerieren kann (was häufig der Fall ist). Die Physiotherapie hat hier die Aufgabe, die Muskulatur zu beruhigen.

Konvex oder konkav verbogene Hufwände, oberflächliche Risse

Diese Veränderung ist ein typisches Ergebnis aller Probleme in der sogenannten unteren Verspannung des Pferdes. Diese bezeichnet das Zusammenspiel miteinander wirkender Muskelketten und sehniger Strukturen vom Zungenbein über die Bauchmuskulatur bis zur Hüfte. Alle Verspannungen im Bereich von Unterkiefer, Zungenbein, Kopf-Arm-Muskel bis hin zum Sternum (Brustbein) führen zu einem härteren Auftritt. Selbst wenn die Stellung der Gliedmaßen wie zehenweit, zeheneng, rückständig etc. sich nicht verändert, verändert sich die Hufform durch den härteren Auftritt. Der Hufbearbeiter kann hier folgenden Fehler begehen: Das Pferd beantwortet die Probleme meist mit etwas kraftlosem Laufen, bisweilen verkürzt es auch die Schritte. Wird der Huf nun länger

Links: Verbogene Seitenwände und Hornspalten.

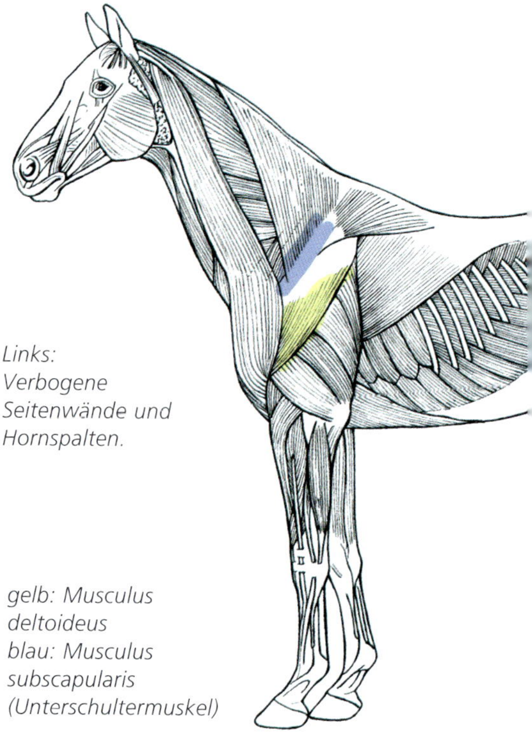

gelb: Musculus deltoideus
blau: Musculus subscapularis (Unterschultermuskel)

gelassen in der Annahme, dass der zu kurze Huf ursächlich sein könnte, werden die durch den größeren Huf an den Seitenwänden wirkenden Kräfte noch größer und die Hufwand verbiegt sich. Tragrandspalten können entstehen.

Eine Verbiegung beider Wände ist ebenfalls möglich. Hier haben wir als Resultat fast immer Windrisse oder oberflächliche Risse. Das Entstehen von Rissen ist bei verbogenen Wänden ein Alarmsignal. Der Pferdebesitzer muss unverzüglich Maßnahmen ergreifen, um möglichst schnell wieder eine Geschmeidigkeit der Bewegung zu erreichen. Die o.g. Anzeichen sind zu Beginn der Schonhaltung schon sichtbar. Zögert man zu lange, sind weitere Verspannungen in der Lumbal- und Beckenregion, aber auch in der Schulter die Folge.

Entstehung von zehen- oder bodenweiter Stellung und diagonalem Huf

Nach meiner Erfahrung sind die Hauptursachen, die zu diesen Fehlstellungen führen, in der Verspannung des M. deltoideus und M. subscapularis zu suchen. Die Fehlstellung kann sehr schnell entstehen und sich vor allem durch falsche Hufbearbeitung äußerst schnell etablieren. Wenn hier versucht wird, den Huf über Beschneiden gerade zu stellen, führt das zur Verspannung weiterer Muskelgruppen. Die Situation wird nicht verbessert, sondern eskaliert. In der Übergangsphase dieser Fehlbearbeitung verliert das beschlagene Pferd sogar häufig die Eisen.

Beispiel:

Falsche Hufbearbeitung hat zu einer veränderten Stellung geführt. In der Folge verspannt der Brustmuskel. Diese dauerhafte Veränderung führt

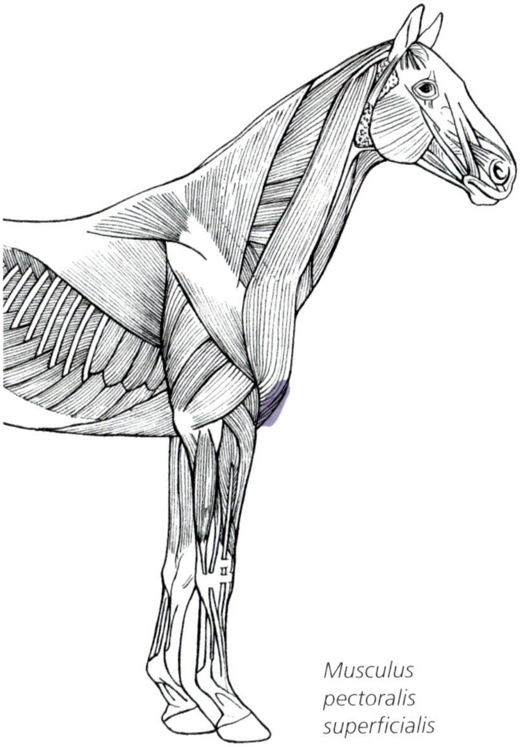

Musculus pectoralis superficialis

zur Anpassung des Bindegewebes an die neue Situation: es »ökonomisiert«, so dass es für den gesamten Körper leichter wird, die neue, erzwungene Situation zu halten. Die Haltung führt zu exzentrisch geladener Muskulatur, die die Schulter nach außen rotieren lässt. Der Ellbogen ist prominent sichtbar. Das Pferd arbeitet also in der Bewegung andauernd gegen den Widerstand der Brustmuskulatur. Die Schultersteifheit wird immer offenkundiger. Nackenverspannungen kommen dazu, das Pferd lässt sich schlechter stellen (Schmerzanzeichen).

Die Probleme erweitern sich über die gesamte Faszialkette bis in den Lendenbereich und darüber hinaus.

Entstehung von zehen- oder bodenenger Stellung und diagonalem Huf

Diese Fehlstellungen sind meist verbunden mit einer massiven, oft schmerzhaften Einschränkung in der Schulterbewegung, die Vorderbeinstreckung ist eingeschränkt, der Nacken schmerzhaft. Der **Musculus pectoralis** ist verspannt. Die verkürzte Bewegung, aber vor allem die Unfähigkeit, die Beine anzuheben, sollte der Hufschmied bemerken. Das Springpferd zeigt verstärkt Vorhandfehler.

Alle Hufe entwickeln sich unterschiedlich, bei Barhufern bricht Hufhorn aus, bei eisenbeschlagenen Pferden lockern sich Hufnägel und das Hufhorn wird schlechter.

Das Pferd zeigt massive Balanceprobleme und Verspannungen. Meist sind die Verspannungen vom Glutealbereich bis in den Hals tastbar. Besonders betroffen ist oft der Atlasflügel am Übergang zum Kopf. Das Pferd trägt den Schweif einseitig oder eingeklemmt, die Lumbalregion und häufig der ganze Rücken ist schmerzhaft. Der Rücken hängt durch. Das Pferd zeigt abnehmende Mobilität und hat an Leistungsbereitschaft und -fähigkeit verloren.

Die Entstehung des oben beschriebenen Zustands dauert viele Monate, aber die Veränderung der Hufe ist schon früh zu erkennen. Man kann hier sehr sensibel und frühzeitig intervenieren.

Sämtliche Probleme mit verkürzter Muskulatur, vor allem bei den hoch belasteten vorderen Beinen, wirken sich negativ auf die jeweiligen Gelenke aus. Besonders gefährdet ist bei einer verkürzten und deswegen nicht mehr geschmeidigen Muskulatur auch der Sehnenapparat. In vielen

Situationen kommt es zu Sehnenschäden als Ergebnis von seit langem gestresster Muskulatur. Manchmal ist es recht skurril, dass die Hufbearbeitung, die in einigen Fällen ursächlich für das Entstehen der Muskelprobleme war, nun mit noch mehr Technik zur Genesung beitragen soll.

Eine Bemerkung sei mir an dieser Stelle noch gestattet: Ich bin manches Mal von den Tierärzten enttäuscht, die doch im Sinne des Pferdes agieren sollten. Ich erwarte, dass Tierärzte, die ich in der Regel für sehr kompetent halte, den Pferdebesitzer frühzeitig auf Fehlentwicklungen hinweisen. Eine verhärtete Muskulatur (und der Tierarzt sollte wissen, was diese bewirkt) kann sehr schnell massive Erkrankungen zur Folge haben. Auch wenn der Tierarzt aus wirtschaftlichen Erwägungen gerne behandelt, so sollte er aus ethischen Gesichtspunkten seinen Teil dazu beitragen, Erkrankungen möglichst zu verhindern.

Beginnende Strahlfäule in den seitlichen Strahlfurchen, erkennbar an der schwarzen Verfärbung.

4.4.3. Probleme an Vorder- und Hinterhufen

Strahlfäule und Strahlkrebs (s. a. Kap. 2)
Sämtliche Verformungen der Hornkapsel, vor allem, wenn weite Hufe noch weiter werden, führen zu Reizungen der mittleren Strahlfurche. Bearbeitungsfehler wie zu lang gelassene Trachtenwände und unzureichend bearbeitete Eckstreben möchte ich in diesem Zusammenhang nicht diskutieren. Trockene und pferdegemäße Haltung sollte natürlich selbstverständlich sein.
Unzureichende Pflege kann Strahlfäule verursachen. Hier ist sehr häufig das falsche Agieren des Hufbearbeiters mitverantwortlich. Wenn die Hufe bei der Bearbeitung immer sehr trocken sind, hat der Strahl nur minimal Wasser aufgenommen. Wenn der Hufbearbeiter jetzt viel Mühe aufwendet, und den Strahl zu bearbeiten, entsprechen ein Millimeter entferntes Strahlhorn einem Vielfachen der Hornmenge, die im Normalzustand des Horns abgenommen worden wäre. Dies führt bei einsetzender Feuchtigkeit oft zu Problemen. Trockenheit kann weiterhin zu einem verkrüppelten Strahl führen. Kommt dann in kurzer Zeit viel Wasser an den Strahl, quillt er auf und das Strahlgewebe wird gereizt. Diese Zerreißungen werden von Keimen besetzt und führen zur Strahlfäule.

Bei Strahlkrebs verhält es sich häufig anders. Es gibt zwar viele Ursachen für eine Zersetzung des Strahls, ich möchte hier jedoch besonders auf einen der möglichen Entstehungswege für Strahlkrebs hinweisen: Sowohl über zu lange Eckstreben

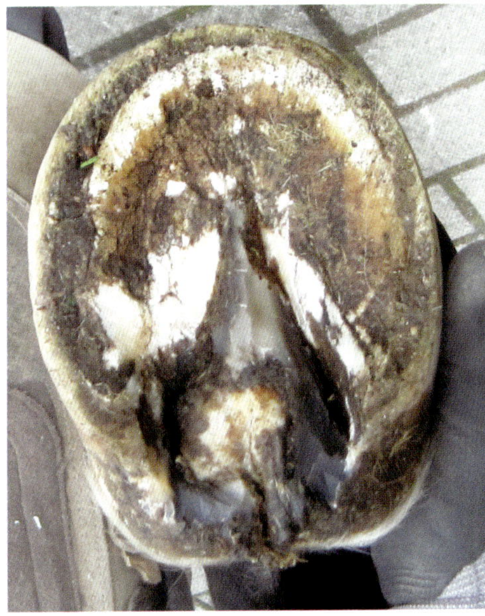

Zwei verschiedene Ausprägungen von Strahlkrebs.

als auch über zu lange Trachtenwände und zu hohen Druck im hinteren Teil des Hufes kann es zu nachhaltigen Problemen der Strahllederhaut kommen. Das über der Strahllederhaut liegende Strahlpolster beginnt unter diesen Bedingungen, mutierte Zellen zu bilden. Dieser Zustand ist oftmals schwer zu behandeln und in der Regel eine Folge falscher Druckverhältnisse im Huf. Die Druckverhältnisse im Huf verändern sich durch Fehler in der Hufbearbeitung oder durch Fehlbelastungen aufgrund von Muskelverhärtungen und -verspannungen.

unten: schlechte Hornqualität

Abnehmende Hornqualität

Wenn Fehler in Fütterung, Pflege und Haltung ausgeschlossen wurden, liegt die Erklärung für schlechter werdende Hornqualität in der Energie, die auf die Hornkapsel einwirkt. Meiner Erfahrung nach ist diese Ursache sogar häufiger als eine vermeintliche Nährstoff-Unterversorgung. Die Stöße führen zu mechanischer Beanspruchung und generieren Vibrationen, welche die Durchblutung des Kapillarsystems beeinflussen. Dadurch wird die Nährstoffversorgung der Basalmembran gestört.

Hier können Sie Veränderungen sogar hören: Ein Alarmsignal ist es, wenn einzelne Hufe beim Auftritt deutlich lauter als die anderen zu hören sind. Auch die Deformation der Hufe ist oft mit einer Verschlechterung der Hornqualität verbunden.

In der Regeneration des Hufes bzw. des Hufhornes ist unbedingt auf die Pflege zu achten, um eine Geschmeidigkeit des Horns zu erreichen. Hufhärter, hochwertige Huföle oder Pflegetinkturen sind in dieser Phase unbedingt anzuraten.

Hornspalten und Hornrisse

Falsche Belastungen können zu Verspannungen der Hornkapsel führen. Jede Form der bislang beschriebenen Fehlbelastungen durch verhärtete und verspannte Muskulatur kann die Hufkapsel dreidimensional verformen. Es handelt sich also um ein sehr komplexes muskuläres Problem.

Oft jedoch ist die dreidimensionale Verformung der Hornkapsel eine Ursache falscher Hufbearbei-

Verschiedene Zusammenhangstrennungen.

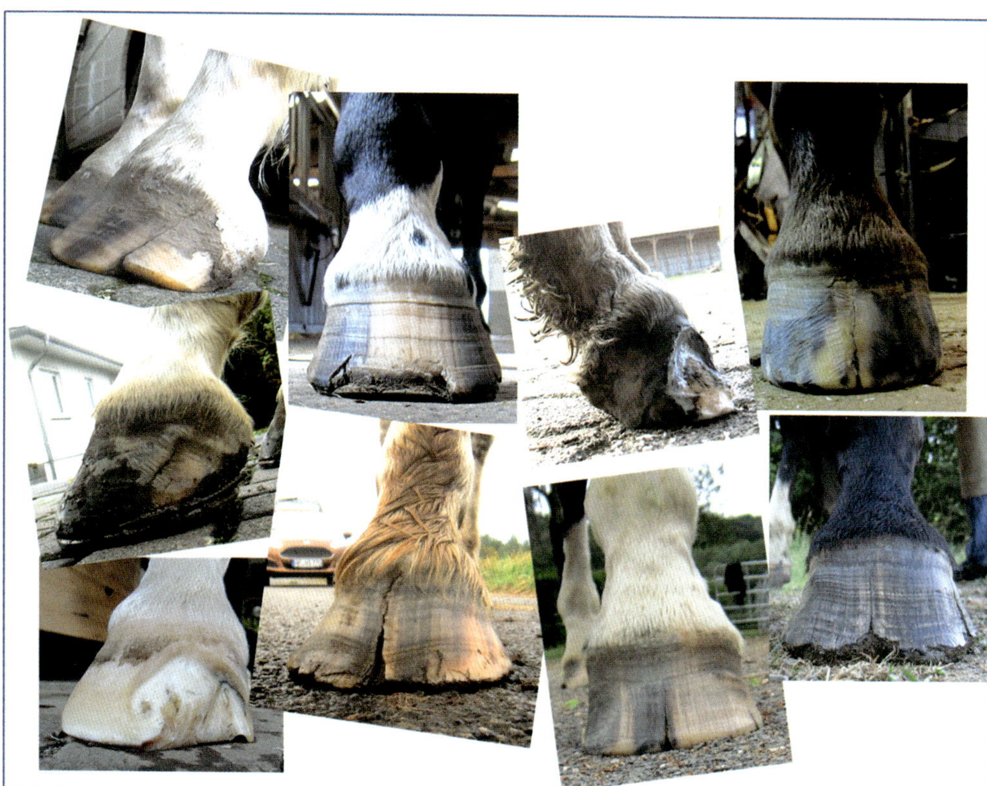

tung. Sämtliche Versuche, den Huf gegen die Vorgaben des Bewegungsapparats gerade zu stellen, müssen scheitern und führen immer zu Spannungen in der Hornkapsel. Die verspannte Hornkapsel wird diese unangenehme Laufsituation immer mit verspannter Muskulatur in den Bereichen darüber beantworten. Den Huf gegen seine Natur bzw. gegen die Bewegungsmöglichkeit zu bearbeiten ist immer von Misserfolg begleitet.

Es gibt unzählige Möglichkeiten, Hornspalten zu behandeln und zu bearbeiten, die wichtigste ist jedoch (Unfallgeschehen ausgenommen), die Ursache für das Entstehen zu beheben. Viele kunstvolle Versuche mit Klammern, Verdrahten und Kleben scheitern, solange die Entspannung in der Hornkapsel nicht gelungen ist.

Probleme in der weißen Linie (s. a. Kap. 2)

Probleme in der weißen Linie sind immer ein Resultat von konvex oder konkav verbogenen Hornwänden. Entweder wird die weiße Linie bei konkav verbogenen Wänden auseinandergerissen oder bei konvex verbogenen Wänden zusammengedrückt. Wenn die weiße Linie von Keimen besiedelt wird, können die Hornzellen ihre Aufgabe, den Zusammenhalt von Sohle und Hornwand zu gewährleisten, nicht mehr erfüllen. Das Hufhorn ist massiv geschädigt. Diese Erkrankung ist ernst zu nehmen, denn sie kann weitere Formveränderungen der Hornkapsel zur Folge haben – mit den bekannten negativen Auswirkungen auf die Muskulatur bis hin zur Bewegungseinschränkung. Viele Erkrankungen, so zum Beispiel die Hufrehe, haben Probleme mit der weißen Linie zur Folge. Und nach überstandener Hufrehe sind viele Anschluss-Lahmheiten oftmals das Ergebnis von Abszessen, bedingt durch das Eintreten von Keimen in die gezerrte weiße Linie.

Huf als Zeigeorgan

4.5. Der Huf als Zeigeorgan bei Organproblemen

Ich hoffe, ich konnte zeigen, dass der Huf ein sehr aussagekräftiges und vor allem zu einem sehr frühen Zeitpunkt aussagekräftiges Instrument ist, das Verspannungen, Verhärtungen und allgemeinen Muskelstress, aber auch Verklebungen oder Verhärtungen des faszialen Gewebes anzeigen kann. Aber der Blick auf das muskuläre oder fasziale Gewebe, das wir quasi an der äußeren Schale des Pferdes befunden können, ist sicher nicht immer die Ursache der Hufform oder deren Veränderung oder die alleinige Auswirkung ungut hervorgerufener Hufstellungen. Wir müssen noch weiter schauen.

Eine interessante Beobachtung habe ich schon ganz am Anfang meiner Arbeit als Hufschmied gemacht. Vollblütige Pferde, vor allem solche, die für die Rennbahn gezüchtet und auch für eine gewisse Zeit dafür trainiert wurden, zeigten sehr oft Anzeichen, dass sie Berührungen, vor allem zarte oder sanfte, oft sehr abwehrend, ja sogar ablehnend beantworteten Dieser Umstand wurde oft mit einer lapidaren »Kitzeligkeit« sehr dünner oder empfindlicher Haut erklärt. Dies kam mir schon damals wenig plausibel vor, denn das Gesicht der Pferde ergab ein eindeutiges Bild: nach hinten gelegte, blasiert wirkende Ohren, mandelförmig oder dreieckig geformte Augen und eine verkürzte Maulspalte mit der typischen Aufkräuselung hinten, oberhalb der Oberlippe. Ein sehr signifikantes Schmerzgesicht, wie es sicher nicht zu »Kitzeligkeit« passt!

Jahre später bekam ich bei immer mehr solcher »kitzligen« Pferde die Diagnose mitgeteilt, dass sie unter leichten bis heftigen Magengeschwüren leiden würden. Übereinstimmend mit der Headschen Zone war der berührungsempfindliche Bereich an der linken Körpersilhouette, in der Region der 16. bis 18. Rippe, von der Bauchnaht bis zur Wirbelsäule hochziehend.

Mir fiel auf, dass diese Pferde eine deutliche Schiefe der Bewegung zeigten, meist auf drei Hufschlägen liefen und sich vorrangig das rechte Vordereisen abtraten. Sie zeigten eine typische Hufform: deutlich ovale Hufe mit flacher und empfindlicher Sohle, untergeschobene und eingerollte Trachten und umlaufend konkav verbogene Hufwände. Die Erklärung ist nachvollziehbar: Wenn der Magen schmerzt, verkrümmt sich das Pferd automatisch etwas, weil Dehnen und Strecken auf der linken Seite, wo der Magen liegt, unangenehm ist. Es macht sich also links hohl. Dies verändert die Gliedmaßenführung und das Pferd bewegt sich auf drei Hufschlägen, das linke Hinterbein bewegt sich auf der Spur des rechten Vorderhufs, was das Abtreten des rechten Vordereisens wahrscheinlich macht.
Es war immer wieder schön zu beobachten, dass sich oft auch ohne tierärztliche Behandlung, aber einem ausgiebigen Zur-Ruhe-Kommen durch stressfreie Haltung und ruhige Arbeit die Hufsituation wie von Geisterhand verbesserte, die »Kitzeligkeit« abnahm und das Pferd vermehrt entspannt und geradeaus laufen konnte.

Diese anfängliche Beobachtung habe ich später intensiver verfolgt und eine sichere Verbindung herstellen können: Auffälligkeiten der Headschen Zonen beim Pferd können sich durch oft sehr leichte und versteckte Abwehrreaktionen auf Berührung zeigen, aber auch durch eine Erwärmung, wie sie am besten mit der Wärmebildkamera erkannt werden kann.

Ich möchte aber daran erinnern, dass eine aktive Headsche Zone niemals alleine eine Diagnose begründen kann! Genau wie die Bewertung des Hufes und des Röntgenbildes oder einer Ultraschallaufnahme handelt es sich lediglich um Befunde, die gesammelt werden und deren gemeinsame Auswertung dann in die Diagnose mündet. Meine Erfahrung zeigt, dass die Betrachtung der Headschen Zonen allerdings einen deutlichen Wink in die weiter zu untersuchende Richtung geben kann.

Verändert sich der Huf, so ist dies immer mit voller Aufmerksamkeit zu betrachten. Der Huf startet seine Veränderung (und hier nehme ich die falsche Hufbearbeitung einmal aus) immer als Resultat einer körperlichen Veränderung. In vielen Fällen ist die muskuläre oder fasziale Antwort eine Reaktion auf die Anforderung und Arbeit, die dem Pferd gestellt ist. Eine weitere Option ist aber auch ein internistisches Problem wie die oben erwähnten, beim Pferd gar nicht so seltenen Magenschmerzen.

Die mir bekannten und am Pferd lokalisierbaren Headschen Zonen

Das Zwerchfell oder Diaphragma. Eine Muskel-Sehnenplatte, die Brust und Bauchhöhle voneinander trennt. Durch Kontraktion der Zwerchfellmuskulatur wird der sehnige Teil des Bauchraums gewölbt, der Brustraum vergrößert und die Einatmung gefördert. Umgekehrt erfolgt bei Erschlaffung die Ausatmung. Auffälligkeiten im Zwerchfell werden entsprechend entweder die tiefe Atmung oder den Verdauungstrakt stören. Die Headsche Zone verläuft als flacher Streifen über den Widerrist, etwa für 5 bis 6 Zentimeter nach unten ragend, sowie einem Streifen linke und rechte Körperhälfte, jeweils vor dem Schulterblatt. Auffälligkeiten der Headschen Zone 1 zeigen sich oft im kurzen, stumpfen Gang mit flachen Bewegungen der Hinterhand und sich entsprechend stark ablaufenden Hufzehen. Die Vorderhufe können sich verstärkt konkav verformen. Diese Veränderung tritt nicht immer auf.

Die Headsche Zone des Herzens liegt auf der linken Körperhälfte in der Region des Sattelgurtes und zieht sich bis in die Region der Brustwirbel. Die Pferde zeigen Abwehrreaktionen auf das Anlegen des Sattels und Sattelgurtes, welche anfänglich sehr dezent sein können. Der linke Vorderhuf wird verstärkt unter den Schwerpunkt gestellt und es entstehen meist sehr schnell eine steile Außenwand sowie eine abgeschrägte mediale Hufwand. Das Pferd neigt dazu, während der ersten Schritte unter dem Reiter sehr trocken zu husten.

Speiseröhre. Die Headsche Zone der Speiseröhre liegt zwischen den Vorderbeinen, etwa am Ende des Brustbeines und an den ersten beiden Brustwirbeln. Auffälligkeiten dieser Headschen Zone führen oft zu vermehrten Bewegungen des Halses, Unwilligkeiten beim Annehmen des Gebisses und zeigen sich in vermehrt auftretenden Zusammenhangstrennungen der Hufe infolge unphysiologischer Belastung.

Magen. Die Headsche Zone des Magens zieht sich im Bereich der 16. bis 18. Rippe von der Bauchnaht bis fast an die Wirbelsäule. Schweifschlagen, den Schweif nach links festhalten und eine deutliche Hohlstellung des Pferdes nach links sind typisch. Die Hufe sind oft links mehr an der Innenzehe und rechts mehr an der Außenzehe abgenutzt. Es entstehen entsprechende, links und rechts unterschiedliche, Diagonalhufe.

Bauchspeicheldrüse (Pankreas). Die Headsche Zone der Bauchspeicheldrüse ist zweigeteilt und befindet sich unter dem Bauch cranial der Headschen Zone 4 und im Bereich der Lendenfreiheit jeweils auf der linken Körperhälfte. Die Bauchspeicheldrüse produziert Fermente und Profermente, die für den Aufschluss von Kohlenhydraten, Fetten und Eiweißen wichtig sind. Die

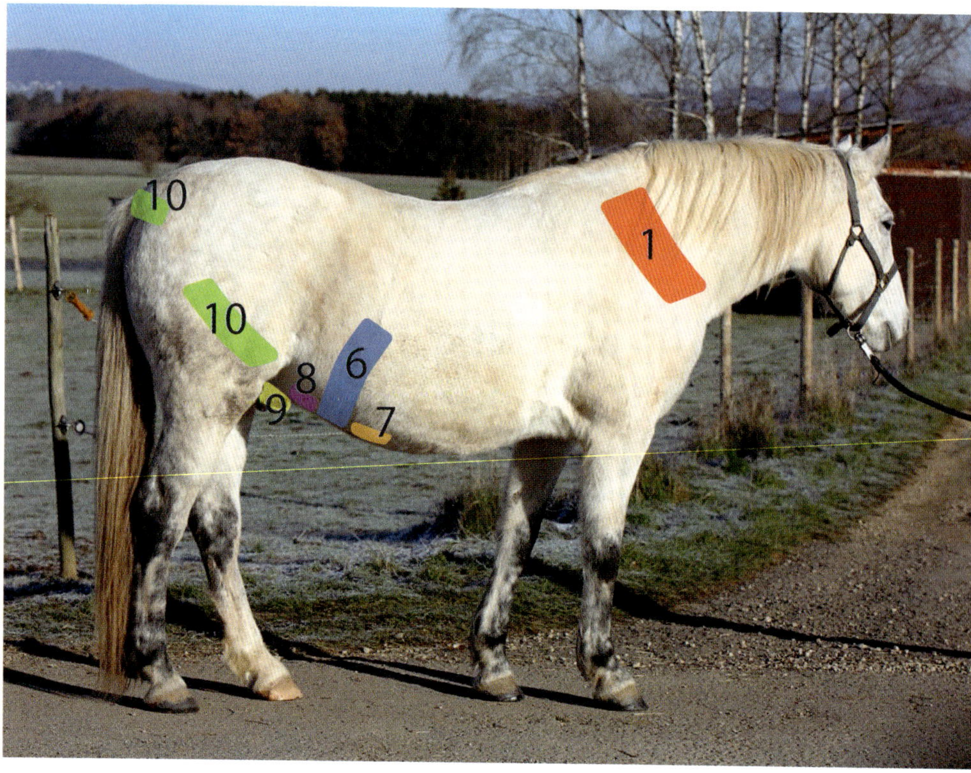

Hormone Insulin und Glukagon werden von der Bauchspeicheldrüse produziert. Eine auffällige Headsche Zone 5 gibt oft auch den Hinweis auf Probleme in den Därmen. Die aktive Headsche Zone 5 ist häufig ein Hinweis auf systemische Erkrankungen wie das metabolische Syndrom. Bei aktiver Headschen Zone 5 ist der Huf auf Anzeichen von entzündlichen Prozessen genau zu beobachten.

Leber. Die Headsche Zone liegt auf der rechten Körperhälfte und ist ebenfalls zweigeteilt. Kaudal der Headsche Zone 4, einige Zentimeter von der Bauchnaht bis zum Rippenansatz hochziehend und von der Brustwirbelsäule, kaudal der Headschen Zone 3 mit dem Rippenverlauf bis kurz vor dem vor den Anschluss des vom Bauch kommenden Bereiches. Die Leber ist ein wichtiges Organ für die Verstoffwechselung von Nährstoffen und Ausscheidung. Sie bildet die Galle, welche in den Gallengängen gespeichert wird und von dort aus abgegeben werden kann. Es besteht ein Zusammenhang mit der gesamten Mitteldarmregion. Die Erkennbarkeit an den Hufen bzw. die Auswirkung auf die Hufe sind bei aktiven Headschen Zonen 6 bis 9 ähnlich und vergleichbar und werden unter Punkt Headsche Zone 9 beschrieben.

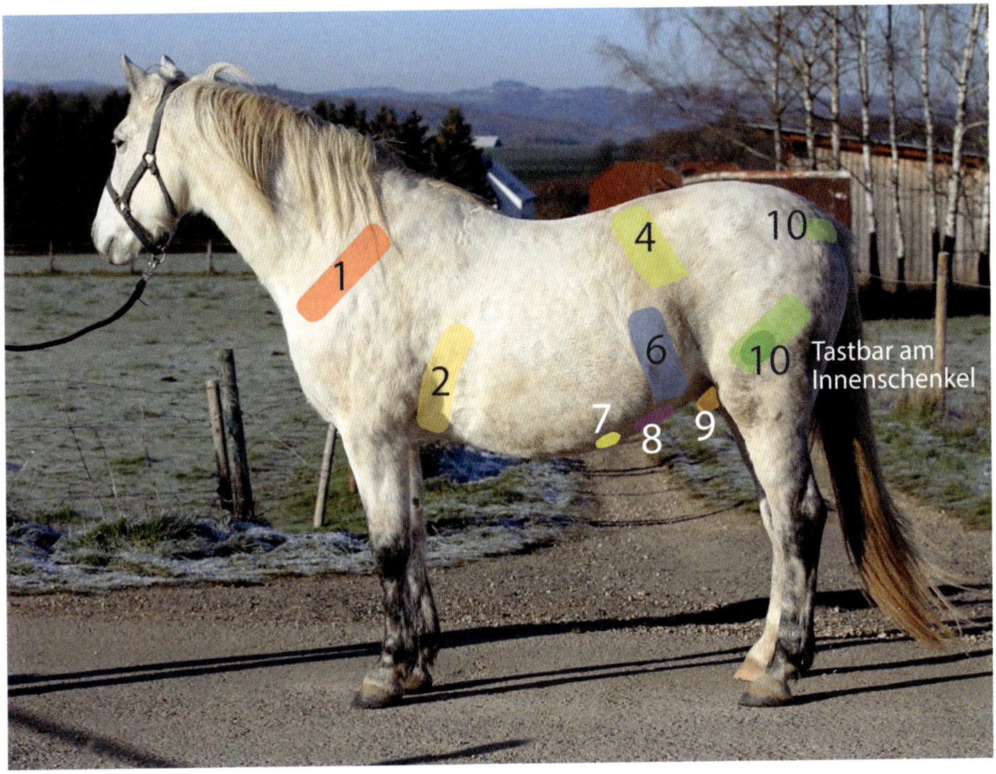
1
2
4
6
7
8
9
10
10
Tastbar am Innenschenkel

1 Zwerchfell
2 Herz
3 Speiseröhre
4 Magen
5 Bauchspeicheldrüse
6 Leber
7 Dünndarm
8 Dickdarm
9 Harnblase/Nieren
10 Geschlechtsorgane
3
2

Dünndarm. Die Headsche Zone ist wieder zweigeteilt. Der erste Bereich ist mittig über der Wirbelsäule, in der Region zwischen dem Tuber Coxae und vor dem ISG. Der untere Teil liegt in der Region vor dem Bauchnabel auf der Bauchnaht.
Dickdarm. Die Headsche Zone ist auch hier zweigeteilt. Der obere Teil reicht kurz hinter dem Tuber Coxae links und rechts schräg nach hinten und endet kurz vor der Wirbelsäule. Der untere Teil liegt in der Region hinter dem Bauchnabel auf der Bauchnaht.

Harnblase/Nieren. Der obere Teil geht vom Tuber Coxae (vor Headsche Zone 8 liegend) links und rechts schräg nach hinten und endet kurz vor der Wirbelsäule. Der untere Teil liegt in der Region Ansatz des Schlauches/Euters genau auf der Bauchnaht. Das Erkennungsmerkmal, bei dem man vor allem an aktive Headsche Zonen 6 bis 9 denken muss, ist eine Veränderung der Hornqualität. Auch Verfärbungen des Hufhorns von gelblich bis tiefrot sind möglich. Einblutungen in das Horn sind denkbar und ausgebrochene Tragränder, schleichend auftretende Hygieneprobleme in Strahl und weißer Linie sind mögliche Veränderungen. Selbsterklärend kommt es bei verschlechterter Hornqualität sekundär auch zu Verformungen der Hornkapsel oder zu häufigen Hufschutzverlusten.

Geschlechtsorgane. Die Headsche Zone liegt auf dem Rücken, in der Region der Schweifwirbel und an der Schweifrübe sowie im Innenteil der Oberschenkel, oberhalb des Adductus, in einem breiten Streifen verlaufend. Probleme der Headschen Zone 10 können allgemeines Unwohlsein, Aufsässigkeit, oft einen schief getragenen Schweif ohne die typische Hohlstellung im Rücken sein. Der Huf zeigt dies meist undeutlich. Viele Veränderungen habe ich beobachtet, aber die Tatsache der Veränderung im und am Huf wäre hier anzuführen.
Neben den Headschen Zonen als Hinweisgeber ist das fasziale Gewebe von besonderer Bedeutung. Die Forschung steckt hier immer noch in den Kinderschuhen und liefert in Zukunft sicher Stoff für Promotionsarbeiten. Auch wenn die Forschung in diesem Bereich noch am Anfang steht, so sind einige Erkenntnisse bereits da.

In Erinnerung geblieben ist mir ein eindrückliches Beispiel aus Frankreich: Dort mühten sich mehrere Hufschmiede lange Zeit um die Korrektur eines sogenannten »Diagonalsyndroms« bei einem erfolgversprechenden Trabrennpferd. Beim Diagonalsyndrom ist an der vorderen Beinachse ein Huf etwas steiler und schmaler als der andere und dazu korrespondierend ist der jeweils diagonale Hinterhuf der Beckengliedmaße ebenfalls steiler und schmaler als der andere, der flacher und weiter ist. Das Pferd zeigte dies in sehr deutlicher Ausprägung, aber die unterschiedliche Hufform war weder durch Hufbearbeitung noch durch Beschlag zu korrigieren. Schließlich kam man dem Problem woanders als vermutet auf die Spur: Der Wallach hatte eine verklebte Kastrationsnarbe, die ihm das Strecken und Dehnen auf einer Körperseite und damit das weite Vorführen einer Gliedmaßendiagonale unangenehm machte. Nach Bearbeitung des Narbengewebes wurden auch die Hufe wieder regelmäßig. Für mich ein sehr schönes Beispiel dafür, wie sehr es sich lohnt, bei der Hufbearbeitung über den Tellerrand zu schauen.
Das sogenannte High-Low-Syndrom wurde bereits

besprochen. Ein Huf ist flach gewinkelt und weit, der andere Huf der gleichen Achse ist stumpfer. Meist ist das Maß an der weitesten Stelle geringer als auf der anderen Seite. Die Therapie besteht üblicherweise in der korrekten Hufbearbeitung, der Behandlung der Propriozeptoren und der Lockerung der gesamten Schultermuskulatur sowie einem Trainingsaufbau, der das Geraderichten des Pferdes im Fokus hat.

Trotzdem klappt dieses Verfahren in einigen Fällen nicht. Ich gehe sogar noch weiter, in dem ich sage: Mit der Arbeit des Pferdes, egal wie überlegt und durchdacht das Trainingskonzept ist, verschlechtert sich die Stellung der Hufe und die Händigkeit des Pferdes bleibt unverändert. Hier haben Untersuchungen ergeben, dass es durchaus körperliche Gründe für einen solchen Misserfolg geben kann. Die Sektion solcher Kandidaten ergab, dass Verwachsungen/Verklebungen zwischen Zwerchfell und Blinddarm ursächlich sein können.

Das fasziale Gewebe umgibt alle Strukturen und Organe des Pferdes. Entsprechend kann dieses Gewebe verkleben oder verwachsen. Der Huf kann hier ein überaus sinnvolles und nützliches Zeigeorgan sein. Die faszialen Problematiken sind von außen nicht lokalisierbar, durch die Entwicklung des Hufes ist aber eine Eingrenzung möglich. Verklebte oder verwachsene Faszien führen immer zu einer Verkürzung, die durch die Hufentwicklung schnell zu erkennen ist.

Die Bewegungsbetrachtung kann weiterhelfen, den Problemherd zu orten und damit in die Möglichkeit einer gezielten Therapie zu kommen.

Hufpflege
Reiten
Gesundheit

5. Kapitel

Therapiemöglichkeiten und -verfahren

Suche nach dem richtigen Hufkurs/Reitkurs

Was können Sie selbst tun?

Mir sind im Laufe der über vierzig Jahre, die ich nun professionell mit Pferden arbeite, einige gute, aber auch sehr viele unangenehme Veränderungen aufgefallen. Zu meiner Jugendzeit herrschte bei vielen Reitern eine vollkommene Unkenntnis der anatomischen Zusammenhänge. Und es war nicht nur Unkenntnis, sondern häufig auch Desinteresse. Früher war also sicher nicht alles unbedingt besser!

Aber, und daran erinnere ich mich sehr genau: Damals hatten die Leute ihre Pferde, um zu reiten. Hatte der Besitzer nicht genug Zeit, wurde das Pferd von anderen Leuten geritten. Zwar gab es auch damals schon Menschen, die ihre Pferde in der Box stehen ließen und diese sich dort die Füße platt gestanden haben. Aber das war die Ausnahme.

Warum ich mich daran so genau erinnere? Wollte ich ein Hufeisen zweimal verwenden, so musste ich beim neuen Eisen, wie damals üblich, Stollen anbringen und Griffe sowie Zusatzmaterial aufschweißen, da die Eisen meist nur eine Beschlagsperiode aushielten. Man wusste nicht viel über die Pferde, aber es wurde geritten. Die, die etwas von Pferden verstanden, waren die Reitlehrer, Stallbetreiber, Futtermeister und so weiter – und die Besitzer, die ihre Pferde in Pension gestellt hatten, hörten auf diese Fachleute.

Dies hat sich in der heutigen Zeit zum Teil leider völlig verändert. In der Regel weiß die Facebook- oder sonstige Social-Media-Gemeinde es nicht nur gut, sondern besser als der Stallbesitzer oder der Reitlehrer vor Ort.

Es gab in meinen Anfangsjahren weder einen Physiotherapeuten für Pferde noch einen Osteopathen, noch gab es besonders geschulte und ausgebildete Sattler und die meisten Reitlehrer hatten ihre Ausbildung beim Militär erfahren. Und trotz des Fehlens dieser ungeheuer vielen kompetenten Fachleute sind die Pferde nicht nur glatt gelaufen, sondern auch alt geworden.

Heute gibt es eine riesige Anzahl von Menschen, die sich professionell um die Gesundheit und das Wohlergehen von Pferden kümmert. Trotzdem gibt es nur sehr wenige Pferde, denen man bescheinigen kann, dass sie prima laufen.

Pferdebesitzer und Reiter besuchen Fortbildungen und Theoriekurse, delegieren die Befundung an den Physiotherapeuten, befragen den Osteopathen und wechseln den Hufbearbeiter monatlich. Sie sind zum Teil vollkommen verunsichert und wissen nicht mehr, was richtig ist: Die Facebook-Gemeinde in Gruppe A schreit Zeter und Mordio, wenn das Pferd beschlagen ist, in der Gruppe B

Hufpflege
Reiten
Gesundheit

»Soziale« Medien?

Es ist heute üblich, ständig Huf- und/oder Pferdebilder in soziale Medien einzustellen und die »Community« um ihre Meinung zu bitten. Und dann wird munter geredet, obwohl der/die Kommentierende oftmals eigentlich gar nichts zu sagen hat. Ich empfinde das in den meisten Fällen als ziemlich sinnfrei. Stellen Sie sich vor, ein dicker Mann präsentiert im Netz sein Foto in Badehosen. Nun wettert die eine Hälfte der Community über die Disziplinlosigkeit des dicken Essers, die andere Hälfte tröstet, dass Dicksein doch auch nett sein kann. Für eine halbwegs angemessene Bewertung des Bildes müsste man wissen, ob der Mann vor zwei Monaten zehn Kilo mehr gewogen hat und kräftig abgenommen hat oder ob er zum Beispiel 10 Kilo weniger gewogen hat, aber seitdem Kortison nimmt.
Genauso ist es mit den meisten Huf-, Reit- und Pferdebildern: Es sind Momentaufnahmen, die ohne Hintergrund und Kontext gar nicht sinnvoll zu bewerten sind. Umso unerfreulicher ist es, wenn sich die ach so »sozialen« Nutzer dann als Moralapostel aufspielen und losplärren, was derjenige, der das Foto hochgeladen hat, denn alles falsch macht …

wenn es barhuf läuft, in der Gruppe C, wenn man einen Springsattel verwendet, in der Gruppe D, wenn der Sattel nicht baumlos ist.
Die auf der einen Seite unsicheren und auf der anderen Seite mit – falschen und richtigen – Informationen überfütterten Menschen suchen sich schließlich eine Richtung aus, die ihnen sinnvoll erscheint und verschließen sich dann in ihrem Dogma.
Ich möchte Sie ermuntern, einen neuen Weg zu gehen. Delegieren Sie die Aufgaben an sich selber! Niemand sollte Ihr Pferd besser kennen als Sie. Sie mögen Ihr Pferd! Niemand mag Ihr Pferd so wie Sie, das möchte ich zumindest hoffen. Übernehmen Sie selbst Verantwortung; lassen Sie sich nicht von bekannten Namen blenden oder von einem Therapeuten beeindrucken, der mit einer tollen Maschine, einem elektrischen Gerät, einem Was-weiß-Ich ankommt. Benutzen Sie Ihren eigenen Verstand und Ihre eigenen fünf Sinne, fühlen Sie hin, tasten Sie, riechen Sie und öffnen Sie Ihr Herz. Ihr Pferd versucht Ihnen zu sagen, was es möchte. Sie müssen nur lernen, zuzuhören und hinzuschauen.

Beispiel:
Sind Sie irritiert, weil ich gesagt habe, Sie sollen auch riechen? Wir alle wissen: Wenn wir am Abend ein wenig viel Knoblauch gegessen haben, rümpfen die Kollegen am nächsten Tag die Nase. Nicht nur unser Atem riecht, sondern wir dünsten den Knoblauchgeruch aus jedem Knopfloch aus. Beim Pferd verhält es sich genauso. Ich kam eines Tages zu einem Pferd, bei dem mir schon aus grö-

ßerer Entfernung auffiel, dass es ein bisschen nach Katzenpipi roch. Dichter mit der Nase am Fell war der Geruch eindeutig. Dieser Geruch ist ein deutlicher Hinweis auf Fehlfunktionen in der Niere. Oder nehmen wir den Geruch des Urins: Riecht er nach Aceton, lohnt es sich, den Blutzuckerwert des Pferdes untersuchen zu lassen.
Pferdeäpfel sollen neben der klar begrenzten Form auch einen angenehmen Geruch haben. Stinkt der Pferdeapfel, ist dies ein deutlicher Hinweis darauf, dass im Dickdarm nicht die gewünschte Fermentierung, sondern eine ungesunde Fäulnis stattfindet. Eine Regulation und Sanierung des Darms ist nötig!
Seien Sie mutig und verlassen sich ein Stück weit auf sich selber. Sie werden überrascht sein, wie viele Informationen Sie von Ihrem Pferd bekommen, wenn Sie sich die Zeit nehmen, um das Pferd sanft und umfassend abzutasten und zu berühren. Ihre Hände, eine Faszienrolle und genügend Zeit sind ausreichend, um viele Probleme zu erkennen und auch zu behandeln.

Lassen Sie sich nicht irritieren: Ich kann es nicht mehr hören, wenn mir berichtet wird, dass der Osteopath da war und diagnostiziert hat, dass »ein Wirbel raus ist«, dass er Blockaden festgestellt hat, die er mit wenigen Griffen lösen konnte und so weiter. Mich nerven all diese guten Menschen, die das Pferd behandeln, aber keine Idee über mögliche Ursachen haben. Diese angeblichen Superfachleute bedienen häufig nur das, was der Besitzer gerne hören möchte – nämlich dass er nicht Schuld am Problem ist. So enden viele Behandlungen in irgendeinem Aktivismus, ohne den Auslöser für die Probleme zu finden und ohne nachhaltige positive Auswirkungen.

Befundung

5.1. Lernen Sie Ihr Pferd kennen: Fassen Sie es an!

5.1.1. Wie Berührung wirkt

Wenn wir unser Pferd sanft und leicht berühren, sprechen wir seine Propriozeptoren an, die dafür zuständig sind, dem Gehirn ständig Informationen über die Lage und Position des Körpers im Raum zu übermitteln. Sie dienen also der Eigenwahrnehmung, dem Körpergefühl. Und das ist bei manchen Pferden (und Menschen!) mitunter erstaunlich schlecht. Ohne eine funktionierende Propriozeption kann ein Organismus auch bei vollkommen intakter Muskulatur und störungsfrei arbeitenden Nerven weder stehen noch gehen. Sanfte Berührungen sprechen diese Rezeptoren an und helfen bei der Bewusstmachung und dem Erwecken des Körpergefühls – ein Effekt, den sich im Übrigen auch Körperbandagen oder Tapes zunutze machen.
Ein weiterer Effekt der sanften Körperberührung ist eine vermehrte Ausschüttung des Hormons Oxytocin, vor allem im Bereich des Bauchnabels, der Adduktoren, des Euters/Schlauchs oder in der Gesichtsregion. Dieses sogenannte Kuschel- oder Bindungshormon öffnet den Zugang zum Pferd und hilft ihm, sich auf uns einzulassen – Empathie von Seiten des Menschen ist vorausgesetzt und zwingend erforderlich. (Empathie kann man dem Pferd im Übrigen nicht vorspielen. So mancher

Übelmann wird hier vom Pferd entlarvt.) Das Resultat der sanften Berührungen ist ein verbessertes Körpergefühl, größere Ruhe und Gelassenheit sowie in der Folge gesteigertes Selbstbewusstsein des Pferdes.
Propriozeptionstraining ist keine einmalige Aktion, sondern gehört zum regelmäßigen Trainingsprogramm für das Pferd und seinen Menschen und ist als Ergänzung zur obligatorischen Sitzschulung anzuraten.
Die Mechanorezeptoren (Nervenzellen) sind im gesamten Körper verteilt. Sie übersetzen mechanische Reize in Nervenimpulse und reagieren auf Druck, Verschiebung und Reibung, aber auch auf Beschleunigung. Jede Veränderung der Bewegung im Raum wird gemessen und vom Gehirn analysiert. Veränderungen der Hufstellung durch einen leichten oder schweren Beschlag, durch einen neuen Sattel oder eine dünnere Decke verändern das Körpergefühl und brauchen neues Training. Die Veränderung des Hufes durch Schneiden, Beraspeln oder plötzlich veränderte Gewichte eines Hufschuhs oder angenagelten Hufeisens sind besonders drastisch. Im Huf, in der Hufkrone, nahezu überall finden sich Mechanorezeptoren, die diese Verbindung von mechanischem Reiz zum zentralen Nervensystem herstellen.
In der Hufkrone befinden sich Haarfollikelsensoren, die wie die Meissner-Körperchen in den Lippen sehr sensibel Druck erkennen (und damit auch Glocken oder Unebenheiten, die Druck auf die Krone auslösen, sehr genau spüren).
Dann gibt es noch die Golgi-Mazzoni-Körperchen, Mechanorezeptoren, die vor allem Vibrationsempfindungen, Änderung der Geschwindigkeiten, allgemein jeden Bewegungsreiz aufnehmen und beim Menschen vor allem im subkutanen Gewebe der Fingerglieder und im Kniegelenk zu finden sind.
Die Vater-Pacini-Körperchen sind ebenfalls Mechanorezeptoren für Vibrationen und Beschleunigung und können diese hervorragend erkennen, aber nicht lokalisieren. Sie sitzen im Periost (Knochenhaut) in den Gelenkkapseln, im Muskelseptum (Fasziengewebe zwischen zwei Muskeln) und senden immer bei Veränderungen im Körper Salven von Informationen in Richtung ZNS. Ein Hufeisen für ein Pferd, das auf harten Untergründen gearbeitet werden soll, kann entsprechend Ursache für eine durch den gesamten Körper flutende Information sein, die zu einer Schonhaltung mit dem Ergebnis komplexer Muskelverhärtungen führt.

5.1.2. Der Körper-Scan

Aber nun sind Sie dran! Scannen Sie Ihr Pferd mit Ihren Händen. Berühren Sie das Tier sanft. Der beste Start sieht folgendermaßen aus:
Sie nähern sich Ihrem Pferd und berühren es mit einer Hand an der Schulter, mit der anderen Hand am Oberschenkel der Hinterhand. Warten Sie so lange, bis es Ihnen seine Aufmerksamkeit schenkt. Es dreht entweder ein Ohr zu Ihnen oder schaut sich komplett zu Ihnen um. Gehen Sie auf die andere Seite und halten Sie die Berührung an Schulter und Oberschenkel des Pferdes so lange aufrecht, bis es sich Ihnen auch hier zuwendet.

Ihr Pferd ist nun ganz bei Ihnen und bereit für weitere Berührungen (und Sie haben festgestellt, ob die Bewegung von Hals und Kopf in beide Richtungen gleich gut funktioniert). Ich starte in der Regel, indem ich ganz dicht hinter das Pferd trete. Ich versuche, mit meiner Brust den Schweif

Zu Beginn des Scans berühren Sie Ihr Pferd an Schulter und Oberschenkel und warten, bis es Sie anschaut. So fühlt sich das Pferd nicht überfallen.

des Pferdes zu berühren. Dies ist die sicherste Position, denn sollte wirklich ein Tritt erfolgen, werde ich aus dieser nahen Stellung am Pferd im Grunde nur nach hinten weggeschubst.

Ich berühre die Kruppe links und rechts neben dem Schweif und versuche zu entscheiden, ob beide Seiten gleich locker, gleich verspannt oder unterschiedlich locker und verspannt sind. Sollte eine Seite stärker als die andere verspannt sein, werde ich oft in der Diagonalen im Nackenbereich, kurz vor dem Atlasflügel und hinter dem Ohr auf der diagonalen Seite im Kopf-Hals-Bereich, die korrespondierende Verspannung finden. Eine solche Verspannung in der Körperdiagonalen ist immer zu erwarten, wenn die diagonal gegenüberliegenden Hufe unterschiedlich abgenutzt sind. Auch bei einem beschlagenen Pferd ist dies gut am Hufschutz feststellbar. Die verspannte Seite zeigt dabei immer eine geringgradig eingeschränkte Vorwärtsbewegung, im Pferd entsteht ein sogenanntes Diagonalsyndrom, das mit Unterschiedlichkeit der Hufe vorne links / hinten rechts mit der anderen Diagonalen hinten links / vorne rechts korrespondiert.

Das Scannen startet nun mit der Berührung des Hinterbeins am Huf. Ich taste mich zuerst durch alle Gelenke: Krongelenk, Fesselgelenk, Sprunggelenk, Kniegelenk, Hüftgelenk, Ellenbogen, Schulter (diese Reihenfolge ist grifftechnisch besser zu realisieren), Karpalgelenk, Fesselgelenk, Krongelenk, Hufgelenk des Vorderbeins und wieder zurück. Ich versuche, die Gelenke zu berühren und das Pferd leicht zum Schaukeln zu bewegen, eventuell die Beine leicht aufzunehmen, um mit der daran liegenden Hand die freie Beweglichkeit oder aber ein Knirschen, Scheuern oder Knacken wahrzunehmen. Interessant ist auch immer wieder die Berührung des Kniegelenks, wobei ich hier die Hand auf der Kniescheibe liegen lasse und das Pferd leicht vorwärts und rückwärts schaukeln lasse. Dies wiederhole ich auf beiden Körperseiten.

Alle Berührungen sind sanft und nicht fordernd. Der nächste Schritt geht sehr sanft von den Ohren über den Mähnenkamm auf den Widerrist zu (ich habe immer wieder festgestellt, dass der Begriff »sanft« von Mensch zu Mensch sehr unterschiedlich verstanden wird: Unter sanft verstehe ich eine Berührung, bei der meine Fingerspitzen die Haut nur mit wenigen Gramm belasten).

Vom Widerrist ausgehend streiche ich mit dem Mittelfinger die Dornfortsätze der Wirbelsäule und mit Daumen Ringfinger und kleinem Finger die Bereiche neben den Dornfortsätzen bis in die Lumbalregion ab und fahre fort bis zum Schweifansatz.

Das Pferd wird nun an Brust, Schulter, Unterarm, Sattellage, am gesamten Verlauf der Sattelgurtlage, Rippenbereich, hinteren Bauch, Oberschenkel und Unterschenkel abgetastet. Auffälligkeiten wären hierbei erwärmte Stellen, blutige Stellen, unbewegliche Hautpartien oder Stellen, an denen sich das Pferd ungern berühren lässt. Achten Sie darauf, wo es Ihrer Berührung ausweicht oder umgekehrt zu Ihnen hin tritt, auf verschwitzte und verklebte Stellen etc.

Nun können Sie die Beine des Pferdes beginnend mit den beiden vorderen Beinen passiv bewegen. Nehmen Sie das Bein, als ob Sie die Hufe auskratzen wollten und bewegen Sie es unter den Körper, dann in der Bewegungsrichtung des normalen Laufens vor den Körper und kreisen Sie es in der normalen Laufbewegung des Pferdes. Ziehen Sie das Bein ohne großen Kraftaufwand nach außen und drücken es ein wenig unter den Pferdekörper. Achten Sie darauf, ob die Bewegung in allen Gelenken frei möglich ist. Beobachten Sie auch die Bewegung des Schulterblattes. Nun können Sie das Bein nach vorne über die Nüsternspitze hinaus dehnen. Achten Sie darauf, ob das Pferd gut kooperiert oder sich eher gegen die Bewegung sperrt. Wenn Sie dies mit beiden Vorderbeinen getan haben, werden Sie erkennen, ob die Bewegungsfreiheit in beiden Beinen gleich war. Wiederholen Sie dasselbe mit den hinteren Beinen.

Seite 142+143: Achten Sie beim passiven Bewegen der Beine darauf, ob die Bewegung im Gelenk frei möglich ist. Achtung: Arbeiten Sie ohne großen Kraftaufwand!

Sollte dies alles problemlos funktioniert haben, ist es sehr wahrscheinlich, dass Sie ein muskulärer unauffälliges und frei und schön laufendes Pferd haben. In vielen Fällen werden Sie aber eine manchmal gar nicht so geringe Anzahl von Auffälligkeiten erkannt haben. Was können Sie nun selber tun?

5.2. Manuelle Therapie und Einsatz von Wärme

Mit dem »Scan«, Ihren sanften Berührungen, haben Sie die Behandlung eigentlich schon begonnen. Manuelle Therapie bedeutet, dass Sie die auffälligen Stellen erkannt haben und mittels Druck, Friktionsbewegung oder reibender Bewegungen die Verhärtungen und Verspannungen lösen.

Bei Ihrem Abtasten sind Ihnen vielleicht kühle, knotige, schwammige, trommelartige, aber auch warme Regionen aufgefallen.

Merke: Warme Bereiche sind ein Anzeichen für ein akutes Geschehen. Der Körper arbeitet mit erhöhtem Metabolismus. Entzündliche Vorgänge könnten akut sein und Sie sollten eine tierärztliche Diagnose einholen.

Alle anderen Auffälligkeiten, so wie oben beschrieben, können Sie selbst mittels der manuellen Therapie behandeln.

Sie haben also eine auffällige Stelle gefunden. Lassen Sie Ihre Finger (drei Finger, siehe Bild Seite 156) sanft auf der zu behandelnden Stelle liegen. Ihre Berührung ist sanft und mit sehr wenig Gewicht. Berühren Sie das Pferd nur mit drei Fingern an der zu behandelnden Stelle, der Rest der Hand sollte Abstand von der Haut des Pferdes einhalten. Sie werden überrascht sein, wie schnell das Gewebe reagiert: Unter Ihren Fingern wird es warm, Sie fühlen, dass zwischen Ihrer Fingerkuppe und der Haut des Pferdes etwas passiert. Es könnte kribbeln, es kann aber auch sein, dass sich die Hautspannung verändert und Sie bekommen das Gefühl, als würden Ihre Finger im Pferd versinken. Oder es entsteht Schweiß und die Stelle wird warm. Halten Sie den Griff, bis das Pferd ein für sie erkennbares »Release-Zeichen« gibt. Es könnte sein, dass das Pferd, und das ist oft das erste und vorerst einzige Signal, leicht mit dem Auge zwinkert. Häufig ist es erst ein langsames und dann zweimal ein schnelles Zwinkern. Sollten Sie dieses Zeichen übersehen, wird das Pferd versuchen, deutlicher zu werden. Es bewegt den Kopf oder tritt einen Schritt zur Seite. Je deutlicher die Reaktion ist, desto klarer sollte Ihnen sein, dass Sie die ersten subtilen Anzeichen, mit denen das Pferd mit Ihnen zu kommunizieren versucht hat, übersehen haben. Bei all diesen Arbeiten am Pferd habe ich immer wieder festgestellt, dass Pferde den Sprachlehrer in sich entdecken, sobald sie merken, dass der Mensch mit Ihnen in Verbindung treten möchte: Sie sprechen in leisen und, wenn nötig, auch lauten Tönen mit uns!

Kleinere Verspannungen finden wir sehr häufig im Bereich der Wirbelsäule links und rechts der erkennbaren und tastbaren Dornfortsätze. In diesem Fall werden Sie feststellen, dass die Dornfortsätze sich nicht in einer Linie befinden.

Die Erfolge, die wir mit dieser simpelsten Form der manuellen Therapie mit drei Fingern bei Muskelverspannungen erzielen können, sind bisweilen wirklich erstaunlich!

In einigen Fällen ist es sinnvoll, mit Wärme zu arbeiten

Wärme ist ein elementares und hinsichtlich der Pferdegesundheit oft völlig unterschätztes Thema. Ein Pferd kann nur überleben, wenn Anspannungs- und Ruhephasen abwechselnd möglich sind. Diese Spannungszustände werden vom vegetativen Nervensystem über Sympathikus und Parasympathikus gesteuert. Der Sympathikus steuert alle aktiven Vorgänge, die im Körper automatisch ablaufen. Im Englischen ist seine Aufgabe einfach mit der Formulierung »Flight or Fight« (Flucht oder Kampf) beschrieben. Mit »schneller Aktion« in Zusammenhang stehende Körperaktivitäten werden über den Sympathikus gesteuert. Wie bei einem Muskel, der einen Gegenspieler braucht, so ist im vegetativen Nervensystem der Parasympathikus der dazugehörende Gegenspieler. Er steuert die Körperfunktionen wie Herzschlag, Atmung und Verdauung in einer Entspannungsphase. Er dient der Regeneration, dem Aufbau von Kraftreserven, kurbelt Stoffwechselvorgänge und die Verdauung an und sorgt dafür, dass das Pferd sich gut erholen kann (auch hier ist der englische Ausdruck »Rest and Digest« sehr treffend).

Wärme: Ein Gel- oder Kirschkernkissen, alle Dinge, die ich im Vorfeld erwärmen kann, können eine Behandlung vorbereiten und verhärtete, ver-

Die Behandlung mit Wärme vorbereiten.

spannte Muskulatur auf weitergehende manuelle Therapie oder auch Massagen einstimmen. Achten Sie bitte auf das Gesicht Ihres Pferdes, wenn Sie wärmende Auflagen einsetzen: Es wird Ihnen deutlich zeigen, ob es die Wärme angenehm findet. Selbst zappelige und ungeduldige Pferde antworten hier überdeutlich: Mögen sie die Wärme, senken sie in der Regel den Kopf, sind sehr auf ihren Körper konzentriert und genießen. Erzwingen Sie nichts bei Pferden, die es nicht angenehm finden und ausweichen. Trauen Sie Ihrem Pferd. Das Pferd zeigt Ihnen, was es haben will; und erfahrungsgemäß ist das, was das Pferd gut findet, auch zuträglich für seine Genesung. (Siehe auch Infokasten auf der folgenden Doppelseite.)

5.3. Massage

Die Massage dient der Entspannung der Muskulatur, dem Wohlbefinden des Pferdes und der Verbesserung der Beziehung von Mensch und Pferd.

Beim Pferd ist es sinnvoll, die Massage trocken durchzuführen. Nutzen Sie dafür Ihren Handballen. Sie können durchaus den Handballen auf das Pferd auflegen und mit der zweiten Hand ein wenig zur Entlastung der massierenden Hand mitwirken. Ein Handschuh mit einer kräftigen Noppenseite kann ebenfalls geeignet sein, allerdings ist der Massagebereich damit weniger lokal.

Starten Sie im Kopf-Hals-Bereich. Im Dreieck zwischen Unterkante des Schulterblattes nach oben über den Mähnenkammverlauf und nach unten

Hufpflege
Reiten
Gesundheit

Der Faktor Wärme

In der Entspannungsphase kommt es zur Entspannung der Muskulatur, was eine Voraussetzung für das Entspannen der die Muskulatur umgebenden und in der Muskulatur liegenden Gefäße darstellt. Das Fasziengewebe wird weich und die Gefäße werden weit. Der Körper regeneriert. In dieser Ruhephase gibt er Körperwärme ab. Ein gutes, dichtes Fell, das der Außentemperatur und Jahreszeit angemessen ist, muss die Wärmeabgabe an die Umwelt regulieren bzw. im Winter weitestgehend verhindern.

Die Regeneration wird eingeschränkt, wenn das Pferd zuviel Wärme abgibt und friert. Kälte lässt den Muskeltonus steigen, was schon in sehr kurzer Zeit zu einer bleibend verspannten Muskulatur führt.

Bei der Haltung ist in jeder Jahreszeit dafür Sorge zu tragen, dass dem Pferd die Temperatur angenehm ist. Unsere Hauspferde haben in vielen Fällen nicht mehr das ausreichend schützende Fell eines Wildpferdes oder leben in Klimazonen, für die sie genetisch nicht geschaffen sind (zum Beispiel ein Achal-Tekkiner mit seinem feinen Wüstenfell in feuchtkaltem Klima oder ein Isländer im sonnigen Südfrankreich). Verallgemeinernde Aussagen wie »Pferde brauchen keine Decke auf dem Rücken« sind genauso falsch wie »alle Pferde müssen draußen eine Decke tragen«. Wenn Sie bemerken, dass Ihr Pferd friert, haben Sie zu lange gezögert, ihm eine wärmende Decke aufzulegen. Gleiches gilt für die Haltung der Pferde im Sommer. Jede Haltungsform muss (!) dem Pferd die Möglichkeit geben, sich im Schatten aufzuhalten und den Körper vor übermäßiger Erwärmung zu schützen.

Das alles ist nicht nur eine Frage des Wohlfühlens: Verspannte Muskulatur und eingeschränkte Regenerationsphasen haben auch massiven Einfluss auf das Verdauungssystem des Pferdes. Wir haben schon oft beobachtet, dass Pferde nach Koliken Verspannungen im Psoas-Muskel zeigen. Dies wiederum verändert die Beckenstellung und beeinflusst den Bewegungsablauf und Antrieb aus der Hinterhand negativ. Als Resultat werden die Hinterhufe links und rechts unterschiedlich abgenutzt – der eine stärker an der Außen-, der andere stärker an der Innenwand. Sekundär wirken sich die Unterschiede dann jeweils diagonal auf die Vorderbeine aus. Diese Entwicklung kann sich über viele Monate hinziehen, ist bei genauem Hinschauen an den Hufen aber schon sehr früh erkennbar.

Inzwischen ist Ihnen sicher bewusst, dass ein hoher Muskeltonus zu einer stärkeren Aufprallintensität der Hufe auf den Boden und zu durch mechanische Einflüsse verschlechterter Hornqualität führen kann. Jetzt können Sie sich sicherlich auch vorstellen, dass durch Störungen der vom Parasympathikus ausgelösten Stoffwechselvorgänge die Versorgung des Hufes mit Nährstoffen beeinträchtigt und mit Verschlechterung der Hornsubstanz beantwortet wird.

Im Winter verstärkt sich die Stoffwechselproblematik aufgrund des effektiven Temperaturregulationssystems im Pferdekörper. Ist die Umgebungstemperatur niedrig, muss der Körper Sorge tragen, über den nicht mit Fell bedeckten Huf so wenig wie möglich Energie in Form von Wärme abzugeben. Dies realisiert der Körper über die Veränderung der Durchblutung: Der Huf wird häufig aus der Blutversorgung ausgeschlossen, indem das über die umlaufende Kronrandarterie antransportierte Blut in Kurzschlussverbindungen sofort in der Hufkrone umgeleitet und in den Körper zurückgeführt wird. Wir erkennen das an eingeschränktem Hufwachstum in den kalten Monaten. Ist jedoch neben der kältebedingt geringeren Durchblutung auch eine Veränderung in der Nährstoffversorgung feststellbar, so werden die Probleme nicht im Winter, dafür aber im Frühjahr und Frühsommer überdeutlich sichtbar.

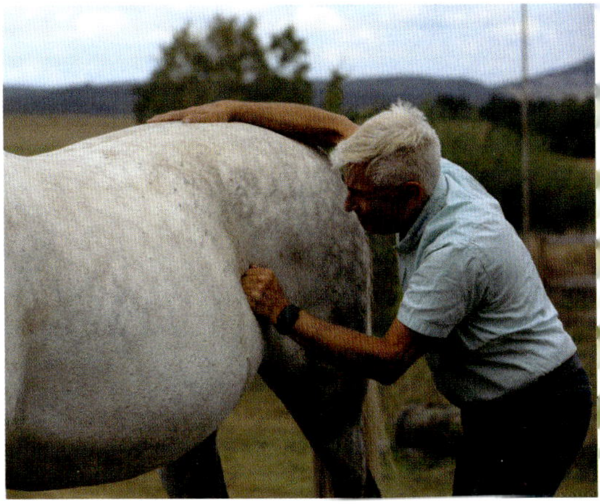

Massage des Zwischenrippenraums mit Moorstempeln.

Halsbereich, Mittelhand und Kruppen-Oberschenkelbereich werden mit kreisenden Bewegungen massiert, der Bereich Widerrist, Gurtlage mit reibenden Bewegungen von oben nach unten und der Bereich vom Tuber Coxae bis zum Bauchnabel ebenfalls in geradliniger Bewegung von oben nach unten.

entlang der Unterkante des Brachiocephalicus massieren sie in ganz kleinen, kreisenden Bewegungen im Uhrzeigersinn. Es bietet sich an, zuerst auf beiden Körperhälften den Kopf-Hals-Bereich zu bearbeiten. Im Bereich der Schulter massieren Sie mit streichenden Bewegungen von oben nach unten und von unten nach oben.

Als nächstes nehmen Sie sich den Bereich unterhalb des Widerrists hinter der Schulter über den gesamten Bauch bis zur Kante des Hüftbeinhöckers vor. Auch hier massieren Sie bitte mit leichten und kleinen Bewegungen im Uhrzeigersinn. Das Vorderbein wird an der Innenseite mit streichenden Bewegungen von unten nach oben massiert. In der Linie vom Hüftbeinhöcker bis zum Bauchnabel arbeiten Sie von oben nach unten in leichten und streichenden Bewegungen. Den Bereich der Glutealmuskeln (Gesäßmuskeln) bis hinein in den Oberschenkel massieren Sie wieder in kleinen, kreisenden Bewegungen im Uhrzeigersinn und abschließend das Hinterbein an der Innenseite von unten nach oben. Seien Sie sanft, achten Sie auf die Kooperation des Pferdes. Ich erlebe es immer wieder, dass das Pferd einem ganz deutlich zeigt, dass man an einer Stelle verharren oder weitermachen soll. Geben Sie diesem Wunsch des Pferdes ruhig nach.

An den wenig bemuskelten Stellen verwendet man eine glatte Faszienrolle.

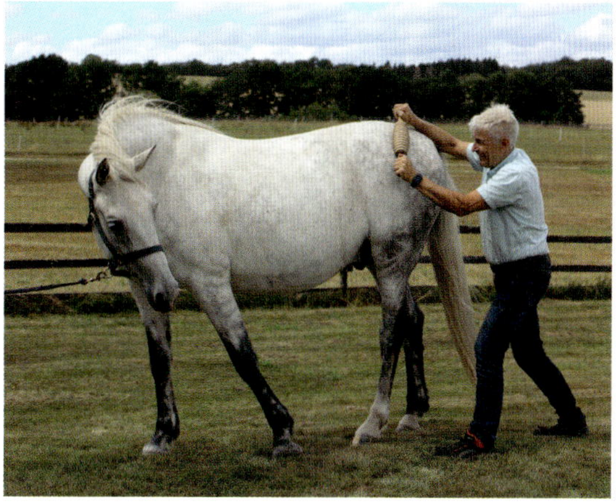

An den stärker bemuskelten Stellen kommt die gerillte Rolle zum Einsatz.

rechts unten: Diese Faszienrolle besitzt eine innenliegende Magnetspule.

5.4. Faszientechniken

Man kann sich Bindegewebe wie ein mit Gel gefülltes Sattelpad vorstellen. Wenn Sie mit einer Teigrolle darüber rollen, schieben Sie die Flüssigkeit vor sich her und es füllt sich hinter der Rolle wieder mit Flüssigkeit.

Beim Dehnen und Zusammendrücken des Gewebes wird Wasser herausgedrückt, und das Gewebe wird weicher und nachgiebiger. Nach einiger Zeit wird wieder Wasser aufgesogen und das Gewebe findet zu einem neuen Gleichgewicht.

Dies ist eigentlich schon alles, was in der manuellen Faszientherapie gemacht wird. Das Prinzip ist einfach. Mit solchen »Weichgewebetechniken« drücken Sie das Gewebe aus und es füllt sich wieder auf. Damit werden Entzündungsstoffe und Schlacken abtransportiert, Verklebungen gelöst und die Sauerstoff- und Nährstoffversorgung verbessert.

Gelöste Faszien fühlen sich an, als würden sie fließen. Sie sind wieder frei verschiebbar – der Nagel aus dem Tisch wurde herausgezogen.

Das Fasziensystem hat eine Verbindung mit dem vegetativen Nervensystem und damit direkten Einfluss auch auf das emotionale Befinden des Pferdes. Die Massage über Schieben, Drücken und Rollen verbessert Verspannungen und Verhärtungen unmittelbar: Das Pferd antwortet mit Kauen, Lecken, Gähnen und Kopfsenken. In vielen Fällen beginnt auch die Nase zu laufen.

Für die praktische Anwendung eignet sich am besten eine Faszienrolle, die es in verschiedenen Ausführungen und Größen gibt und die im Prinzip einer Teigrolle ähnelt.

An lockeren und unauffälligen Faszien ist die Anwendung der Faszienrolle Wellness für das Pferd und in keinem Fall unangenehm.
Die Rolle soll nur in eine Richtung geschoben werden und nicht hin und her. Da dies in der Anwendung beim Pferd etwas schwierig ist, unterscheide ich den Druck bei der Anwendung der Rolle: in der Wirkrichtung stärkerer, in der Rückbewegung sehr geringer Druck. Damit erreichen Sie, dass die Lymphe in einer Richtung zum nächsten Lymphknoten abtransportiert werden kann.

Bewegen Sie die Faszienrolle sehr langsam: Sie möchten ja mit der Rollenbewegung eine Verschiebewelle in der Zwischenzellflüssigkeit anstoßen. Das Lumen, der Freiraum im Fasziengewebe, ist sehr klein, daher ist diese Verschiebewelle schwer zu erreichen. Wenn Sie zu schnell rollen, ist dies wenig effektiv. Man verteilt dann nur die Flüssigkeit von vorn nach hinten und erreicht sein Ziel, Verklebungen oder Verhärtungen zu beseitigen, nicht. Bei zu schneller Bewegung werden die Fibroplasten angeregt, Kollagen zu erzeugen: Damit wird neues Bindegewebe produziert, von dem in der Regel ohnehin in dieser Situation schon zu viel vorhanden ist. Langsame Bewegungen sind dagegen ideal, um die Verschmelzung abzubauen. Die Faszienrolle sollte mit dem Druck, der maximal möglich erscheint, geführt werden. Rollen Sie jedoch nicht endlos über ein und dieselbe Stelle – zwei bis drei Mal sind völlig ausreichend.

Finde ich auffällige Faszienbereiche, arbeite ich über den starken Muskeln mit einer gerillten Rolle. Es gibt keinen festen Fahrplan, das Pferd und seine Reaktionen geben ihn mir stattdessen vor. Der Druck ist je nach Körperregion mäßig bis stark, aber nur so stark, dass ich zwischen meinen Händen von der auf dem Fell geführten Faszienrolle noch vorhandene Knötchen etc. spüre.
Das Pferd wird mit der gerillten Faszienrolle auf allen großen und weichen Muskelpartien behandelt. Auf allen Bereichen, in den nur wenig Haut und subkutanes Gewebe über den Knochen liegt, also an den Beinen und Gelenken, arbeitet man immer mit kleineren und glatten Faszienrollen. In jedem Fall muss die Behandlung für das Pferd angenehm sein. Zu starker Druck führt zu Ausweichbewegungen und Widersetzlichkeit des Pferdes. In manchen Situationen ist eine Hilfsperson nützlich, um zum Beispiel an einem nach vorne gezogenen Vorderbein die Innenseite der Muskulatur behandeln zu können.

Die Bearbeitung der Faszien ist zeitaufwendig, aber lohnend. Sie müssen von einem Zeitaufwand von je 20–30 Minuten ausgehen.

5.5. Balance-Pads

»Du kannst das Pferd zum Brunnen treiben, aber nicht zum Saufen zwingen.«

Die Arbeit mit den Balance-Pads ist sehr einfach. Und genau hier scheint in vielen Fällen das Problem zu liegen: Ich glaube, viele Pferdebesitzer können sich gar nicht vorstellen, dass ihr Pferd einen Gewinn von einfachem Stehen auf diesen bunten Schaumstoffpads haben kann.

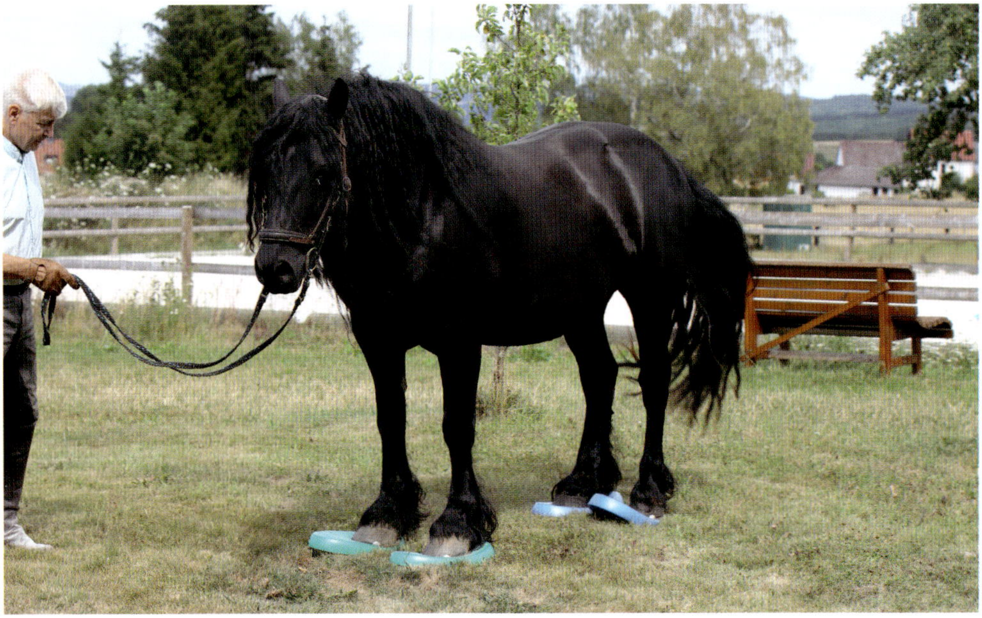

Das Pferd soll frei und möglichst unbeeinflusst auf den Balance-Pads stehen. Es müssen zu Anfang nicht gleich vier sein.

Manche Menschen kennen dieses Trainingsgerät vielleicht aus ihrer eigenen Physiotherapie. Sie müssen auf solchen mehr oder weniger weichen Pads stehen und werden vom Physiotherapeuten angehalten, darauf Übungen zu machen. Einige Leute beschreiben selbst das Stehen auf den Platten als wacklig und unangenehm. Diese Assoziation lässt vollkommen falsche Erwartungen hinsichtlich dessen aufkommen, was diese Platten bei den Pferden bewirken können. Das ist schade, denn wenn man sie anders als bei den Menschen einsetzt, passieren oft erstaunliche Dinge:

Anders als vermutet geht es bei der Arbeit mit den Balance-Pads nicht um ein Training, sondern um Verbesserung der Eigenwahrnehmung. Viele unserer Pferde haben massive Probleme mit der eigenen Körperwahrnehmung, aber auch große Kompensationsfähigkeiten. Das Stehen auf dem Pad dient der Selbsterfahrung: Das Pferd lernt, seinen Körper im Raum neu wahrzunehmen. Das Stehen auf dem Pad hilft beim Aktivieren und sogar beim Neuverschalten von Bewegungsmustern in den Synapsen.

Die Pads schulen die Körperbalance, helfen dem Pferd, loszulassen und perfektionieren das Körperbewusstsein.

Es gibt unterschiedliche Hersteller für Balance-Pads. Ich verwende die von Theraband, die in drei unterschiedlichen Farben und Härten erhältlich sind. Die grünen sind am härtesten, die blauen haben mittlere Härte und die schwarzen Pads sind am weichsten.

Je weicher die Pads sind, umso schwieriger ist es für das Pferd, darauf zu stehen. Für die ersten Übungseinheiten ist es sinnvoll, harte Pads zu nutzen. Nach einigen Übungen kann und soll man das nächstweichere Pad testen.

Beim Arbeiten an den Hufen bekommt man einen guten ersten Eindruck von Auffälligkeiten des Pferdes, die ideal mit Balance-Pads verbessert werden können: Viele Pferde wollen nicht gerne auf allen vier Beinen gleichmäßig stehen oder lassen sich eines der Beine nicht länger aufhalten.

Ein balanciertes, losgelassenes Pferd mit gutem Körpergefühl hat damit keine Probleme.

Ich könnte wegrennen, wenn ich Hufbearbeiter sehe, die grob gegen ein Pferd werden, das sich bemüht, ein Bein hochzuhalten, es aber körperlich oder aufgrund des Trainingszustands nicht kann. Die Pferde tun, was sie können und werden dafür oft bestraft. Dabei hätten etwas Gespür und ein Blick in ihre Augen gereicht, um das Problem zu erkennen. Die Zahl der hufschmiedenden »Pferdeanschreier« ist leider immer noch gewaltig. Ich schweife ab, aber es gibt bemühte Pferdebesitzer, die Balance-Pads in den Tagen vor dem Hufschmiedebesuch einsetzen, um einen reibungslosen Arbeitsablauf zu ermöglichen. Besser wäre es, die latent gewalttätigen und allein aus diesem Grund für den Beruf des Hufschmieds ungeeigneten Menschen einfach nicht mehr zu holen. Wirklich zielführend sind die Balance-Pads aber nur, wenn man sie längerfristig einsetzt. Der Einsatz der Pads verbessert Losgelassenheit und Körpergefühl und lockert Verspannungen.

Es ist für viele Menschen, die es gewohnt sind, ständig auf das Pferd einzuwirken, oft sehr schwierig, wenn sie den Ablauf bei der Arbeit mit den Balance-Pads ganz allein ihrem Tier überlassen sollen. Die Aufgabe des Menschen ist es jedoch, dem Pferd Sicherheit zu geben und dafür zu sorgen, dass es sich einen Moment mit sich selbst beschäftigen kann, ohne abgelenkt zu werden und ohne Angst haben zu müssen.

Es ist für mich immer wieder sehr interessant zu beobachten, dass das Pferd sich sehr schnell auf das Neue einstellt, der Mensch jedoch länger braucht. Wenn der Pferdebesitzer die Arbeit an den Pads übernimmt, kann ich sehr schnell sehr viel über das Verhältnis der beiden erfahren. Fühlt sich das Pferd bei seinem Besitzer sicher und gut aufgehoben? Bei vielen Pferden ist das leider nicht der Fall.

5.5.1. Die praktische Anwendung der Pads

Wie gesagt ist es sinnvoll, mit den grünen, harten Pads zu starten, weil das Pferd auf diesen leichter stehen kann. Außerdem schließe ich die Wirkung der Signalfarbe »Blau« aus. Viele Pferde registrieren die Farbe der Pads, sind aber nicht weiter daran interessiert. Nur Haflinger werden in die Pads beißen und sie kosten wollen …

Das Pferd bekommt das Pad vorgelegt und Sie stellen einen Vorderhuf darauf. Wenn Sie mit Ihrer Hand am Bein verweilen, kann das auf manche Pferde positiv wirken. Es ist erst einmal egal, wie das Pferd auf dem Pad steht und wie lange. Sie machen ein Angebot, und geben dem Pferd die Möglichkeit, selbst zu entscheiden, wie es eine Aufgabe bewältigt. Es ist erstaunlich, wie sehr die Pferde eins mit ihrem Körper sind, wie gut sie in

ihren Körper hineinhorchen können und wissen, was gut für sie ist. Wir müssen, wie schon oft erwähnt, zuhören und dem Pferd einen gewissen Freiraum geben. Bieten Sie Ihrem Pferd die Nutzung des Pads auf jedem Bein an.
Was sollte man von einem in der Muskulatur lockeren, geradegerichteten und losgelassenen Pferd erwarten? Es sollte jedes seiner vier Beine (zumindest die paarigen Gliedmaßen) in der gleichen Art und Weise abstellen und belasten. In vielen Fällen sehen wir etwas anderes: Die Pferde lassen sich ein Bein schlechter als ein anderes aufheben, ziehen es z.B. schnell nach oben und setzen es schnell wieder ab; sie können mit diesem aufgehobenen Bein nicht gleichgewichtig und balanciert stehen und möchten es deshalb schnell wieder auf den Boden stellen. Bei solchen Abweichungen von der »normalen« Balance des Pferdes ist der Einsatz von Balance-Pads sinnvoll und verbessert die Situation.

Wie schon gesagt: Machen Sie dem Pferd ein Angebot. Es darf die Pads nutzen, muss es aber nicht. Hier verhält es sich genauso wie bei manchen Kräutern, die der Mensch seinem Pferd verabreichen möchte. Wir können den natürlichen Instinkten des Pferdes vertrauen: Wenn das Pferd ein Kraut nicht fressen möchte, dann braucht es dieses Kraut nicht. Die bezweckte Wirkung ist für das Pferd nicht nötig.

Bei den Pads gilt deshalb: Sie sollen Ihr Pferd nicht dafür belohnen, dass es auf dem Pad steht. Wenn es mit einem Bein nicht darauf stehen will, dann ist es für das Pferd auch nicht nötig. Ich habe mitgehört, wie Leute darüber beratschlagten, ob die Verweilzeit auf den Pads vielleicht mit Hilfe des Clickertrainings verbessert werden könnte. Das könnte man sicher, aber es hätte keinen Nutzen, denn je freier das Pferd üben kann, desto größer ist der Erfolg.

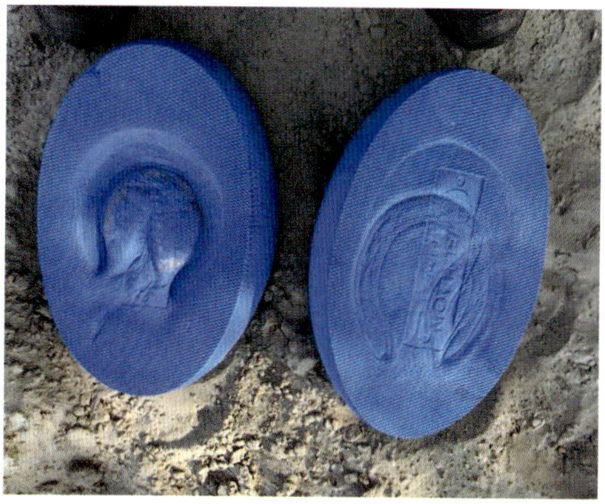

Nachdem das Pferd von den Pads heruntergestiegen ist, lassen sich für kurze Zeit sehr schön die unterschiedlich starken Druckbilder beobachten, die die Hufe hinterlassen haben.

Beispiel:
Je stärker ein Pferd auf der Vorhand läuft, desto heftiger leidet es unter Verspannungen der Schulter. Zwei Tests sind sinnvoll: Das Vorderbein sollte nach dem Satteln nach vorne genommen werden, um die Hautfalten unter dem Sattelgurt zu glätten. Die Pferde finden diese Aktion schon beim zweiten Mal sinnvoll und werden sie unterstützen. Wird das Bein locker nach vorne bewegt, sollte es gerade in der Silhouette bleiben. Eine verspannte Schulter kann, je nachdem, wo die Verspannung liegt, diese Vorwärtsbewegung verändern. Ist die Brust verspannt, wird das Bein in Richtung des anderen Vorderbeins nach vorne geführt und der Huf nutzt sich stärker auf der äußeren Zehe ab, der Ellbogen öffnet sich über

den Rippen. Ist die Muskulatur in der Schulter verspannt, wird das das Bein nach außen geführt, die Vorwärtsbewegung kann durch die Berührung des Ellbogens an den Rippen begrenzt sein. Es zeigt sich ein verstärktes Abnutzungsbild der inneren Zehe und der Bewegungsweg des Beines verkürzt sich. Der Widerrist ist empfindlich.

Ein Tinker, bei dem aufgefallen war, dass der Hufbock bei der Hufbearbeitung immer neben den Körper anstatt gerade davorgestellt werden musste, bekam von uns Balance-Pads hingelegt. Er begann sofort, nachdem er sich daraufgestellt hatte, zu schaukeln. Das Schaukeln ist ein wichtiges Element der Körperwahrnehmung – die Schaukelbewegung führt zu Lockerung der Muskulatur bis ins Becken. Das Pferd zeigte nach nur einer Behandlung eine deutlich verbesserte Gangmechanik.

Sie müssen keine vier Pads einsetzen: Ich starte meist mit nur einem. Schon hier stellen sich erstaunliche Erfolge ein. Ein zweites Pad ist sinnvoll. Der Einsatz von vier Pads gleichzeitig kann angeboten werden, wird aber nicht oft von den Pferden angenommen.

Wenn die Pferde die Pads schon kennen, lege ich sie nur auf den Boden. Möchte das Pferd ein Pad nutzen, wird es sich draufstellen. Bei der Arbeit mit den Pads kann man das Pferd oft ganz neu kennenlernen. Es sieht bisweilen so aus, als würde

Viele Pferde beginnen von selbst auf den Pads zu schaukeln, sobald sie darauf stehen.

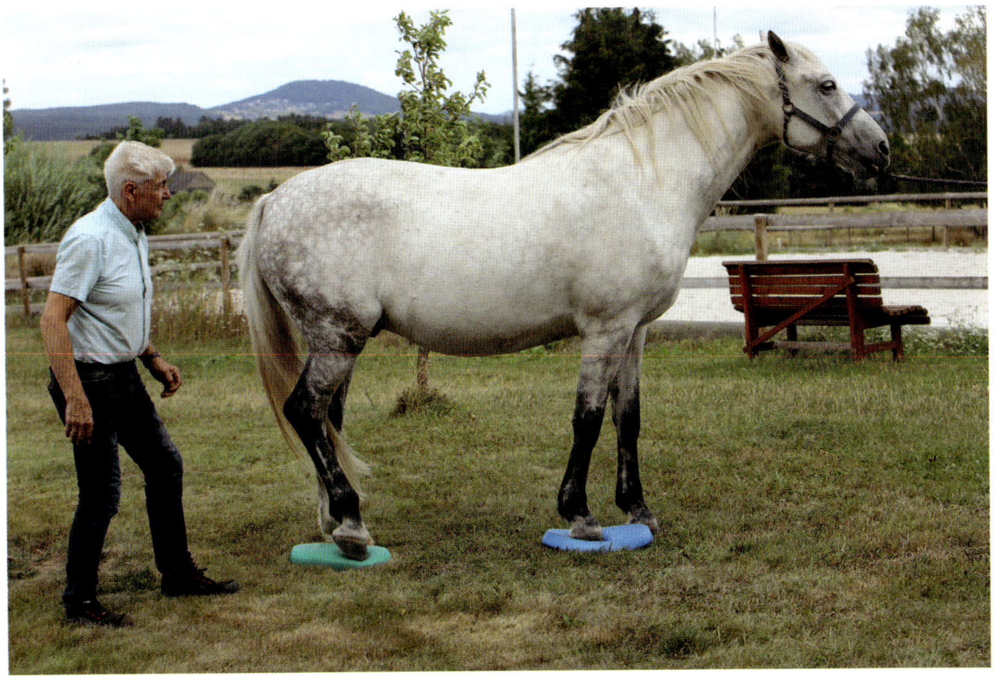

es betteln, weil es mit dem Huf scharrt. Das stimmt meist nicht – das Pferd legt sich einfach das Pad zurecht. Das eine Pferd positioniert auf diese Weise das Pad, ein anderes positioniert sich selbst über dem Pad. Es ist daher nötig, dass ausreichend Platz da ist und dass Sie Ihrem Pferd den nötigen Freiraum geben, zu entscheiden, wie es arbeiten will.

Der Nutzen dieser Arbeit wird bislang noch recht oft verkannt. Nach meiner Erfahrung führt die Nutzung der Eigeninitiative des Pferdes zur Verbesserung der Balance, zu mehr Gelassenheit und Ruhe, zu tieferer Atmung und zu einer entspannteren Kopf-Hals-Position.

Zulassens- und wünschenswert, aber nicht erzwingbar, ist das ruhige Schaukeln. Beginnt das Pferd mit der Schaukelbewegung, dient das dem Ausprobieren des neuen Körpergefühls, dem Neuausrichten und »Sortieren« des eigenen Körpers im Raum und dem Suchen bzw. Finden einer Wohlfühlhaltung.

Das Zulassen der Eigenverantwortung des Pferdes ist nach meinen Beobachtungen das entscheidende Element für eine nachhaltige Verbesserung der Balance und Losgelassenheit.
Denken Sie an das Zitat am Anfang des Abschnitts: Ihr Pferd trinkt immer dann, wenn es Durst hat!

5.6. Emmett for Horses

Bei der nach ihrem »Erfinder«, dem Australier Ross Emmett, benannten Emmett-Technik wird durch leichte Berührungen des Pferdes die Selbstheilung angeregt, es werden aber auch ganz konkret Impulse an so genannten Stresspunkten und an den Faszien gegeben, die im Zeitraum von sofort bis etwas 24 Stunden nach der Behandlung deutliche Veränderungen, Lockerungen und Bewegungsveränderungen erreichen. Die Technik direkt am Pferd ist einfach zu erlernen und daher auch für eingewiesene Laien tauglich. Für mich selbst ist die Emmet-Technik ein wichtiges Element meiner Arbeit geworden, nachdem ich die gesamte Ausbildung durchlaufen habe und inzwischen zum Tutor für diese Technik aufgestiegen bin.
Die Emmett-Technik wird bei mir selten als alleinige Technik in der Therapie des Pferdes eingesetzt. Sie ist jedoch hervorragend geeignet, um in der Ergänzung mit Massage und der Arbeit mit den Balance-Pads vom Pferdebesitzer erlernt und genutzt zu werden.
Auf der Internetseite »Emmett-therapie.com« sind alle Tutoren für Deutschland, Österreich und die Schweiz gelistet. Auch bei mir können Sie regelmäßig Fortbildungen in der Technik buchen.
Es ist erstaunlich, wie einfach in sehr kurzer Zeit grundlegende Techniken von jedem erlernt werden können. Noch erstaunlicher sind die Erfolge.

Bei der Emmet-Technik wird das Pferd mit zwei Fingern berührt. Zwischen den Fingern der auseinanderliegenden Hände werden die Faszienbahnen gestreckt oder einfach nur berührt. Man arbeitet mit einfachen Fingerberührungen an der Pferdehaut. Nach ein wenig Übung ist es erstaunlich, wie das Pferd selbst die Finger in die richtige Position für die notwendige Entspannung setzt.

Die Zuwendung, die der Therapeut dem Pferd gibt, wird bei der Emmett-Technik intensiv vom Pferd beantwortet. Eine energetische Komponente ist bei der Emmett-Arbeit unübersehbar.

Wie funktioniert die Emmett-Technik? Die Methode bringt leichten Druck auf bestimmte Muskelpunkte und aktiviert das sogenannte Muskelgedächtnis. Verspannungen lösen sich und die Balance des kompletten Körpers wird verbessert. Das gesamte Organsystem wird über die Verknüpfungen des Bindegewebes angesprochen. Ebenso werden ganz konkret, wie in der Stresspunktmassage, direkt auf den Muskel wirkende Entspannungsimpulse gegeben (siehe auch Golgi-Sehnenapparat). Die Faszienarbeit bewirkt Auflösung von Spannungen in den Faszien-»Autobahnen«. Erstaunlich ist die direkte Wirkung der Emmett-Arbeit, bei der so genannte »Schalter« gesetzt werden und die Körperbalance spontan verbessert wird.

Die wichtigsten Anwendungsgebiete sind: Psychische Entspannung, Verbesserung von Rücken-, Gelenk- und Kopfschmerzen sowie muskulär eingeschränkter Atmung, Verbesserung der Mobilität (auch für ältere Pferde), Ausrichtung der Körperbalance, positive Einflussnahme auf den Lymph-

Die Berührung ist auch in der Emmett-Behandlung sanft: Es geht nicht um das Ausüben von großem Druck. Oft reicht es, die Finger an einer auffälligen Stelle einfach ruhen zu lassen.

fluss und auf die Darmfunktion. Es würde an dieser Stelle leider viel zu weit führen, die Techniken zu beschreiben, die auch nicht einfach aus einem Buch zu lernen sind. Wenn Sie sich für das Thema interessieren, sollten Sie einen entsprechenden eintägigen Besitzerkurs buchen. Sie dürfen mich gerne ansprechen.

5.7. Reflexzonen

Beim Menschen gilt der Nutzen der Fuß- und Handreflexzonen-Massage als gesichert. Beim Pferd ist die Methode bislang kaum erforscht. Reflexzonen sind Bereiche auf dem Fuß und der Hand, die mit inneren Organen oder Funktionsgruppen des Lebewesens korrespondieren. Das Berühren, Massieren oder Drücken der Reflexzonen kann die Funktion oder das Befinden des korrespondierenden Organs beeinflussen.

Ohne Skrupel werden die Reflexzonen jedoch beim Pferd mit Bandagen, Schonern und Streichkappen bedeckt oder in oft heftiger Art bei der Hufbearbeitung traktiert.

Wie finde ich den richtigen Hufbearbeiter oder Pferdetherapeuten?

In meiner Lehrzeit war es noch üblich, eine feste Schlaufe über das hintere Fesselbein zu verwenden, um das Hinterbein zu halten.

Sind die Beine des Pferdes extremen Belastungen ausgesetzt, wie in der Vielseitigkeit oder im Springsport, so ist ein Schutz kurzzeitig notwendig. Ich finde es nicht gut, aber es ist nötig. In allen anderen Situationen würde ich auf Bandagen und Gamaschen wo es geht verzichten. Ein Pferd findet ein Streichen, d.h. die Berührung der beiden paarigen Gliedmaßen, mit Sicherheit unangenehm und schmerzhaft, sodass es versuchen wird, seine Bewegung zu verändern, um hier schadlos zu bleiben. Schonhaltungen sind die Ursachen, genau wie es Schonhaltungen sind, die solche Bewegungsstörungen grundsätzlich initiieren. Auch Hufbearbeitungsfehler können die Ursache sein.
Weitere Zusammenhänge werden gerade noch geprüft, aber warum soll es sich mit den Reflexzonen beim Pferd anders verhalten als beim Menschen oder beim Hund, für den bereits eine Kartierung existiert.

5.8. Dry Needling

Dry Needling ist eine noch recht neue Therapieform, die ich hier gerne ganz kurz vorstellen möchte, da ich damit sehr positive Effekte erreichen und vielen Pferden schnell helfen konnte. Ganz klar möchte ich aber darauf hinweisen, dass diese Methode nicht vom Laien oder EINER Person, die einen Wochenendkurs besucht hat, angewendet werden sollte, denn man kann damit dem Pferd auch Schaden zufügen, wenn man es falsch macht. Bitte fragen Sie Ihren Therapeuten daher eindringlich nach seiner Ausbildung und Erfahrung!

Selbstverständlich ist, dass jede Therapie nur dann sinnvoll anzuwenden ist, wenn zuvor die Ursache für das Entstehen der aktuellen Auffälligkeit bekannt ist und abgestellt wurde.

Beim Dry Needling wird das Muskelgewebe des Pferdes zunächst auf Schmerzpunkte, besser Triggerpunkte, untersucht. Aktive Punkte werden erkannt und behandelt. Dies geschieht allerdings nicht isoliert bei einem Muskel, sondern man behandelt in der Regel eine Muskelgruppe. Muskeln arbeiten nicht isoliert und daher ist

Beim Dry Needling werden Akupunkturnadeln von 3,5 bis 7 cm verwendet, die je nach Muskel mit ganzer Länge im Muskel die Rezeptorik erreichen sollen.

davon auszugehen, dass ein funktionsgestörter Muskel ein unphysiologisches Geschehen in der gesamte Funktionsgruppe verursacht.

Die Behandlung erfolgt mit Akupunkturnadeln, die im Gewebe platziert werden. Die Abgrenzung zur Akupunktur ist aber deutlich, denn bei der Akupunktur werden die Nadeln an speziellen Orten auf den Körpermeridianen gesetzt und meist nur wenig tief und lange im Körper des Pferdes belassen.

Beim Dry Needling arbeitet man ebenfalls mit Akupunkturnadeln, allerdings werde sie in den gesuchten Triggerpunkten und Muskeln der entsprechenden Muskelkette eingesetzt. Die Eindringtiefe der Nadeln soll dabei die Areale des Muskels erreichen, die eine Entspannung des verkürzten Muskels bewirken. Um das Ziel zu treffen, ist die Nadel bis zu sieben Zentimeter lang. Bei einigen Muskeln könnte die Länge der Nadel durchaus länger gewählt werden, aber längere Nadeln lassen sich ohne Abknicken kaum verarbeiten.

Das Platzieren der Nadel an der aktuell richtigen Stelle wird vom Muskel durch eine sogenannte Twitch-Reaktion, ein Zucken in einem begrenzten Areal, meist sehr dicht an der Einstichstelle, beantwortet. Diese sehr kurze, aber für jeden sichtbare Reaktion ist normal und gewünscht. Der Twitch ist oft mit einer Schmerzempfindung an einer anderen Stelle des Körpers verbunden.
Sowohl der Twitch als auch dieses Schmerzausstrahlungsphänomen sind wünschenswert und zeigen, dass die Anwendung an der richtigen Stelle platziert war und Erfolg bringen wird.

Nach der Dry-Needling-Behandlung, die oft sehr zügig und unspektakulär abläuft, braucht der Organismus eine Ruhezeit. Zwischen einem und in Einzelfällen drei Tagen sind angemessen.

Dry Needling darf nicht angewendet werden, wenn das Pferd lokale oder systemische Infektionen hat, bei akutem PSSM II, bei akuten Muskelproblemen (Entzündungen, Kreuzverschlag o.ä.) bei Trächtigkeit und bei Angst oder starken Abwehrreaktionen des Pferdes.

Hufpflege
Reiten
Gesundheit

6. Kapitel

Kommunikation mit dem Pferd

Rufen wir uns an dieser Stelle ganz kurz das Kommunikationsmodell, wie wir es alle in der Schule einmal gelernt haben, in Erinnerung. Kommunikation bedeutet: Es gibt einen Sender und einen Empfänger und ich sende als Informationsgebender an den Empfänger Informationen auf mehreren Ebenen.

Ich erinnere mich dabei an ein wunderbares Beispiel, das wir in der Schule besprochen haben. Ein Mann sagt zu seiner Frau: »Da ist was Grünes in der Suppe.« Worauf die Frau antwortet: »Wenn's dir nicht schmeckt, dann koch' das nächste Mal doch selber.«

Der Mann informiert die Frau auf der Sachebene darüber, dass da etwas Grünes in der Suppe sei. Die Frau hat jedoch die Sachebene überhaupt nicht zur Kenntnis genommen, sondern auf emotionaler Ebene eine vermeintliche Kritik an ihrer Kochkunst verstanden – dass sie absichtlich etwas Grünes, nicht appetitlich Aussehendes der Suppe beigefügt hat, dass die Reaktionen ihres Mannes ihr egal seien und sie sowieso ein schlechter Mensch sei. Sie nimmt an, der Mann will es nicht essen und ist sauer.

Auch wenn der Mann dies überhaupt nicht so gemeint hat, haben die beiden nun den schönsten Streit, und das nur aufgrund einer fehlerhaften Kommunikation.

So, wie wir Menschen auf einer Sachebene und auf einer emotionalen Ebene miteinander kommunizieren, verhält es sich auch mit der Kommunikation zwischen Mensch und Pferd. Wir haben gerade von Sender und Empfänger gesprochen. Die Kommunikation bedeutet, dass Senden und Empfangen einen permanenten Wechsel erfährt.

Einmal bin ich Sender, einmal Empfänger. Wobei ich durchaus beides gleichzeitig sein kann. Ich kann Empfänger für eine Information auf der Sachebene sein und gleichzeitig mein Gegenüber durch die Mimik auf der emotionalen Ebene informieren, dass ich mit der Information, die ich auf der Sachebene bekomme, nicht zufrieden bin.

Das ist bei Pferden genauso, vielleicht sogar deutlich intensiver. Mimik entsteht durch die Arbeit der Gesichtsmuskeln. Pferde sind außerordentlich gute Muskelleser, sie erkennen und verstehen bei ihren Artgenossen die kleinsten Veränderungen im Spannungszustand der Muskulatur und können sie richtig deuten.

Auch unsere Gesichtsmimik können sie wahrnehmen und richtig einordnen – und das sogar nur anhand von Fotos, wie eine Studie der Universität Sussex aus dem Jahr 2016 nachgewiesen hat (Smith, Amy; Proops, Leanne, Grounds, Kate; Wathan, Jennifer und McComb, Karen, »Functionally relevant responses to human facial expressions of emotion in the domestic horse (Equus caballus), in: Biology Letters, vol. 12, No. 2 Feb 2016).

Und sie können registrieren, ob der Mensch auch bereit ist, als Empfänger zu agieren. Auf dieser Ebene kann der Mensch dazu beitragen, das Pferd ungeheuer zu stressen, indem er ihm signalisiert, dass er ausschließlich der Sender (Befehlsgeber) auf der Sachebene ist. Und leider erlebe ich es oft, dass Menschen auf der emotionalen Ebene ihrem Pferd nichts Gutes sagen, auch wenn sie es auf der Sachebene vielleicht nicht körperlich züchtigen. Aber sie teilen dem Pferd unterschwellig mit: »Du bist mir egal, ich kann dich nicht leiden.« Und ich befürchte, dass diese Kommunikation des Menschen mit dem Pferd nur zum Teil erlernt ist. Ich verstehe bei vielen Menschen eigentlich gar nicht, warum sie Pferde halten. Ihr Auftreten gegenüber dem Pferd liefert oft keine Erklärung dafür.

Solcherart erlerntes Verhalten registriere ich oftmals bei Horsemanship-Trainern, vor allen bei denen, die vieles nicht richtig verstanden haben und ihr »Horsemanship« im Wesentlichen im Herumwedeln mit irgendwelchen Seilen besteht. Sie sind oft unnötig grob und frech zu den Pferden und beschränken sich auf das uneingeschränkte Abfragen von Kadavergehorsam. Diese Art der Arbeit mit dem Pferd führt nicht zu verbesserter Kommunikation, sondern verlangt im Kasernenton »Strammstehen« ohne Rücksicht auf die Eigenarten dieses besonderen Pferdes. Sie bringt das Pferd in eine Situation, die die Psychologen als erlernte Hilflosigkeit bezeichnen.

Das Pferd ist so schlau, dass es an irgendeinem Zeitpunkt des Drills (Arbeit im Roundpen) einsieht, dass es keine Möglichkeit mehr hat, auszuweichen und folgt diesem Menschen – auch, wenn es ihn nicht mag bzw. ihm nicht vertraut.

Eine für das Pferd stressfreie und nachhaltige Art und Weise des Umgangs ist dagegen die zugewandte. Dem Pferd jederzeit zu zeigen, dass man es mag und mit ihm in Dialog treten möchte – dass man bereit ist, etwas zu sagen, aber genauso auch, zuzuhören. Eines kann uns dabei allerdings in die Quere kommen, nämlich unsere eigene Angst.

Ich kann sehr vieles trainieren – meine Muskeln und meine Bewegung, aber was ich schlecht trainieren kann, ist meine innere Einstellung zum Pferd, und dazu gehört auch die Angst.

Viele meiner Gefühlsäußerungen führen nicht nur dazu, dass ein Muskelleser wie das Pferd meine innere Einstellung an meiner Körpersprache ablesen kann, das Pferd kann sie auch riechen. Jedes meiner Gefühle bewirkt den Ausstoß von Geruchsmolekülen. Das wussten schon unsere Altvorderen: Sie kennen doch alle den Ausspruch: »Ich kann den Typ nicht riechen!«

Und genau hier liegt ist ein wirkliches Paradoxon: Je mehr das Pferd versteht, dass ich es mag, umso beängstigender wird es für das Pferd, wenn ich Angst habe. Diese ausgesprochen schwierige Konstellation wird schlussendlich zu einem großen Stressor für das Pferd und wir erleben einen jener typischen »dramatischen« Geländeritte, bei dem das Pferd mit einem immer angespannter werdenden Reiter jederzeit fluchtbereit unterwegs ist. Noch dramatischer ist es, wenn man weiß, dass der Mensch Angst vor irgendwelchen Situationen hat, die er vielleicht überhaupt noch nie erlebt hat, aber die leider in den Synapsen des Gehirns festgelegt sind und dort nur schwer gelöscht werden können.
Angst kann vielleicht überschrieben werden oder man kann lernen, mit ihr zu leben und sie zu beherrschen. Aber sie komplett loszuwerden ist schwierig.

Um zur Hufbearbeitung zurückzukommen: Wie an anderer Stelle schon einmal gesagt, erwarte ich gerade in dieser Situation einen besonders fein-

Mit dem Pferd in Dialog zu treten, heißt nicht nur, ihm etwas zu sagen, sondern auch, ihm zuzuhören und auf seine leisen Signale zu achten.

fühligen Umgang mit dem Pferd. Hufbearbeitung ist aus allen Blickwinkeln betrachtet ein ungeheurer Stressor: Ein fremder Mensch nähert sich – oftmals – auf eine forsche Art, die das Pferd als ungezogen und unhöflich empfinden muss. Er nimmt sich keine Zeit, sich vorzustellen und auf eine Einladung zum Näherkommen zu warten, sondern macht sich sofort am Pferd zu schaffen. Jetzt nimmt diese fremde Person auch noch das Bein in die Luft – und das bedeutet für das Pferd im Grunde eine lebensbedrohliche Situation. Ein in die Luft gehobenes Bein nimmt ihm sofort die Möglichkeit, zu fliehen. Wir müssen uns einmal vorstellen, dass die Fluchtbereitschaft beim Pferd instinktiv angelegt ist und ihm bis heute das Überleben gesichert hat. Instinkt bedeutet, dass es sich um ein angeborenes Verhaltensmuster handelt. Man sollte sich bitte einmal klarmachen, dass es für das Pferd eine ungeheure Leistung ist, ein angeborenes Verhalten zu unterdrücken und es zuzulassen, dass das Bein zeitweise in die Luft gehoben wird. Es bedarf eines extrem feinfühligen Umgangs, um hier kooperativ mit dem Pferd arbeiten zu können. Viel zu häufig erlebe ich aber Menschen, die grob und lieblos demonstrieren, dass ihnen die Pferde nicht am Herzen liegen. Es ist manchmal erstaunlich, was Pferde alles zulassen.

Bei vielen Pferden, nicht nur bei älteren, gibt es deutliche Anzeichen von Arthrosen und Verschleißerkrankungen. Sie sind in der Beweglichkeit ihrer Gelenke oftmals schon in jungen Jahren äußerst eingeschränkt. Ich habe immer wieder erlebt, dass ich von Pferdebesitzern angerufen wurde, die mir sagten, ihr Hufschmied wolle nicht mehr kommen, dass sie ganz verzweifelt seien und ob ich es nicht einmal probieren könne. Ich habe in solchen Fällen sehr bald die Erfahrung gemacht: Wenn man sich ehrlich bemüht, die aktuelle Bewegungsfähigkeit eines Gelenkes herauszufinden und dann bei der Arbeit bereit ist, es nicht über dieses Maß herauszuführen, wird dies vom Pferd ungeheuer dankbar erkannt und durch Kooperation honoriert. Früher bemerkte ich es nicht, heute schreit es mich förmlich an: Mimik, Ohrenspiel und vor allem das Auge des Pferdes zeigen, dass es bemerkt, wie weit wir an seiner Befindlichkeit interessiert ist und teilen uns mit, wie angenehm es den Umgang empfindet. Dicht am Pferd stehend registriert man sogar eine Veränderung der Atmung. Umso erstaunlicher ist es dann, wenn man bemerkt, dass die Beweglichkeit eines Gelenkes eingeschränkt ist, und das Pferd sich trotzdem bemüht, einem die Arbeit so leicht wie möglich zu machen. Die Art und Weise, wie selbst anfänglich freche oder als im Umgang schwierig geltende Pferde sich dann anstrengen, mit mir zusammenzuarbeiten, verursacht mir so manches Mal Gänsehaut.

Noch intensiver registriere ich solche Phänomene in der Bodenarbeit mit Pferden. Kooperative Bodenarbeit besteht aus mehreren Elementen: Durch meine Körpersprache und meine Position zum Pferd signalisiere ich ihm meinen Wunsch zur Kommunikation. Dies ist die Voraussetzung für eine Teambildung. Teambildung ist das Stichwort und die Überschrift über der gesamten Arbeit mit dem Pferd, so wie ich sie verstehe. Wenn ich mit dem Pferd kommuniziere, lasse ich mich auf es ein und gebe ihm damit wiederum die Möglichkeit, sich auf mich einzulassen.

Die Sache mit der Zuneigung

Wenn wir unsere Pferde auf der Weide beim Ausleben ihres natürlichen Verhaltens anschauen, werden wir feststellen, dass sie einen geraumen Teil des Tages mit Sozialkontakten verbringen. Nicht jedes Pferd kümmert sich dabei gleich intensiv um jedes andere Pferd in der Gruppe. Sozialkontakt ist irgendwie schon ein Privileg, das nicht jedem der anderen Pferde gegönnt wird. Intensiv kümmern sich die Pferde umeinander, wenn sie sich mögen. Ich möchte ganz bewusst diese aus dem menschlichen Zusammenleben entlehnte Vokabel verwenden. Ich denke, sie trifft zu. Genau wie bei uns Menschen gibt es auch in der Herde Pferde, die sich mögen und andere, die sich nicht leiden können.

Wenn Pferde sich mögen, zeigen sie es durch Körperkontakt: Man steht enger zusammen, man wedelt sich gegenseitig die Fliegen aus dem Gesicht, man krault sich gegenseitig. Dabei wird Oxytocin freigesetzt – das »Kuschelhormon« oder »Zugehörigkeitshormon«, das ursprünglich biologisch der Mutter-Kind-Bindung dient, aber auch auf weitere Bindungs-Kontexte anwendbar ist. Von Hunden weiß man aus Studien, dass schon kleine Blickkontakte zwischen einem Menschen und seinem eigenen Hund, nicht aber bei fremden Hunden in demselben Raum, beim Tier eine erhöhte Ausschüttung von Oxytocin auslösen. Bei Pferden, wie bei allen in Gruppen oder Herden lebenden Tieren, ist jedes Verhalten, das das Zusammengehörigkeitsgefühl verbessert, von essenzieller Bedeutung. Vor allem, wenn das Zusammenleben in der Gruppe arbeitsteilig organisiert ist, hat jedes Gruppenmitglied eine Aufgabe, um die Überlebenswahrscheinlichkeit aller zu steigern. So ist die Berührung ein elementarer Bestandteil des Zusammenwirkens von Mensch und Pferd, und diese Berührungen, vom Pferd als Zuwendung erkannt, sind ein wichtiges Element der Vertiefung des Gemeinsamkeitsgefühls.

Im letzten Jahr las ich in einem Zeitungsbericht, dass eine Untersuchung bei Chören ergeben hat, dass sich beim gemeinsamen Singen ganz viele Gemeinsamkeiten bei den Chormitgliedern eingestellt hatten. Herzschlagfrequenz, Emotionen und viele weitere Dinge scheinen durch diese gemeinschaftliche Aktion in Einklang gekommen zu sein. Ich bin mir sicher, dass dies in der Arbeit mit dem Pferd in gleicher Weise gelingen kann. Übrigens gibt es auch hierzu inzwischen eine Studie, die dies bestätigt – italienische Wissenschaftler fanden heraus, dass sich die Herzfrequenzen von Mensch und Pferd gegenseitig beeinflussen können (Lesté-Lassere Christina, «Quantitative heartbeat coupling measures in human-horse interaction,» in: Proceedings of the IEEE 38th Annual

Das Wohlfühlgesicht des Pferdes.

International Conference of the Engineering in Medicine and Biology Society, 2017).

Mein alter, immer schreiender Reitlehrer befolgte die Lehren der alten Reitmeister. Die da unter anderem lauteten, dass das Pferd vor der Morgenarbeit 30 Minuten Putz- und Fellpflege zu bekommen hätte. Auch wenn ich es damals als willkürliche Schikane empfand, so glaube ich heute, dass diese Forderung nicht nur im Reinlichkeitswahn begründet lag, sondern auf einer empirisch über viele Generationen als positiv beobachteten Erfahrung beruhte. Selbst dann, wenn diese Oxytocin-Ausschüttung durch Zuneigung beim Pferd nur geringgradig stattfinden sollte, so findet sie immerhin beim Menschen statt. Und die Zuwendung des Menschen zum Pferd, seine Empathie, wird in jedem Fall zu einer Verhaltensänderung des Pferdes gegenüber dem Menschen führen. Oder haben Sie schon einmal erlebt, dass jemand, der superfreudig auf einen anderen Menschen zukommt, von diesem kategorisch abgelehnt wird? Oder dass jemand, der missmutig daherkommt und sich nicht für Sie interessiert, von Ihnen euphorisch begrüßt wird? Beides sicher nicht. Und genau so wird auch bei Pferden und Menschen sein. Verbringen Sie Zeit mit Ihrem Pferd, zeigen Sie ihm Ihre Zuneigung. Suchen Sie Körperkontakt mit Ihrem Pferd, ohne es zu bedrängen, und Ihr Pferd wird Ihr Verhalten spiegeln und beantworten. Und das ist die Voraussetzung, um weitere teambildende Maßnahmen durchführen und schließlich entspannt arbeiten zu können.

All das hat natürlich Konsequenzen für unser Tun. Die Verantwortung, die ich durch mein eigenes Handeln und den daraus resultierenden Einfluss auf das Pferd übernehme, ist von großer Bedeutung. Wenn das Pferd mich, meine Bewegungen und Befindlichkeiten spiegelt, dann kann ich es nur dann dazu bringen, sich besser zu tragen, frei aus der Schulter zu laufen sowie Biegung und Stellung zu zeigen, wenn ich nicht selbst lustlos einherschlurfe und mit meinen Gedanken woanders bin. Positive Energie und Achtsamkeit, die ich vom Pferd fordere, muss ich auch selbst haben.

Der Umgang mit dem Pferd ist eine hochemotionale Angelegenheit, trotzdem darf der sportliche Aspekt nicht außer Acht gelassen werden. Wenn ich meinen Freizeitpartner viele Jahre gesund erhalten möchte, ist eine solide Ausbildung Grundvoraussetzung. Ich muss aus einem Pferd ein Reitpferd machen. Wenn ich mehr als 25 Kilo Körpergewicht habe, dann wird mich das Pferd ohne gesonderte Schulung, ohne Muskeltraining, ohne regelmäßiges Gesundheits- und Fitnesstraining auf Dauer nicht tragen können, ohne dabei Schaden zu nehmen.

Wenn dem so ist, dass die emotionale Bindung zum Pferd eine wichtige Voraussetzung für eine konstruktive Arbeit ist, dann bin ich als Pferdebesitzer und Freund meines Pferdes dazu verpflichtet, wesentliche Teile der Ausbildung selber durchzuführen. Und dies ist mir ein großes Anliegen: Immer mehr Dinge zu delegieren und Notwendigkeiten zwar zu erkennen, selbst aber keine Maßnahmen zu ergreifen, sondern lieber einen Fachmann hinzuzuziehen und ihn damit zu beauftragen, das Defizit zu bearbeiten, ist meiner Meinung nach ein Irrweg!

Ich erlebe es täglich, dass ich von Leuten angerufen, um Rat gefragt und beauftragt werde, nach ihrem Pferd zu schauen. Ich merke hier ganz deutlich, dass die Menschen in vielen Fällen eine »Reparaturmentalität« haben: Sie wissen nicht genau, was bei ihrem Pferd nicht in Ordnung ist; sie möchten, dass du den Fehler erkennst und wieder reparierst, denn sie möchten »einfach« weiter reiten.
Aufträge dieser Art lehne ich heute ab. Ich bin kein Reparaturdienst für Autos. Und ich verstehe die Gedanken vieler Menschen nicht. Wenn sie mit ihrem Fahrrad durch einige Glasscherben fahren und danach zur Reparatur müssen, um neue Schläuche für ihre Fahrradreifen montieren zu lassen, dann werden sie doch Schaufel und Besen nehmen, die Scherben entfernen und versuchen, in Zukunft nicht mehr durch die Glasscherben zu fahren, damit ihre Reifen in Ordnung bleiben.

Beim Umgang mit Pferden scheint das nicht zuzutreffen. Die Menschen rufen den Reparaturdienst an und möchten ihr Pferd repariert haben, kommen aber nicht auf die Idee, die Scherben zu entfernen. Stattdessen meinen sie, dass neben dem Reifenreparaturdienst eventuell auch die Felgen betrachtet werden müssten, ob nicht vielleicht eine durchstechende Speiche das Loch in dem Schlauch verursacht haben könnte. Auch die Federung der Vordergabel könnte kaputt gewesen sein und zum Platzen des Reifens geführt haben. Wenn alles nicht gefruchtet hat, muss man leider ein neues Fahrrad kaufen.

Logisch ist dieses Verhalten nicht, denn eigentlich verbindet der Umgang mit dem Pferd einige wunderschöne Dinge miteinander – ich habe ein gemeinsames Erlebnis mit einem Tier, und je länger man mit Tieren umgeht, desto mehr wird man feststellen, wie sehr die emotionale Intelligenz, die Wärme und die Zuwendung, die ein Tier geben kann, in unserer Vergangenheit unterschätzt wurde. Es gibt meinem Alltag eine Aufgabe und es hält mich sportlich fit. Was gibt es Schöneres! Es wäre an der Zeit, dass die Pferdebesitzer sich ihren Pferden genauso zuwenden, wie es die Pferde ihnen gegenüber tun.

Meine Art der Kommunikation und Kontaktaufnahme mit dem Pferd sieht heute folgendermaßen aus: Ich nähere mich ihm langsam und halte im Abstand von etwa zwei Metern kurz inne, bevor ich auf es zugehe und es sanft mit einer Hand an der Schulter, mit der anderen im Bereich des hin-

Kommunikation: Die erste Kontaktaufnahme soll sanft sein. Beachten Sie, wie das Pferd in sich horcht.

teren Schenkels berühre. Diese sanften Berührungen halte ich so lange, bis mich das Pferd anschaut. Anschauen bedeutet in diesem Fall nicht, dass es mir Kopf und Hals zudreht, sondern dass es mich mit seinem Blick registriert. Das wiederhole ich auf beiden Körperhälften.

Da Pferde so gute Muskelleser sind, versuche ich, mit nur sehr kleinen Signalen zu arbeiten und reagiere auf kleinste Anzeichen des Entziehens, wenn das Pferd mir verständlich machen möchte, dass es ihm an dieser Stelle jetzt gerade unangenehm ist und es dort nicht angefasst werden möchte. Das respektiere ich. Es ist immer wieder erstaunlich festzustellen, dass die Pferde sehr schnell merken, wenn man als Mensch zwar sehr wohl bereit ist, ihre Signale zu verstehen, aber leider aus Pferdesicht recht dumm ist und dass man mit Menschen deutlich und laut sprechen muss. Ich fühle mich in solchen Momenten immer ganz klein, wenn das große Pferd mir zeigt, dass es Rücksicht auf mich nehmen und eben deutlicher erklären muss, damit ich verstehe. Und so haben wir eine Hierarchie, die für uns als Menschen sehr ungewohnt ist – ich als der dumme Mensch und das überlegene Pferd. Sobald die Pferde verstanden haben, dass man auf ihre Körpersignale reagieren möchte, begreifen sie auch bald, dass man halt nicht jedes Körpersignal versteht, aber guten Willen zeigt. Sie beginnen dann, ihre Augen und Ohren und ihr Maul dafür zu nutzen, mit uns zu kommunizieren. Augenzwinkern, Gähnen, Kopf senken sind die Zeichen, die nach dem leichten

Muskelzittern kommen, wenn man ein solches Signal nicht verstanden hat. Sehr bald beginnt das Pferd, einem seine »Baustellen« zu zeigen, an denen es gerne berührt werden möchte oder wo ihm etwas unangenehm ist.

Ich habe es nicht nur einmal erlebt, dass ich auf ein Pferd gehört und es an Stellen berührt habe, wo ich glaubte, dass es dort berührt werden möchte und daraufhin überraschende körperliche Reaktionen von ihm erfuhr: Ich streiche oder massiere über einen vom Pferd gezeigten Bereich und fühle z.B. ein deutliches Schwitzen, Weichwerden und Einsinken meiner Hand in diesen Körperteil.

Ich glaube, auch wenn das immer wieder anders verkauft werden soll, dass dafür keine spezielle Ausbildung notwendig ist. Nur Offenheit, Beobachtungsgabe, der Wunsch, sich darauf einzulassen und ausreichend Zeit sind erforderlich. Und wenn Sie jetzt Ihr Pferd aufrichtig mögen, dann sind alle Voraussetzungen für eine bessere Kommunikation in der Zukunft gegeben.

7. Kapitel

Bewegungstraining als Therapie und Vorbeugung

Wenn ich im Folgenden von Training spreche, dann ist damit eine methodische Arbeit im körperlichen Bereich gemeint, nicht am Verhalten, denn auch hier wird der Begriff ja häufig gebraucht. Für jedes Training sind eine klare Zielvorstellung und ein geplantes, systematisches Vorgehen Grundlage.

Oft wird gesagt, das Pferd sei schlecht oder falsch trainiert. Aber was ist Training eigentlich?

Wenn ich dem Pferd etwas Neues beibringen möchte oder ihm etwas Neues zeige, dann ist es kein Training, denn man spricht hier eigentlich von Übung.

Was die Zielvorstellung betrifft, so ist wie auch im Humanbereich zu überlegen, für was man eigentlich trainiert: Für Gesundheitssport, Freizeitsport, Leistungssport oder Hochleistungssport?

Definition:
Training ist ein planmäßig gesteuerter Prozess, bei dem mit inhaltlichen, methodischen und organisatorischen Maßnahmen, entsprechend einer Zielvorstellung, Zustandsänderungen der komplexen sportmotorischen Leistungen, Handlungsfähigkeit und des Verhaltens entwickelt werden sollen. (D. Martin: Grundlagen der Trainingslehre)

Die kleinste Gruppe der Reiter gehört in den Bereich des Hochleistungssports. Nur talentierte und meist auf ein bestimmtes Alter beschränkte Menschen und Tiere können diesen anfänglich mit hohen finanziellen Aufwendungen und erst viel später mit eventuellen Verdienstmöglichkeiten verbundenen Sport mit Pferden betreiben. Mögliche Ziele sind soziale Anerkennung, beruflicher Aufstieg und/oder Geld verdienen. Diese kleine Gruppe von Reitern wird in diesem Buch nur am Rande angesprochen. Leider ist es aber so, dass sich viele Reiter so benehmen, als würden sie zur Gruppe der Hochleistungssportler gehören und erwecken mit ihrer Ausrüstung, ihrem Fahrzeug und ihrer Lässigkeit auch diesen Anschein – was aber das Verhalten gegenüber dem Tier und ihre wahre Leistungsfähigkeit und den Trainingszustand der Tiere angeht, sind sie mitunter noch nicht einmal dem Leistungssport zuzuordnen. (Randnotiz: Ich habe nicht unbedingt etwas gegen Hochleistungssport. Oft, aber leider nicht immer, findet man dort viel Fachkompetenz im Umgang mit dem Pferd und seiner Gesundheit, denn nur ein rundum fittes Pferd kann längerfristig Höchstleistungen erbringen. Verallgemeinerungen sind aber, wie überall, nicht angebracht.)

Leistungssportler sind ebenfalls wettkampforientiert, aber sie verdienen meist kein Geld mit dem Sport, sondern geben im Gegenteil viel Geld dafür aus. Leider findet man in der Reiterei viele Menschen, die ihre nicht ausreichende Kompetenz und Fähigkeit mit dem Ausgeben von viel Geld zu kompensieren versuchen. Ein Zustand, der mir überhaupt nicht gefällt. Ich bin als Reiter, egal auf welchem Leistungsniveau ich reite, selber für den Zustand meines Pferdes verantwortlich und es sollte mein Grundbedürfnis sein, dass es meinem Sportpartner gutgeht. Ich erlebe aber vor allem im Bereich der vermeintlichen Leistungssportler sehr oft, dass alle Aufgaben, wenn irgend möglich, delegiert werden. Das ist aus ihrer Sicht toll, denn im Falle des Misserfolgs ist es einfach, bei den vielen Menschen, denen man Aufgaben übertragen hat, einen Schuldigen zu suchen und auch zu finden.

Die Freizeitsportler sollten ihren Sport allein aus Freude und zum Vergnügen betreiben – weil sie Geselligkeit und Entspannung suchen und das gemeinsame Erlebnis mit dem Pferd haben möchten. Ich neige immer wieder dazu, den Begriff »Sport« in Verbindung mit dem Pferd nicht mehr zu mögen. Viel zu oft erlebe ich, dass er den Menschen in einen »Leistungswahn« treibt. Ehrgeiz und Tierliebe schließen sich jedoch meistens aus, jedenfalls dann, wenn man nicht über genügende finanzielle und zeitliche Ressourcen verfügt, um gleich mehrere Pferde ständig einsatzfähig zu halten und eines eben eine Weile nicht zu reiten, sollte es nicht auf der Höhe sein. Mir persönlich gefällt der Begriff des »Freizeitreiters« sehr gut, wie ihn Sadko Solinski in seinen Büchern definiert, nämlich eines denkenden und verantwortlichen Reiters, der bereit ist, von seinem Pferd und für es zu lernen. Dem Gegenüber stellt er die »Quod libet-Reiter«, die »Wie es ihnen passt – Reiter«, die sich nur um die eigene Bequemlichkeit oder das eigene Ego scheren und nicht um das Pferd. Das führt hier zu weit – lesen Sie gerne seine Bücher!

7.1. Was ist Gesundheit?

Bleibt der Gesundheitssport: Er umfasst jede Maßnahme, die dazu beiträgt, dass unser Pferd gesund ist.

Ich bin so frei, diesen für den Menschen definierten Zustand von Gesundheit eins zu eins auf das Pferd zu übertragen. Das bedeutet, dass die Bewegung des Pferdes einen notwendigen Beitrag leisten muss, um die körperliche Leistungsfähigkeit und die psychische Belastbarkeit zu verbessern. Es sollte klar sein, dass die Grundbedürfnisse des Pferdes, die deutlich unter den Notwendigkeiten eines Gesundheitstrainings liegen, nicht in einer Boxenhaltung mit täglich 30 Minuten Freilauf in der Halle abgedeckt werden können. Beim Pferd ist der Zusammenhang zwischen Sport und Gesundheit eine wirklich selbstverständliche Sache.

Eine Reihe von Risikofaktoren, von Stoffwechsel- und systemischen Erkrankungen einmal abgese-

> ***Definition:***
> *Gesundheit ist ein Zustand des umfassenden körperlichen, geistigen und sozialen Wohlbefindens und nicht lediglich das Freisein von Krankheit und Schwäche. (World Health Organisation (WHO), 1963)*

hen, stören oder verhindern das Gesundsein im Sinne der obigen Definition beim Pferd:

Bewegungsmangel
Fehlernährung
Übergewicht
Zahnprobleme
Stress

Schauen wir uns diese Punkte im Einzelnen etwas genauer an:

* Bewegungsmangel

Dass das Pferd ein Bewegungstier ist, sollte jedem Reiter mittlerweile bekannt sein, und doch widersprechen viele Haltungsformen nach wie vor dieser Erkenntnis.

Es ist kaum möglich, die natürlichen Bewegungswünsche des Pferdes allein durch reiterliche Tätigkeit oder Arbeit mit dem Pferd zu erfüllen. Eine den Bedürfnissen des Pferdes angepasste Haltung ist unumgänglich. Hier ist darauf zu achten, dass die Haltung nicht alleine der Beruhigung unseres Gewissens geschuldet ist. Denn so mancher Offenstall, manche Laufstallanlage, manche nach dem Prinzip des Paddock Paradise aufgebaute Anlage sieht für uns toll aus, führt aber trotzdem nicht bei allen Pferden dazu, dass sie sich ausreichend und vor allem »gut« bewegen: Manchmal sorgen falsche Gruppenzusammenstellungen oder schlicht und ergreifend zu große Gruppen für den zur Verfügung stehenden Raum dafür, dass die Pferde unnötig Stress bekommen. Und zwar negativen Stress, Distress, den abträglich wirkenden Stress.

In einer vernünftigen Haltung hat das Pferd die Möglichkeit, sich zwischen acht und elf Kilometern am Tag zu bewegen. Die Gruppenzusammensetzung muss so gewählt sein, dass keins der Pferde dauerhaft gejagt oder gescheucht wird. Eine tägliche Bewegung des Pferdes mit dem Menschen ist wünschenswert. Noch wichtiger ist das gemeinsame Erlebnis von Mensch und Pferd, und wenn ich über Bewegungsmangel spreche, dann wünsche ich mir auch, dass das Pferd die Möglichkeit bekommt, sich geistig zu bewegen. Und wenn zur geistigen Bewegung nur dazugehört, dass es jeden Tag neben der gewohnten Paddock-Atmosphäre neue Eindrücke in Wald und Flur erleben darf.

* Fehlernährung

Die Fütterung ist natürlich ein sehr großes Gebiet, bei dem die armen Reiter und Pferdebesitzer von Hunderten Fachleuten und Beratern immer wieder umworben werden mit der Aussage, dass sie nur deren Bestes und nur Gutes für das Pferd möchten. Ich glaube, Sie haben verstanden, was ich damit meine, wenn der Berater Ihr Bestes möchte!

Die Fütterung des Pferdes ist keine Geheimwissenschaft. Im Grunde ist sie sogar sehr einfach, wenn, ja wenn Sie die richtigen Rohstoffe haben. Das Pferd braucht, um gesund ernährt zu sein, gutes, klares Wasser, Gras, Zugang zu Kräutern, Gerbstoffen, Baumrinde etc. Wenn man schon immer wieder den Vergleich zu Wildpferden bemüht, so möchte ich das in diesem Fall auch einmal tun: Wildlebende Pferde haben keinen Zugang zu weiteren Lebensmitteln. Sie leben auf extensiven Weideflächen, müssen große Wege zurücklegen, um regelmäßig zum Wasser zu gelangen und sind vom jahreszeitlich bedingten Angebot an Futter abhängig. Dies bedeutet, dass in der Natur lebende Pferde nicht das ganze Jahr

Pferde sollten Zugang zu möglichst vielen Kräutern, Sträuchern etc. haben. Auch Distelblüten werden gezielt gefressen.

hindurch eine gleichbleibende Figur und ein gleichbleibendes Körpergewicht haben. Im futterreichen Frühjahr nehmen Sie viele Nährstoffe und Kohlehydrate auf und bewegen sich sehr viel und sind im späten Herbst, wenn das Gras langsam an Nahrhaftigkeit verliert und zu Beginn des einsetzenden Schnees in der Regel, sagen wir, sehr gut genährt. Diesen Winterspeck verbrauchen sie durch Kälte und deutlich herabgesetzte Möglichkeiten, an nahrhaftes Restgras unter der Schneedecke zu kommen. Nur kräftige und gesunde Pferde überleben den strengen Winter. Im Frühjahr, ohne Übergewicht und ohne Hufrehe-Gefahr, beginnt der Zyklus von Neuem. Und im Übrigen: Die Wildpferde werden nicht mit Mineralien oder Müsli oder ähnlichem zugefüttert. Hier erkennt man die wesentlichen Unterschiede und warum man auch in diesem Fall das Wildpferd nur eingeschränkt als Vergleichsmaßstab für unser domestiziertes Pferd nutzen kann. Selbstverständlich haben wir keine Möglichkeit, die vielen domestizierten Pferde zwölf Monate im Jahr mit Gras zu ernähren. Die Fläche Deutschlands würde in keiner Weise ausreichen, um die Menge der bei uns lebenden Pferde zu ernähren. Wir sind darauf angewiesen, auf intensiv bewirtschafteten Wiesen in der warmen Jahreszeit Heu zu gewinnen, um dieses als Futtergrundlage im Winter nutzen zu können. Allein aus dieser Tatsache ergeben sich Defizite bei der Fütterung des Pferdes.

Das erste Problem sind die heute auf den intensiv bewirtschafteten Grünflächen verwendeten Grassorten. Für eine ausgewogene Ernährung braucht das Pferd eine ungeheuer artenreiche Wiese, unterschiedliche Grassorten, Kräuter und faserreiche Pflanzen. Nicht ideal ist ein Übermaß an Weidelgras-Sorten und Schwengelgräsern.

Aus dieser Einschränkung des Futterangebotes ergeben sich mannigfaltige Probleme. Untersuchungen von wildlebenden Pferden haben ergeben, dass der Konsum von Bitterstoffen, wie sie zum Beispiel in Baumrinden oder in einigen Pflanzen zu finden sind, zur Regulation der Darmflora des Pferdes völlig ausreichend sind. Auch der Mineralhaushalt kann durch Gras und die auf der Wildwiese zu findenden Samen und Körner sowie das gelegentliche Lecken und Fressen von Erde völlig ausreichend abgedeckt werden.

Ein weiteres Problem ergibt sich aus der Saatgutvermehrung der letzten Jahre. Nicht nur, dass bei der Aussaat in vielen Fällen immer noch zu wenig pferdegeeignete Grasarten gewählt werden, sondern das Saatgut ist häufig auch noch künstlich mit Pilzen, so genannten Endophyten versetzt, die das Gras selbst widerstandsfähiger gegen Krankheiten machen, bei Pferden aber unter anderem Hufrehe auslösen können. Verwirrenderweise enthalten viele Saatmischungen, die mit dem Etikett »Pferdeweide« verkauft werden, ausgerechnet besonders viel des für Pferde ungeeigneten Deutschen Weidelgrases – weil die Hersteller von einer anderen Prämisse ausgehen, nämlich, dass dieses Gras am wuchsfreudigsten und widerstandsfähigsten gegen Tritt und Verbiss ist. Die Gesundheit der Pferde hatten sie dabei nicht im Blick. Es nutzt also nichts, Sie müssen sich, wenn Sie eine Weide anlegen möchten, zu diesem Thema schlau machen und aufmerksam Etiketten studieren. (Einen hilfreichen Überblick bietet z.B. die Broschüre »Pferd und Heu« der VFD).

Der nächste Faktor, der ein wenig problematisch für die Pferdefütterung ist, besteht in der Ernte des Grases. Bei der Heuernte haben sich heute große Rund- oder Quaderballen weitgehend durchgesetzt. Die Ernte findet mit großen Maschinen auf für die intensive Nutzung optimierten Flächen statt. Oftmals wirbeln falsch eingestellte Gerätschaften einen hohen Schmutzanteil mit auf und bringen ihn ins Heu, aber auch die Lagerung der Großballen ist ein Problem. Oft haben wir es dann nicht nur mit Staub, sondern auch noch mit Schimmel zu tun, der häufig recht unbemerkt durch falsche Lagerung entsteht. Selbst geringe Feuchtigkeit kann zu weiterer Schimmelausbreitung in dem Heuballen führen.

Das Heu in kleinen Ballen (Druckpressballen) ist eine arbeitsintensive, aber so wie ich finde, nahezu ideale Art und Weise, um gutes Pferdeheu zu ernten, vor allem, wenn das Heu danach in einem luftigen, überdachten Raum, wie es früher üblicherweise der Heuboden war, gelagert werden kann.

Häufig wird heutzutage auch Heulage gewonnen. Dieses Futter ist im Grunde für Pferde nicht ideal geeignet. Auch wenn es gut duftet und staubfrei ist, muss man hier doch die Botulismus-Gefahr erwähnen. Botulismus ist im Grunde eine Lebensmittelvergiftung mit dem Botulismustoxin, das von einem Bakterium unter Luftabschluss in organischen Stoffen, vor allem Kadavern, gebildet wird. Ich habe einige Ställe mit Botulismus-Fällen gesehen und kann Ihnen versichern, dass Sie in Ihrem Stall so etwas nicht erleben möchten.

Die in Folie gewickelten Heulageballen haben sich deswegen so gut etabliert, da der Ernteprozess auf eine minimale Zeit reduziert werden kann und man so wetterunabhängiger ist. Aber genau hier liegt das Problem: Bei der normalen Heuernte liegt das Gras länger auf dem Feld (und je kleiner die Maschinen, desto länger in der Regel) und Füchse oder Vögel haben Zeit, die fast unvermeidlich bei jeder Mahd ums Leben gekommenen Kleintiere wie Mäuse herauszuholen. Bei der schnellen Heulage-Ernte gelangen die Kadaver in die Heuballen, werden eingewickelt, damit luftdicht abgeschlossen und das Leichengift kann sich in dem gesamten Ballen verbreiten. Dieses Futter wäre für das Pferd und seine Gesundheit extrem bedrohlich.

Ein weiteres Problem ist, dass Heulage, sobald der Ballen geöffnet wurde, nur eine Haltbarkeit von wenigen Tagen hat. In vielen Fällen kann die Menge an Futter von den Pferden in der kurzen zur Verfügung stehenden Zeit gar nicht gefressen werden. Das wird entweder dazu führen, dass die Pferde zu viel fressen, oder dazu, dass sie verdorbenes Futter fressen.

* Zahnprobleme

So banal es klingt – die Pferdezähne als erster Teil des Verdauungsapparates haben große Bedeutung für die Gesundheit des Pferdes. Das Kauen und Einspeicheln stellt die erste Vorstufe der Verdauung dar, bevor die Nahrung über den Schlund in den Magen weitertransportiert wird. Zuweilen, leider immer noch zu selten, denkt man an die komplexen Probleme, die fehlerhafte oder kranke Zähne auslösen können.

Pferdezähne sind nachschiebende Zähne. Sie sind in kompletter Länge angelegt und werden im Laufe der Lebensjahre aus dem Kiefer in den sichtbaren Bereich vorgeschoben. Dies sollte in genau gleichem Maße geschehen, wie die Zähne im Kauprozess abgenutzt werden. Ist das Futter ausreichend rau und grob (dazu gehören harte Gräser genauso wie Baumrinde), ist es möglich, dass das Nachschieben mit dem Abnutzen der Zähne vollkommen parallel abläuft. Ist das Futter für das Pferd zu weich (im Prinzip also ungeeignet), müssen die Zähne regelmäßig durch den Tierarzt oder Pferdedentisten gekürzt werden. Ansonsten führen die nachschiebenden und länger werdenden Schneidezähne dazu, dass die Tätigkeit der Mahlzähne eingeschränkt wird und dadurch, dass sie nicht mehr kräftig aufeinander reiben können, scharfkantige Haken entstehen.

Dies passiert, wenn der äußere Rand eines Molaren nicht vollständig in den Mahlprozess eingebunden ist, sich daher nicht abnutzt und so ein scharfer Rand entsteht. Haken sind ein Zeichen für ungleichmäßige Bewegung zwischen Ober- und Unterkiefer. Werden sie nicht regelmäßig entfernt, können sie lang und so scharf werden, dass sie das Zahnfleisch verletzen, was zu schmerzhaften Entzündungen führen kann.

Das Entstehen von Haken ist ein dezenter Hinweis auf unzulängliche Tätigkeit des Unterkiefers, also der freien Bewegung in den Kiefergelenken. Unzureichende Bewegung im Unterkiefer ist ein Hinweis, aber auch der mögliche Ursprung von Problemen mit der unteren Verspannung. Mangelnde Kieferbewegung, vor allem dann, wenn Haken auf einer Seite des Kiefers stärker auftreten als auf der anderen Seite, kann auch auf Fehler in der Ausbildung hinweisen, insbesondere auf mangelndes Geraderichten.

Zur kurzen Erinnerung: Die untere Verspannung läuft über das Kiefergelenk, das Zungenbein, den Kopf-Hals-Muskel zum Brustbein und über eine Muskelkettenverbindung bis in das Becken.
Häufiger jedoch ist, dass zu weiches Futter zu unzureichend starker Abnutzung der Zähne führt, wie oben beschrieben.

* Übergewicht

Das Gewicht des Pferdes ist ein wichtiger, vielleicht sogar sehr wichtiger Aspekt. Jeder, der Übergewicht aus eigener Erfahrung kennt, weiß, dass überflüssige Kilos die Füße früher ermüden lassen, als das nach vollbrachter Diät der Fall ist. Beim Pferd ist das nicht anders: Übergewichtige

Pferde stressen ihre Muskulatur und überfordern ihre Hufe.
Entsprechend ist das ideale Gewicht eine ganz wichtige Aufgabe der Pferdehaltung und für uns alle immer wieder eine Herausforderung. Glauben Sie mir, wir haben Shetlandponys und unsere Mérenspferde und wissen, wovon wir reden. Mit Neid muss ich immer wieder unsere wunderschönen Orlowtraber betrachten, die Pferde meiner Frau, die immer, auch wenn sie gerade auf einer fetten Wiese stehen, in erträglicher Futterkondition freudig zu mir her traben.

Das Gewicht muss regelmäßig kontrolliert werden. Mehrere Methoden eignen sich dafür bestens, zwei möchte ich Ihnen kurz vorstellen. Am einfachsten ist es sicherlich mit dem sogenannten Gewichtsmaßband. Das der meisten Hersteller hat auf der vorderen Seite die Ponyskala für Pferde bis 1,45 m und auf der Rückseite die Pferdeskala für Pferde ab 1,45 m. Sie legen das Maßband über den Widerrist um den Pferdekörper und können auf der Skala das Pferdegewicht ablesen. Das Messergebnis ist erstaunlich genau. Der angezeigte Wert wird selten mehr als 10 % vom realen Wert abweichen. Im Grunde ist diese absolute Zahl auch gar nicht wichtig. Wichtig ist für Sie, die Gewichtsentwicklung zu beobachten. Hält mein Pferd sein Gewicht, nimmt es ab, oder nimmt es zu?
Bei vielen Pferden ist diese Art der Messung sicherlich ausreichend. Komplizierter und schwieriger wird es, sollten gesundheitliche Probleme drohen. Wir praktizieren bei uns die kombinierte

Bei der Fütterung muss der Typ des Pferdes und die Art der Arbeit berücksichtigt werden.

Methode aus einem modifizierten Bodyscoring nach Hennecke, und der Kammfettbeobachtung. Bei der Kammfettbeobachtung wird die Dicke des Kamms über der Halsmuskulatur gemessen. Der Richtwert wäre ca. 4 cm. Dieser Wert variiert natürlich von Pferderasse zu Pferderasse und nach Geschlecht. In jedem Fall sollte das Kammfett weich und beweglich bleiben. Ein Alarmzeichen ist ein festes Kammfett, das kaum noch eindrückbar ist. Ist das Übergewicht so weit gediehen, ist ein Diätplan dringend notwendig. Ich empfehle, eine Diät des Pferdes nur in Absprache mit sachkundiger Begleitung durchzuführen. In den Fettablagerungen befinden sich viele nun in der Diät freiwerdende Stoffe, die durch Futtermittelzugaben in der Startwirkung begrenzt werden können. Der Tierarzt oder Futterberater vor Ort sollte hier helfen.

Das Bodyscoring sieht bei uns folgendermaßen aus: Ich suche mir auf jeder Körperhälfte mehrere Palpationspunkte, an denen die darunterliegende Knochensubstanz tastbar ist. Der erste Punkt ist dabei der fünfte Halswirbel, dann die Schulterblattgräte, der 16. Rippenbogen, ein Punkt an der Kruppe und schließlich am Sitzbeinhöcker.
An diesen Punkten ertaste ich mit meinen Fingern die Stärke des subkutanen Fettgewebes. An jedem Punkt vergebe ich einen Wert von null, kein Fettgewebe, bis sieben, Palpationspunkt nicht mehr tastbar. Diese Prozedur wiederhole ich auf beiden Körperhälften. Ich habe dann zehn Werte gewonnen, die zwischen 1,5 und 3 liegen sollten. Dann habe ich ein sportlich-dynamisches, vielleicht sogar hageres Pferd. Werte von eins oder kleiner können tierschutzwidrig sein, Werte von sechs oder höher ebenso.

Bei den meisten von uns wird das Problem nicht Unterernährung, sondern drohende Fettleibigkeit sein. In vielen Fällen ist es natürlich kaum möglich, auf einer fetten Weide die Futtergabe zu reduzieren, also muss ich die Arbeitsintensität erhöhen. Ich möchte kurz am Rande darauf hinweisen, dass nicht nur Laufen, Arbeiten und Trainieren Kalorien verbraucht, sondern auch intensive geistige Anstrengung. In der Trainingsplanung ist hier eine gute Ausgewogenheit zwischen körperlicher und geistiger Herausforderung für das Pferd sicherlich der richtige Weg.

* Stress

Chronischer und negativer Stress beeinträchtigt Gesundheit und Wohlbefinden des Pferdes massiv. Es gibt positiven und negativen Stress, der auf Körper und/oder Psyche wirken kann. Ein ehrgeiziges, leistungswilliges und gesundes Pferd wird Leistungsanforderungen niemals als Stress empfinden. Ein psychisch oder körperlich überfordertes Pferd dagegen sehr wohl. Stress kann auf Dauer zu Krankheiten führen. Sowohl beim positiv als auch beim negativ wirkenden Stress ist die Gefahr von Muskelverspannungen und Muskelverhärtungen jedoch immer gegeben.

Stress für die Psyche spiegelt sich auch in vielen körperlichen Problemen. Es gibt viele Risikofaktoren für ein domestiziertes Pferd. Das Salutogenese-Modell nach Aaron Antonowski ist sehr gut geeignet, um die wirkliche Lebenssituation der Pferde gut zu beschreiben: Er stellt darin nicht die Frage danach, warum ein Lebewesen krank wird, sondern warum es trotz möglicherweise vorhandener Risikofaktoren gesund bleibt.

Zur Vermeidung von Stress ist es wichtig, dass das Pferd ausreichende Ruhephasen hat und ungestört liegen kann. In Gruppenhaltungen ist das oft nicht für alle der Fall.

Das zentrale Element, das die Waage zur einen oder anderen Seite ausschlagen lässt, ist der Stress.

Es ist sehr wohl möglich, dass auch positiver Stress Muskelverspannungen verursacht und dass solche Verspannungen Schonhaltungen bedingen. Die Schonhaltungen führen wiederum zu Problemen und daraus entsteht negativ wirkender Stress – mit dem Resultat der erhöhten Krankheitsanfälligkeit.

Ein wichtiger Punkt zur Vermeidung von Stress in der Haltung ist eine ungestörte Ruhemöglichkeit. Um gesund zu bleiben, muss ein Pferd ausreichend lange ungestört ruhen und liegen können. Die Muskulatur erholt sich sowohl im Stehen als auch im Liegen. Ist das Umfeld des Pferdes unter diesem Aspekt problematisch, kann das eklatante Folgen haben. Kann es aufgrund von Ablenkung und Unruhe oder Unsicherheitsgefühl nicht ausreichend ruhen, wird sich die Muskulatur langfristig krampfhaft verspannen.

Auch verschleißbedingte Fehlstellungen können hinsichtlich des Ruhens fatale Kettenreaktionen auslösen: Eine erworbene Vorbiegigkeit im Karpus der Vorderbeine verhindert zum Beispiel, dass das

Pferd im Stehen entspannt ruhen kann. Verspannungen der Rückenmuskeln bewirken ähnliches – das Pferd kann dann nicht mehr ohne Weiteres den »Blockiermechanismus« seiner Kniescheibe aktivieren, der ihm beim normalen, gesunden Ruhen mit parallelen Vorderbeinen, gesenktem Kopf, angehobenem Rücken, einem belasteten und einem unbelasteten Hinterbein ein Stehen völlig ohne Muskelkraft ermöglicht. Die gesunde Erholung ist gestört.

Wir muten den Pferden viele weitere Stressoren zu, zum Beispiel einen unpassenden Sattel. Das Pferd reagiert hier oft sehr heftig. Es signalisiert uns manchmal, dass es den Sattel auf gar keinen Fall haben möchte, indem es sich nicht mehr einfangen lässt. Der Stressor kann auch unser falscher Sitz sein. Unpassende Gebisse, schmerzende oder störende Zähne, eine unsensible Reiterhand oder ein Reiter, der dem Pferd mehlsackähnlich in den Rücken plumpst – die Reihe ließe sich unbegrenzt fortsetzen.

Genauso kann Stress durch den Wasserschlauch ausgelöst werden, den ich ihm ins Gesicht halte.

Auch das Anbinden oder die Hufbearbeitung können Stressoren sein. Bei all diesen Dingen müssen wir uns eigentlich klarmachen: Wir wollen bei allem, was wir tun, mit dem Pferd arbeiten, nicht am Pferd und schon gar nicht dagegen. Am Pferd zu arbeiten, wäre so, als ob ich es wie einen Gegenstand behandle und zur Bearbeitung in den Schraubstock spanne.

7.2. Bewegungstraining

Oft habe ich in den vergangenen Jahren an den Hufen erkannt, welche Defizite im Pferd vorlagen und konnte entsprechende osteopathische und/oder physiotherapeutische Maßnahmen einleiten, die auch in vielen Fällen effektiv und erfolgreich waren. Häufig stellte ich mir dabei allerdings die Frage: Wie sinnvoll sind solche Behandlungen? Dabei ging mir ein Grundgedanke der Homöopathie durch den Kopf, der auch für viele andere Lebensbereiche gilt: Finde die Ursache!

Der Huf als Zeigeorgan sagte mir, dass Probleme vorlagen. In der Befundung konnte ich diese erkennen. Ich behandelte die Muskulatur und Gelenke. Die Situation besserte sich deutlich. Das Pferd kam aus seiner Schonhaltung heraus. Die Voraussetzungen waren grundsätzlich geschaffen, dass es sich wieder gut und richtig bewegen konnte.

Welcher Sinn liegt jedoch in der Behandlung, das Pferd aus seiner Schonhaltung zu führen, wenn ich die Ursachen, die diese Schonhaltung verursacht haben, weder erkannt noch eliminiert habe? Ich empfinde es als unfair dem Pferd gegenüber, es aus einer Schonhaltung zu befreien und es dann den gleichen Ursachen wieder schutzlos auszuliefern.

In vielen Fällen liegt die Ursache leider in mangelhafter Grundausbildung, in schlechtem oder unzureichendem Training, in Haltungsdefiziten, in Problemen, die vom Reiter ausgehen oder an fehlerhaftem Equipment – kurz in vielen Bereichen, die der Mensch in Ordnung bringen muss, sollte sich dauerhaft etwas bessern.

So wurde ich zum Beispiel einmal zu einem Pferd gerufen, bei dem Probleme im hinteren Rückenbereich und in der Hinterhand vermutet wurden. Die Besitzerin und die Reiterin berichteten beide, dass das Pferd ein- bis zweimal die Woche geritten würde. Die Hufe waren in schlechter Kondition, die Hornwände zeigten im unteren Drittel eine deutliche Verbiegung nach außen. Der untere Teil des Tragrandes war faserig, die weiße Linie zerrissen. Es lag ein Trachtenzwang des weiten Hufes vor. Die Hinterhufe hatten eine kurzgeschliffene Zehe. Das Pferd war extrem schmerzempfindlich auf Berührungen ab der 18. Rippe bis zum Kruppenbereich in Höhe des Hüftbeinhöckers. Das Pferd beantwortete jede Berührung mit heftigem Schweifschlagen. Eine Berührung und ein Anheben der Hinterbeine waren nur möglich, wenn man dem Pferd sehr viel Zeit gab und ihm gestattete, das Bein vorrangig unter anstatt hinter den Körper zu halten. Die Reiterin war ca. 25 Jahre alt, ca. 1,70 m groß und wog ca. 135 Kilo.

Ich hatte im Vorfeld schon gebeten, den Sattel bereitzuhalten. Es handelte sich um einen Westernsattel, der auf den ersten Blick eventuell für das Popöchen der Reiterin passen könnte. Es war aber eher unwahrscheinlich, dass dieser Sattel mit seinen Ausmaßen für das Pferd passen könnte. Wir legten den Sattel auf dem Pferderücken und mussten feststellen, dass der Reitersitz seinen Schwerpunkt im Bereich des 17. Brustwirbels fand. Der volumige Sattel war überdies äußerst stabil und ich musste mich heftig anstrengen, um ihn anzuheben und auf den Pferderücken zu legen.

Ich glaube, Sie werden schon verstanden haben, in welche Richtung die weiteren Ausführungen gehen werden. Dass in diesem Fall das Equipment zu passen hat, ist, denke ich, unbestritten. Die Frage, ob eine junge Frau mit 135 Kilo Körpergewicht reiten sollte, möchte ich gar nicht zum Gegenstand der Diskussion machen. Unbestritten ist aber die Tatsache, dass das hier vorzufindende Problem nicht mit einer Behandlung der Muskulatur, osteopathischen Griffen oder einer guten Bearbeitung der Hufe behoben werden konnte. Die Ursache musste bekämpft werden. Eine schwere, kräftige Reiterin kann von einem Pferd sicherlich getragen werden. Dazu muss das Pferd allerdings in einem sehr guten Trainingszustand sein und gelernt haben, das Reitergewicht »richtig« zu tragen. Die Zeit der Nutzung des Pferderücken muss in einem gesunden Verhältnis zum Trainingszustand sein. In diesem Fall war der Trainingszustand so, dass das Pferd definitiv nicht reitbar war.

Wir überlegten uns also gemeinsam einen Trainingsplan für die nächsten Wochen. Das Training bestand aus Komponenten der Bodenarbeit, wie ich sie in den nächsten Abschnitten beschreiben werde. Die junge Frau führte dieses Trainingsprogramm sehr intensiv durch. Drei Wochen nach unserem ersten Termin kam ich zu ihr und wollte mir den Fortschritt in der Arbeit ansehen. Als ich aus dem Auto stieg, kam sie strahlend auf mich zu. Wenn Menschen strahlend lachend auf mich zukommen, macht mir das immer gute Laune. So auch hier. Ich fragte, wie es in den letzten drei Wochen geklappt hätte, und ob sie glaube, dass die Arbeit schon einen Erfolg zeigte? Sie guckte mich mit glücklichen Augen an und sagte, super, ich habe schon vier Kilo abgenommen!

Diese Geschichte ist mittlerweile schon einige Monate her, die beiden haben fleißig trainiert und gearbeitet, das Mädel ist immer noch übergewichtig, aber hat einen in der Auflage kürzeren Sattel mit dem Schwerpunkt weiter vorn beschafft. Das Pferd ist mittlerweile sehr gut trainiert und kann seine Reiterin auf kurzen Strecken und über kurze Zeit völlig gefahrlos für die eigene Gesundheit tragen. Der Zug von Reiter und Pferd ist in der Spur und fährt in die richtige Richtung. Ich bin sicher, sollte die Motivation anhalten, werden sie das Ziel, in Zukunft gemeinsam Wanderritte zu unternehmen, erreichen können.

Das in diesem Fall verordnete Bodenarbeitsprogramm bestand aus folgenden Elementen:

7.2.1. Arbeit am langen Zügel

Sie kennen das Training am langen Zügel gewiss von der Wiener Hofreitschule und verbinden vielleicht diese Art der Arbeit mit der Hohen Schule und mit einer weit fortgeschrittenen Stufe der Ausbildung. Das soll es bei mir gar nicht sein.

oben: Die Arbeit am langen Zügel fördert gegenseitiges Vertrauen: Sie müssen direkt hinter dem Pferd stehen.

unten: In der Arbeit am langen Zügel geht es mir vorrangig nicht um Lektionen, sondern um Kommunikation und Vertrauen. Beide lernen, aufeinander zu achten.

Ich glaube, dass ein Aspekt der Arbeit am langen Zügel unterschwellig zwar immer dabei ist, von vielen Ausbildern aber falsch eingeordnet oder sogar falsch bewertet wird.
Die Arbeit mit dem langen Zügel, bei der ich als Mensch direkt hinter oder neben den Hinterbeinen des Pferdes laufe, ist eine vorzügliche Möglichkeit, ein wunderbares Team aus Mensch und Pferd zu generieren und zu trainieren. Warum ist mir das so wichtig?
Wir haben an anderer Stelle schon intensiv über den Stress gesprochen, den ein Pferd während der Arbeit mit den Menschen haben kann. Das Pferd registriert Anspannungen des Menschen und beantwortet diese. Ein entspanntes Arbeiten ist nur mit einem entspannten Geist des Menschen möglich.
Wenn nun einer der Leser bei sich denkt, dass er sich nicht traut, bei seinem Pferd unmittelbar an den Hinterbeinen zu laufen, das ist mir viel zu gefährlich, dann sollte dieser Reiter oder Pferdebesitzer grundlegend über sein Verhältnis zu seinem Pferd nachdenken.
Wenn ich meinem Pferd nicht so weit vertraue und brenzlige Situationen, in die jedes Pferd zu jeder Zeit kommen kann, nicht im Vorfeld zu erkennen vermag, dann ist die Frage, ob ich allein und selbstständig mit meinem Pferd im Gelände reiten sollte.
Die Arbeit am langen Zügel sieht im praktischen Ablauf folgendermaßen aus:
Wichtige Voraussetzung ist ein rundherum abgegrenzter Arbeitsplatz, im Idealfall kein Roundpen, sondern ein viereckiger Platz. Improvisiert geht es

Wenn Sie selbst latschen, wird es auch das Pferd tun – selbst, wenn Sie hinter ihm gehen. Ihre Körperspannung überträgt sich.

auch auf einen Feldweg, nur müsste hier zwingend ein Helfer dabei sein.

Auf dem abgeschlossenen Reitplatz arbeite ich mit dem Kappzaum. Wenngleich es aktuell von der Industrie auch ein Angebot an speziell gefertigten Langzügeln gibt, verwende ich hierfür Schlaufzügel. Diese haben die richtige Länge und sind sehr erschwinglich. Ich selbst verwende außer einer Gerte kein weiteres Equipment, wobei es durchaus möglich ist, den Zügel zusätzlich durch einen Longiergurt zu führen.

Nach meiner Erfahrung versteht ein gerittenes Pferd die Arbeit mit dem langen Zügel innerhalb von wenigen Minuten.

Was möchte ich anfänglich vom Pferd? Ich möchte, dass es frei nach vorne losläuft, und dies alleine über ein Stimmkommando oder ein kleines Gertensignal, das ich hinter oder seitlich neben dem Pferd stehend gebe. Bei den meisten Pferden brauche ich in der ersten Situation einen Helfer, der am Kopf assistiert, um das Pferd in Bewegung zu bringen. In den meisten Fällen reicht es aus, dass das Pferd startet und danach kann der Helfer sich schon vom Pferd entfernen. Sollte sich das Pferd nach wenigen Metern zu mir umdrehen und mich anschauen, so ist dies keine Katastrophe, sondern ein Zeichen, dass es mich sehr wohl als Mitarbeiter oder Helfer erkennt mich nun fragt, was es tun soll, mich also als Mitglied der Arbeitsgruppe wahrgenommen hat. Dieses Verhalten ist also nichts Negatives, sondern ein Zeichen dafür, dass meine Fähigkeit, dem Pferd mitzuteilen, was

Da ich nicht mehr ganz jung bin, gehe ich auch hier leider nicht perfekt aufrecht – aber meine gesteigerte Energie wird dennoch vom Pferd gespiegelt.

ich jetzt aktuell von ihm möchte, verbesserungswürdig ist.
Beim zweiten Versuch gelingt es meistens vorzüglich. Ich bewege mich mit dem Pferd, an der Innenseite der Hinterbeine laufend, und kann in dieser Situation wunderschön beobachten, wie das Pferd mit seinen Augen und Ohren sehr aufmerksam fragt was es jetzt tun soll. Ich finde es immer wieder ganz toll, zu beobachten, wie schnell die Pferde mit ihren Hinterbeinen den Gleichschritt zu meinem Schritt suchen. Dieses Spiegeln meiner Bewegung stellt in der Arbeit mit Pferden eine Herausforderung dar, birgt aber auch immense Chancen. Wenn das Pferd so schnell meine Bewegung spiegelt, so muss mir bewusst sein, dass die Art und Weise, wie ich mich bewege, ein wichtiges Steuerungselement ist.

Wenn ich schlurfe und latsche, kann ich vom Pferd Ähnliches erwarten, wenn ich mich aber bemühe, mich wie ein begnadeter Tänzer mit ausreichender Energie neben dem Pferd zu bewegen, kann ich erreichen, dass das Pferd versucht, unter den Schwerpunkt zu treten und mit guter Aufrichtung vor mir herzulaufen, weil es meine Energie aufnimmt.
Da es mir bei diesem Ausbildungsschritt in erster Linie um eine vertrauensbildende Maßnahme geht und ich möchte, dass in jeder weiteren Arbeit nicht nur das Pferd, sondern auch Sie entspannt und souverän sind, können Sie diese unterschiedlichen Arten, sich zu bewegen, durchaus immer wieder variieren und beobachten, wie das Pferd auf Sie und auf Ihre Bewegung reagiert.

Für ein untrainiertes Pferd ist es zuweilen anstrengend, unter den Schwerpunkt zu treten, den Rücken aufzuwölben, den Hals hoch zu tragen und das Genick als höchsten Punkt zu positionieren. Das Pferd wird Ihnen die Ermüdung signalisieren, indem es die energieintensive Form der Bewegung einstellt. Versuchen Sie zu verstehen, was das Pferd Ihnen sagen möchte. Dies ist eine wunderbare Chance, dass das Pferd Sie als Gesprächspartner wahrzunehmen beginnt. Ich habe es sehr häufig erlebt, dass Pferde völlig begeistert sind, wenn sie registrieren, dass ihr Mensch ihnen zuhört.
Für den Handwechsel, der am leichtesten ein Wechsel durch die ganze Bahn ist, leiten Sie das Pferd in Richtung Wendepunkt der anderen Seite und wechseln Ihre Position in der Mitte des Reitplatzes. Dabei müssen Sie die Hände anheben und auf die andere Seite des Pferdes gehen. Sie werden feststellen, dass der Gleichschritt, den Sie mit dem Pferd haben, eine wichtige Voraussetzung ist, um diesen Positionswechsel durchführen zu können, ohne zu stolpern.

Achten Sie darauf, dass Sie auf beiden Händen gleich viel arbeiten. Merken Sie sich die Zahl der Minuten und Runden, die Sie auf beiden Händen verbringen.

Die nächste Lektion ist das ruhige Anhalten.
Zum Anhalten des Pferdes begeben Sie sich in der Bewegung zentral hinter das Pferd und geben eine leichte halbe Parade zum Stehen. Im Idealfall bleibt Ihr Pferd geschlossen stehen. Auch hier gilt: Wenn Sie merken, dass Ihr Pferd gerne weiterlaufen möchte, versuchen Sie zu verstehen, warum es das möchte. Ist die Stelle, an der Sie gerade zu halten wünschen, dem Pferd nicht angenehm, fühlt es sich an dieser Stelle nicht wohl? Zeigen

Sie Ihrem Pferd immer wieder, dass Sie Verständnis für seine Befindlichkeit haben.
Erinnern wir uns immer wieder daran, warum wir ursprünglich einmal angefangen haben, mit Pferden zu arbeiten. Ich glaube mit wenigen Ausnahmen haben wir alle damit angefangen, weil wir Pferde toll fanden, weil wir Pferde gemocht haben und hoffentlich immer noch mögen.

Unterlassen Sie sämtliche Grobheiten – Sie mögen Pferde! Offenes und dem Partner zugewandtes Verhalten führt immer zu Entspannung. Bei der Arbeit am langen Zügel haben Sie eine wunderbare Möglichkeit, mit Ihrem Pferd in Kommunikation zu treten. Sie haben nichts anderes in der Hand als einen langen Zügel, der vorne in zwei Ringen des Kappzaums hängt. Sie sind auf die Kooperation Ihres Pferdes angewiesen und es müsste Ihnen klar sein, dass Befehlen Sie nicht weiterbringt, dass aber Bitten der Weg zum Erfolg ist.

Und das ist der Weg zum Glück mit dem Pferd.

Steht Ihr Pferd nun, ist die nächste Lektion, die hinsichtlich unserer Zielsetzung sinnvoll ist, das Rückwärtsrichten. Rückwärtsrichten ist auch in der Ausbildung an der Hand für das Pferd immer wieder eine Herausforderung. Am langen Zügel kann ich das Pferd jedoch viel besser motivieren, ein paar Schritte zurückzugehen als unter dem Reiter. Und von unten kann ich besser beobachten, wie und in welcher Weise es diese Rückwärtsbewegung ausführt.

Entsprechend ist die Folge der Lektionen Anhalten – Rückwärtsrichten – Losgehen – Handwechsel – Anhalten – Rückwärts – Losgehen ein wunderbares Element der Ausbildung und der Vertrauensbildung.
Sehr schnell wird es Ihnen Spaß machen, am langen Zügel zu arbeiten und sehr schnell werden Sie auch feststellen, dass man dieselben Lektionen auch im Trab durchführen kann. Die Trabarbeit ist eine tolle Geschichte, wenn Sie selbst weiter im Schritt gehen. Das Pferd kann dann nämlich nur traben, wenn es sich verkürzt und mit gewinkelten Hanken unter den Schwerpunkt tritt. Dieses Last-Aufnehmen und aktive Vortreten mit den Hinterbeinen führt dazu, dass der Rücken als Ergebnis des korrekten Abkippens des Beckens nach oben kommt. Damit hat diese versammelnde Lektion einen hohen Wert in der Gymnastikarbeit des Pferdes. Der Rücken wird gedehnt, die Bauchmuskulatur angespannt.

Wenn Sie nach einiger Zeit Spaß gefunden haben, so werden Sie sicherlich Fortbildungen in der Arbeit am langen Zügel machen wollen. Und ich sage Ihnen – es lohnt sich!

7.2.2. Equikinetik

Die Equikinetik ist ein vorzügliches Instrument des Pferdetrainings, das in vielen Fällen sinnvoll und notwendig ist.

Ich möchte kurz erklären, was die wesentlichen Elemente der Equikinetik sind, aber gleichwohl darauf hinweisen, dass die eine oder andere Trainerstunde bei einem auf Equikinetik spezialisierten Trainer durchaus förderlich sein kann.

Equikinetik ist im Grunde ein Zirkeltraining für Pferde. Ich erinnere mich an meine eigene sportliche Vergangenheit nur zu gut. Obwohl ich mit meinem Verstand wahrgenommen habe, dass mein Trainer mir sagte, wie effektiv Zirkeltraining für alle meine Muskeln, meine Kondition, meine Koordination und alles, was ich in meinem Sport brauchte, doch sein würde, so fand ich es – mit Verlaub – ätzend!

Bei jeder Maßnahme, die ich mit dem Pferd durchführe, habe ich das Auge des Pferdes im Kopf (Auge ist in diesem Fall das Synonym für alle Elemente des Pferdes, die mir etwas über seinen aktuellen Gemütszustand sagen). Ich jedenfalls hatte, wurde mir oben etwas von Zirkeltraining erzählt, eine durchaus längere Gesichtsform.
Diese Gefahr der Equikinetik, das Pferd werde sie langweilig finden und unmotiviert sein, muss man bei allem Tun im Hinterkopf behalten. Ihre eigene Motivation und Ihr Engagement müssen ansteckend auf das Pferd wirken (ein Beispiel hierzu folgt später).

Dieses Zirkeltraining für Pferde basiert auf einem Zeitsystem und der planvoll durchgeführten Anzahl von Lektionen auf beiden Händen, sodass ein gleichmäßiges Training des gesamten Körpers durchgeführt wird, ohne eine Hand zu bevorzugen oder die andere zu vernachlässigen.

Geitner, der »Erfinder« der Equikinetik, startet seine Arbeit mit der Frage: Wer führt wen? Wenn ich mit meinem Pferd arbeiten möchte und das Pferd von der Arbeit profitieren soll, dann sollte für die Zeit des Trainings klargestellt werden, dass ich für den begrenzten Zeitraum der nächsten halben Stunde Anweisungen gebe, Hilfen in der Bewegung erteile, und wünsche, dass das Pferd sich bemüht, diese auszuführen. Dies mache ich mit der Frage oder besser mit der Beantwortung der Frage »Wer führt wen« von Anfang an klar. Ich schicke das Pferd, warte, dass es mit der Bewegung beginnt, bevor ich selbst losgehe und leite es. Achtung: Das ist kein Widerspruch zu dem, was ich eben beim Thema Langzügel zum »Bitten statt Befehlen« gesagt habe: »Wer bewegt wen« hat nichts mit »Ich scheuche mein Pferd willkürlich herum«, wie es oft missverstanden wird. Sie können stark führen und trotzdem auf die Befindlichkeiten Ihres Pferdes eingehen, wie ein gut führender Herr beim Tanzen seine Dame führt. Er führt, aber er wirft sie nicht grob herum. Und komplizierte Drehungen gelingen erst, nachdem man die Grundfiguren lange und langsam genug geübt hat.

Wichtig ist, dass Sie selbst eine klare Vorstellung davon haben, was Sie wollen und diese dem Pferd klar, aber nicht grob vermitteln. Bei Widerständen: Halten Sie inne, überlegen, was den Widerstand hervorgerufen haben könnte und starten Sie dann neu – an einer anderen Stelle, mit einer veränderten Körperhaltung oder -spannung Ihrerseits oder auf einem einfacheren Niveau (Schritt statt Trab, Gassen weiter gelegt o.ä.).

Equikinetik wird in sogenannten Dualgassen in einer Quadratvolte durchgeführt. Die Dualgassen sind aus blauen bzw. gelben, mit Schaumstoff gefüllten Schläuchen gefertigt. Blau und Gelb sind für das Pferd gut identifizierbare Farben. Das Material ist so gewählt, damit die auf den Boden gelegten Barrieren in keinem Fall zu einer Unfallgefahr werden, wenn das Pferd einmal darauf tritt (was anfangs eigentlich immer passiert). Die Dualgassen sind drei Meter lang und die innere Gasse wird im Abstand von sechs Metern gelegt. Zwischen der inneren und äußeren Gasse wird der Abstand je nach der Größe und dem Format des Pferdes gelegt. Etwa 1,20 m Abstand von der inneren zur äußeren Gasse gilt normalerweise als ausreichend.

Quadratvolte heißt es, weil hier eine quadratische Form gelegt wird. Nach der Arbeit aber wird auf dem Sandplatz sichtbar, dass das Pferd eher eine kreisrunde Bewegung ausgeführt hat. Die sichtbare Barriere macht es dem Pferd leicht, gleichmäßig auf der Kreisbahn zu bleiben. Ich arbeite auf der linken und auf der rechten Hand gleich häufig.

Die Quadratvolte

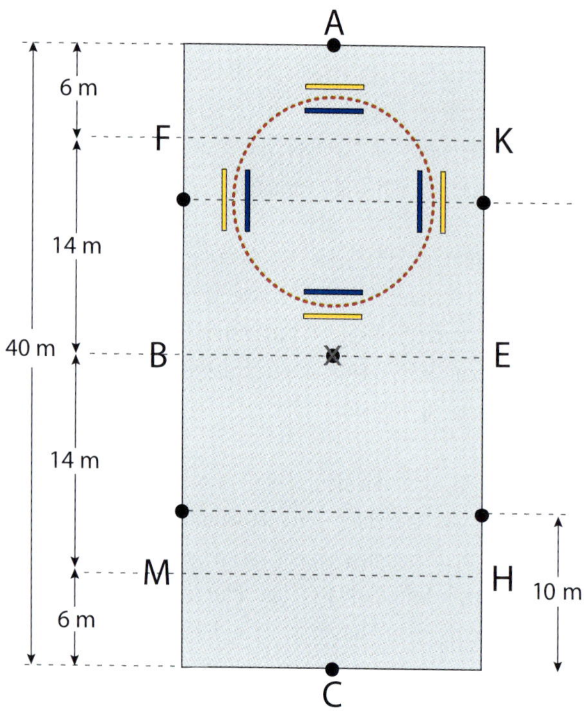

Das Pferd wird mit einem Kappzaum (Geitner empfiehlt hier einen weichen Kappzaum) ausgestattet. Wichtig ist, dass das Kopfstück gut passt. Es muss richtig positioniert sein und so stramm sitzen, dass ich über die Longe Kontakt zum Pferd halten kann und bei der Einhaltung der abgefragten Stellung helfe.

Ich arbeite das Pferd in der Quadratvolte mit leichter Stellung zu mir hin. In der minimal abgefragten Stellung sollte sich das innere Auge auf das innere Buggelenk ausrichten, in der maximalen das äußere Auge auf das innere Buggelenk. Die Stellung ist die Voraussetzung für die Biegung. Indem ich diese Stellungen in einem vorgegebenen Zeitfenster abfrage, helfe ich dem Pferd, geschmeidig zu werden. Durch Außendehnung und Innenkräftigung werden beide Körperhälften gleich viel beansprucht. Ich kräftige die Muskulatur, da die Stellung und Biegung eine Lastaufnahme des jeweiligen inneren Hinterbeines bedingt erfordert. Das Zeitfenster, in dem dieses Zirkeltraining durchgeführt wird, ist nach den Maßstäben eines Anfängertrainings zu gestalten. Ich empfehle anfänglich zehn Einheiten à einer Minute und mit jeweils 45 Sekunden Pause dazwischen. Dies kann nach »Absprache« mit dem Pferd (bei fortschreitendem Trainingserfolg) auf bis zu zwölf Trainingseinheiten à anderthalb Minuten mit jeweiliger Pause von einer Minute gesteigert werden.

Wichtig für die Arbeit ist das richtige Arbeitstempo. Pferde sind von Haus aus Bewegungstiere. Alle Lebewesen, die sich oft und viel bewegen (müssen), tun dies selbstverständlich sinnvollerweise in einer möglichst effizienten, das heißt energieschonenden Art und Weise. Bei unserer

Hufpflege Reiten Gesundheit

Nutzen der Equikinetik für die Hufgesundheit

- *Aufbau gleichmäßiger Bemuskelung ohne störendes Reitergewicht*
- *Bereitet das Pferd ideal aufs Reiten vor – Erlernen einer physiologischen Bewegung zum schadlosen Tragen des Reitergewichts*
- *Fördert das Geraderichten, Unter-den-Schwerpunkt-Treten und die Balance des Pferdes und führt damit zur gleichmäßigeren und physiologischen Hufbelastung > führt im Endeffekt zu besseren Hufen!*

Arbeit möchten wir das Pferd aber trainieren, das heißt wir werden ihm nicht gestatten, Kräfte schonend zu laufen. Effizientes Training beinhaltet bisweilen auch Anstrengung und ein Verlassen der Komfortzone.

Die Effizienz der Pferdebewegung besteht im sogenannten »Dehnungsverkürzungszyklus« der Muskeln und des Sehnenapparates. Dies ist eigentlich recht einfach zu verstehen: Bei jedem Auffußen werden die Muskulatur und der Sehnenapparat geringgradig gespannt. Beim nächsten Abfußen wird diese gespeicherte Energie abgegeben und für die weitere Vorwärtsbewegung genutzt – das reduziert die Muskelarbeit, die zu leisten ist, um das Pferd weiterhin vorwärts zu bewegen, deutlich. Von sich aus wird das Pferd in Schritt und Trab ein Tempo wählen, in dem das Verhältnis von eingesetzter Muskelarbeit und Ausnutzen dieses Dehnungsverkürzungszyklus optimal ist. Wir möchten im Training allerdings ein Tempo finden, bei dem maximal viel Muskelkraft und Muskelarbeit eingesetzt werden kann, damit der Trainingseffekt sich verstärkt. Das bedeutet für die Arbeit in der Equikinetic, dass das Pferd im Schritt etwas über und im Trab etwas unter dem Wohlfühltempo arbeitet. Dazu müssen Sie zuerst einmal herausfinden, wo das Wohlfühltempo Ihres Pferdes im Schritt und Trab liegt. Dies darf gerne ein oder zwei Trainings-einheiten dauern. Bei der ersten und zweiten Trainingseinheit ist es durchaus sinnvoll, vier Einheiten im Schritt und sechs Einheiten im Trab zu arbeiten, um sein Pferd in seinem Verhalten in dieser neuen Disziplin kennenzulernen. Wenn Sie das Wohlfühltempo Ihres Pferdes gefunden haben, können Sie von dort aus nach »schneller« (im Schritt) und nach »langsamer« (im Trab) variieren.

Hat das Pferd verstanden, dass Sie der Trainer sind und über die Art und Weise der heute geforderten Tempi und Bewegungsmodi Anweisung geben, wird es Ihnen leicht gelingen, es in das entsprechende Tempo zu bringen.

Hier ist die Position, die Sie in Relation zum Pferd einnehmen, von entscheidender Bedeutung. Eine neutrale Position nehmen Sie ein, wenn Sie genau in Höhe des Schulterblatts des Pferdes sind. Möchten Sie das Pferd beschleunigen, bleiben Sie hinter der Schulter, möchten Sie es bremsen, nehmen Sie eine Position etwas vor der Schulter ein.

Der Mensch bestimmt mit seiner Schulterposition Tempo, Stellung und Biegung des Pferdes.

Auch die Position Ihrer eigenen Schulter ist von großer Bedeutung. Sie bewegen sich dicht am Pferd, die Länge der Longe / des Führzügels sollte etwa 1,00 m bis 1,20 m betragen. Ihre eigene Schulterposition ist senkrecht zur Tangente des vom Pferd gelaufenen Kreises. (Das hört sich kompliziert an, ist es aber nicht. Von oben betrachtet soll Ihre Schulterlinie parallel zur Schulterlinie des Pferdes verlaufen.)

Bringen Sie Ihre innere Schulter leicht nach vorne, wird das Pferd bremsen; nehmen Sie sie sie etwas zurück, wird das Pferd beschleunigen. Pferde haben ein unglaublich feines Gespür für kleinste Körperbewegungen und Muskelspannungen des Menschen – ich möchte sogar behaupten, sie registrieren schon den Gedanken an eine Muskelbewegung, die von uns geplant sein könnte. Leider sind sich viele Menschen dessen nicht bewusst und senden dem Pferd andauernd missverständliche und widersprüchliche Signale – Sie sagen mit Gerte, Schenkel und/oder Stimme »Vorwärts!«, aber mit dem Körper »Halt!«. Mit dem Ergebnis, dass die Pferde sich im schlechtesten Fall widersetzen oder im besten Fall einfach ignorieren, was der Mensch da so treibt. Die Equikinetik ist genau wie die Langzügelarbeit ein toller Weg, um sich selbst in einer feinen und

So sollte es nicht sein: Mangelnde Körperspannung und falsche Position zum Pferd.

Korrekte Position zum Pferd. Pferde registrieren unsere Körpersprache sehr fein.

bewussten Kommunikation zu schulen! Und sie hat gegenüber der zweifellos gymnastisch für das Pferd ebenso wertvollen »klassischen« Arbeit an der Hand, mit der man sich reiterlos Seitengänge und Versammlung bis hin zur Piaffe erarbeiten kann, einen entscheidenden Vorteil: Sie ist für den Menschen einfach und für jedermann erlernbar. Sie können dabei nichts falsch machen – bei falscher »klassischer Handarbeit« aber durchaus. Und nicht jeder hat das Glück, einen Lehrer zu finden, bei dem er die korrekte klassische Handarbeit wirklich von Grund auf lernen kann.

Apropos fein: Wenn ich sage, dass Sie Ihre Position zur Schulter des Pferdes verändern sollen, so sind damit nicht viele Zentimeter, sondern wenige Millimeter gemeint. Für einen Außenstehenden ist die Veränderung Ihrer Position zum Pferd kaum wahrnehmbar.
Meine Art, Equikinetik zu betreiben, beinhaltet ein großes Maß an eigener Präsenz: Versuchen Sie, sich mit angehobenem Brustbein und hoher Körperspannung zu bewegen und beim Gehen von der Ferse bis zur Fußspitze abzurollen. »Schreiten« Sie!
Sie können nicht erwarten, dass das Pferd sich in schöner Selbsthaltung trägt und sein Hinterbein deutlich engagiert, wenn Sie selbst schlurfen wie ein Schüler nach der Pause auf dem Weg zurück ins Klassenzimmer. So sah ich einmal einem Herrn zu, der mit seinem Pferd Equikinetik trainierte: Er lief mit langer Longe, leicht nach vorne gebeugt, die innere Schulter weit nach vorne gestreckt und mit der äußeren Hand andauernd die Gerte zur Motivation des Pferdes im Schritt einsetzend. Das ist nicht, was wir sehen möchten! Engagieren Sie sich! Zum Tanzen gehören zwei – und dazu Aufmerksamkeit und Energie!

Apropos Gerte: Gerteneinsatz ist in der Equikinetik sinnvoll und hilfreich. Ist Ihre Körpersprache einmal nicht unmissverständlich, hilft die Gerte Ihnen, das Pferd auf Distanz bzw. in den Gassen zu halten und an die Notwendigkeit der Biegung zu erinnern. In leichter Abwandlung bzw. Ergänzung von Geitners Grundidee der Equikinetik lege ich nicht nur sehr großen Wert auf die Art und Weise, wie ich mich als Mensch bewege und auf die daraus resultierende Verantwortung für die Bewegung des Pferdes, ich setze auch die Gerte sehr gezielt ein. Ich nutze zum Beispiel den Knauf der Gerte immer wieder zum Berühren von Punkten auf der zentralen Bauchlinie und motiviere damit das Pferd, die Bauchmuskulatur anzuspannen, den Rücken aufzuwölben und Last mit dem jeweils inneren Hinterbein aufzunehmen.

Diese Art der Arbeit schult das Pferd ungemein, trainiert aber auch den Menschen. Und das muss ein Ziel aller Arbeit sein. Genauso wie ich die Arbeit am langen Zügel als ein wichtiges Element der Teambildung und des gegenseitigen Vertrauens empfinde, geht es hier um Trainingseffekte nicht nur fürs Pferd, sondern auch für den Menschen.

Am Ende der Trainingseinheit hole ich das Pferd in die Mitte der Quadratvolte, um dort die Pause zu machen. Dabei versuche ich weiterhin, ihm die Art der Bewegung vorzugeben. Während es also in die Mitte tritt, wechsle ich die Hand, lasse es an mir vorbeigehen und gönne ihm seine Pause. Ob das Pferd während der Pause steht oder sich bewegt, überlasse ich ganz ihm. Nach Abschluss der Pause wird auf der anderen Hand weitergearbeitet.
Um zeitgenau arbeiten zu können, benötigen Sie einen Timer. Sie können dafür Ihre Uhr, Ihr Handy bzw. eine Trainingsapp oder ein spezielles Trainingstimergerät nutzen. Wichtig ist, dass Sie auf beiden Händen gleich lang arbeiten und die Pausenzeiten einhalten. Die innere Uhr des

Pferdes arbeitet sehr genau: Sie werden feststellen, dass es nach kurzer Zeit die Anzahl der Wiederholungen kennt und genau weiß, wann die Arbeit vorbei ist und die Pause beginnt. Genauso weiß es, wann der Arbeitsabschnitt insgesamt vorbei ist. Clevere Pferde werden die Arbeit schon wenige Sekunden vor Ablauf der Uhr beenden wollen. Hier sollten Sie konsequent sein und das nicht zulassen.

Training besteht immer aus den Elementen Arbeit und Pause. Die Muskeln wachsen in der Pause, nicht während des Trainings. Man darf nicht unterschätzen, wie anstrengend eine Trainingseinheit in Equikinetik ist. Auch wenn sie wenig Zeit in Anspruch nimmt, so muss das Pferd nach Abschluss der Trainingseinheit Pause bekommen. Ich werde oft gefragt, ob das Pferd am Nachmittag geritten werden kann, wenn vormittags Equikinetik trainiert wurde: Nein! Nach einer Trainingseinheit sollte mindestens ein Tag Pause erfolgen. Am nächsten Tag ist gegen eine leichte, lockere Bewegung nichts einzuwenden. Leicht und locker heißt nicht Dressurarbeit auf dem Platz! Eine halbe oder dreiviertel Stunde Geländereiten ist dagegen für die Psyche des Pferdes sicherlich immer zuträglich. Nach einem sehr intensiven Equikinetik-Training ist es sinnvoll, auch einmal zwei Tage Ruhepause zu machen, wenn Sie einen der Pausentage für geistige Arbeit und intellektuelle Herausforderung für das Pferd nutzen.

Bei konsequenter Durchführung dieser Arbeit sind oft schon nach fünf oder sechs Wochen deutliche Erfolge und Veränderungen am Pferd feststellbar. Objektiv feststellbar!

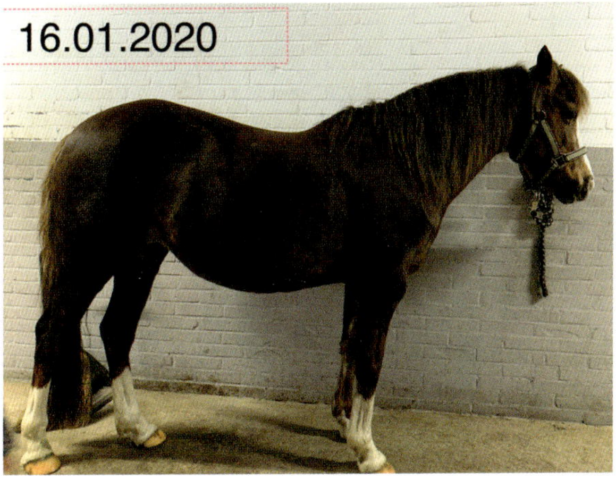

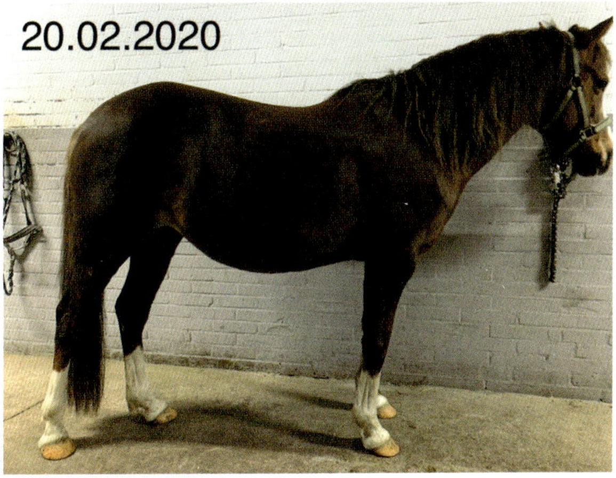

Trainingserfolg durch Equikinetik nach rund vier Wochen.

Weil es mir wichtig ist, erwähne ich es hier nochmals: Ich sagte bereits, dass diese Art des Trainings für manches Pferd »ätzend« sein kann. Es ist Ihre Aufgabe, mit gutem Beispiel voranzugehen. Ihre eigene Aufrichtung und Ausrichtung, Ihre eigene Motivation überträgt sich aufs Pferd, wenn Ihre Beziehung zueinander gut ist. Pferde und ihre Menschen »ticken« oft ähnlich. Kommt

ein Mensch in den Raum, der herzlich lacht, wird es viele Menschen in dem Raum anstecken und sie werden ebenfalls gut gelaunt sein. Gehen Sie ins Büro und treffen dort nur lauter völlig unmotivierte und lustlose Menschen, fällt es Ihnen schwer, selbst motiviert und freudig zu arbeiten. Anders ist es, wenn Sie in einen Raum mit motivierten und engagierten Menschen kommen. Sich hier anzuschließen ist leicht.
Genauso ist es bei der Arbeit mit Ihrem Pferd. Sollten Sie keine Lust auf eine solche Arbeit haben, aber glauben, sie machen zu müssen, lassen Sie es bleiben. Suchen Sie sich eine Alternative, die Ihnen mehr liegt, machen Sie etwas anderes.

An dieser Stelle noch ein paar Worte zur Belohnung im Training: Ein Leckerli, eine Belohnung, eine Streicheleinheit an der richtigen Stelle sind unverzichtbar. Meine Zuwendung löst ein Belohnungs-Reaktions-Muster beim Pferd aus, es kommt zur Dopaminausschüttung und ein Regelkreis ist gestartet, der für die weitere Arbeit wichtig ist. Aber Achtung: Eine Belohnung ist etwas Besonderes und nicht ein turnusmäßig alle fünf Sekunden hineingeschobenes Leckerli. Eine solche Überflutung führt dazu, dass die Dopaminausschüttung abnimmt, der gewünschte Effekt tritt nicht mehr ein.

Dies ist in der Biologie bekannt und unter anderem der Grund dafür, warum man z.B. im Clickertraining recht bald von »regelmäßiger Bestärkung« bei Erlernen eines neuen Verhaltens zu »variabler Verstärkung« zur Festigung und Beibehaltung eines Verhaltens wechseln soll. Belohnt man immer und ständig, nutzt sich der Effekt ab. Man spricht dann von der Notwendigkeit einer so genannten »Dopamin-Diät« – der bewusste Verzicht auf Leckerli in einem begrenzten Zeitraum steigert die Effektivität der Belohnung wieder.

7.2.3. Rückentraining nach Rau

Keine Sorge, ich möchte Ihnen jetzt kein neues Halfter verkaufen. Sie bekommen von mir auch keinen speziellen Stock, keine Gerte und kein Rückentrainingsgebiss nach Rau. Sie bekommen von mir nicht einmal etwas Neues geboten! Alles, was ich hier aufschreibe, werden Sie in alter Literatur vielfach lesen können. Aber es ist doch heute Mode, sich mit fremden Federn zu schmücken ... Das tun doch alle. Das will ich nun auch tun! Darum nun das Rückentraining nach Rau.
Dass der Rücken einer der größten Schwachpunkte des Pferdes ist, ist denke ich, klar, denn er ist von Natur aus nicht zum Tragen eines Reiters konstruiert.

Bei meinem Rückentraining kann man mit dem Kappzaum arbeiten, aber auch, je nach Pferdetyp, mit der Trense. Die Zügel werden mit der inneren Hand geführt, mit der äußeren Hand führe ich meine Gerte. Ich begleite das Pferd auf der langen Seite und bleibe während der gesamten Arbeit auf dem Hufschlag. Die Gerte nutze ich zum turnusmäßigen Touchieren der Reflexpunkte am Bauch, um das Pferd immer wieder zu motivieren, seinen Rücken aufzuwölben.

Diese Arbeit wechsle ich mit der Arbeit am langen Zügel ab. Man erreicht damit hervorragende Ergebnisse und hat gegenüber der Equikinetik den Vorteil, dass die Aufmerksamkeit von stürmischen Pferden einfacher bei einem gehalten werden

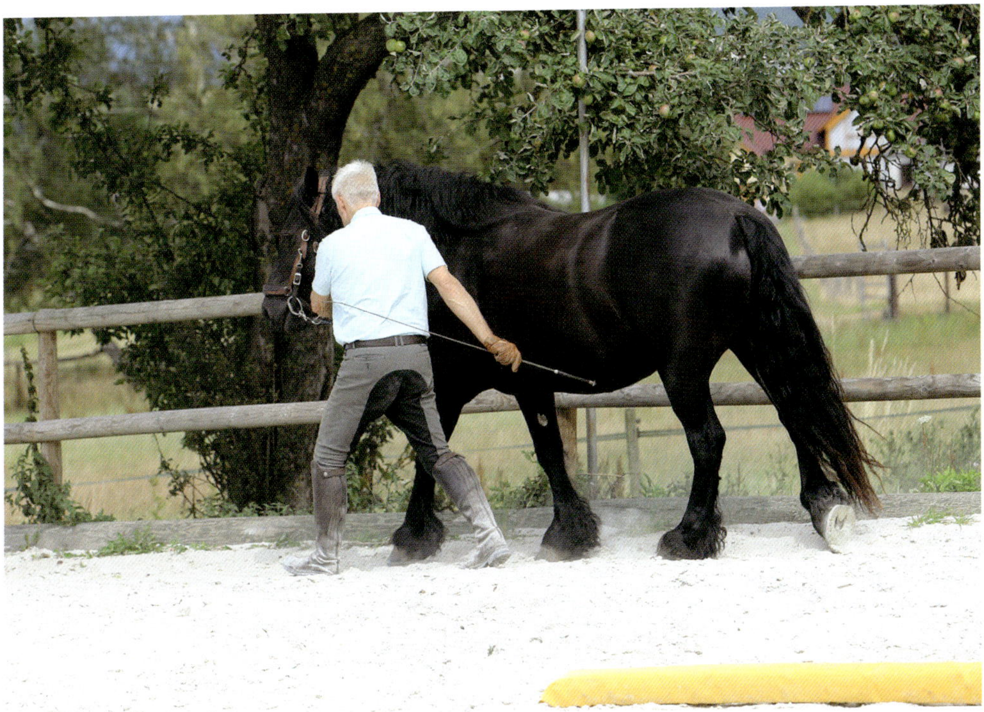

Ich erinnere das Pferd durch Antouchieren mit dem Gertenknauf immer wieder daran, den Rücken aufzuwölben.

kann. Diese Arbeit ist geeignet, das Tier wunderbar auf den Menschen zu konzentrieren und mit ihm gemeinsam zu arbeiten. Man ist viel besser in der Lage, zu registrieren, wo die Grenzen von Kraft und Aufmerksamkeit sind und wann das Pferd einfach nicht mehr mitarbeiten kann. Gestalten Sie das Zeitfenster Ihrer Arbeit variabel. Ich möchte das Pferd fordern und fördern, aber auf keinen Fall überfordern. Überforderung wird immer zur Widersetzlichkeit führen. Ich möchte aber keinen Kampf provozieren, sondern in einem kooperativen Miteinander arbeiten. Nicht vergessen: Das Pferd ist Ihr Freund!

Die drei beschriebenen Trainingselemente, über einen Zeitraum von 6–12 Wochen intensiv abgewechselt, sehe ich als wunderbare Voraussetzung dafür, das Pferd in einen muskulär ausgeglichenen und kraftvollen Zustand zu führen, in dem es schadlos den Reiter tragen kann. Beim Training ist es leider so, dass einmalige Aktionen nicht erfolgreich sind. Es bedarf der regelmäßigen Wiederholung und Übung. Aber mit diesem Trainingsrepertoire sollte jeder in der Lage sein, sein Pferd in einem Trainingszustand zu erhalten, mit dem es schadlos einen Reiter tragen kann. Das ist mein Ziel.

Ich finde es unlauter und ich ärgere mich sehr darüber, wenn Therapeuten zu einem Pferd gerufen werden und es behandeln, obwohl sie wissen, dass die Fakten, die das Problem hervorgerufen haben, nicht eliminiert wurden. Sie hoffen, in regelmäßigen Abständen immer wiederkommen zu dürfen und ihr Geld verdienen zu können.

Für meine Begriffe braucht solche Therapeuten kein Pferd!

Fallbeispiel:
Ich wurde zu einem Pferd gerufen, das multiple Probleme hatte. Es handelte sich um einen Vollblüter, siebenjährig, fünfzig erfolgreiche Galopprennen in den Knochen und nun seit etwa einem Jahr in Privatbesitz. Mir wurde versichert, dass das Pferd, als es von der Rennbahn kam, gut bemuskelt und körperlich völlig unproblematisch gewesen war. Die Sehnen waren in Ordnung und das Pferd hatte den »TÜV« des Tierarztes mit Bravour bestanden. Die Reiterin war eine schmächtige kleine Person, vielleicht fünfzig Kilo leicht und sehr sympathisch. Ich bat sie, mir das Problem zu schildern und forderte sie dann auf, das Pferd einmal kurz zu satteln und mir in ein paar Runden auf dem Reitplatz zu demonstrieren, was sie gerade mit vielen Worten berichtet hatte.

Gesagt, getan: Sie legte dem Pferd einen Dressursattel auf und begab sich auf den Reitplatz. Das Pferd bewegte sich mit sehr kurzen Schritten und lateralisierte im Schritt, d.h. der Schritt war in Richtung Pass verschoben. Auffällig waren die weit aufgerissenen Augen und ein sehr hoch getragener Hals. Nach kurzer Zeit trabte die Stute an: Das arme Geschöpf bewegte sich auch hier mit kurzen Tritten mit deutlichen Zehenfußung vorne. Es lief ataktisch, zeigte einen kräftigen Unterhals und versteifte sich mit durchgedrückten Rücken. Was war hier geschehen? Am Zeigerorgan Huf war zu erkennen, dass die Trachten vollkommen kollabiert waren; der Strahl war so mitgenommen, dass er schmerzempfindlich war. Die Hufe waren breit und ausgetreten und rundherum viel zu groß und mit Reitpferdeeisen beschlagen (ein vollkommen unpassender Beschlag für Rasse und Ausbildungsstand). Der gesamte Rücken empfindlich, das Brustbein prominent nach vorne gestellt und der Unterhals hatte einen Muskeltonus, wie ich ihn selten erlebt habe. Geringste Berührungen am Rücken wurden mit heftigem Wegdrücken beantwortet und das Pferd schaute mich mit weit aufgerissenen und angstvollen Augen an.

Ein gesundes Pferd war von der Rennbahn geholt worden. Ein Rennpferd ist aber (noch) kein Reitpferd. Das Rennpferd kann sich in der Regel schlecht oder gar nicht biegen, weil es das nicht gelernt hat. Stellung wird nie erwartet – es gibt Galopper, die auf Rechts- und Linksbahnen deutliche Zeitunterschiede zeigen. Der hoch über dem Rücken balancierende Leichtgewicht-Jockey ist nicht mit einem »normalen« Reiter vergleichbar. Aus einem solchen Pferd muss, wie aus einem rohen Jungpferd, erst einmal ein Reitpferd gemacht werden. Die Muskulatur dieses Pferdes war in keiner Weise in der Lage, einen schweren Sattel und einen Reiter zu tragen. Das Aussitzen, auch einer leichten Reiterin, überforderte den Rücken und das Ergebnis war aktuell zu sehen.

Hier war nichts anderes möglich, als alles »zurück auf Anfang« zu stellen. Nach mehreren Terminen,

in denen ich durch physiotherapeutische Behandlungen die Muskulatur zu lockern versuchte (mit zu diesem Zeitpunkt noch mäßigem Erfolg) entfernten wir die Hufeisen und verkleinerten die Hufe in ihrem Umfang deutlich, und zwar aus folgendem Grund:
Grundsätzlich heißt es ja immer, dass Hufeisen weit ausgelegt werden sollen, vor allem ab der weitesten Stelle des Hufs betrachtet. Das ist auch richtig so – für ein Pferd, das in der Lage ist, sich zu stellen und zu biegen. Wenn das Pferd allerdings, wie unsere Vollblutstute (oder wie ein rohes Jungpferd), in der Kurve wie ein Motorrad in Schräglage läuft, so wird ein weit ausgelegter Eisenbeschlag oder ein zu weiter Huf dazu führen, dass die Kräfte, die auf das Krongelenk, aber auch auf Fessel- und Karpalgelenk wirken, durch den großen Hebel zu stark sind. Dadurch droht vermehrter Verschleiß.

Wir starteten außerdem mit einem intensiven Bodenarbeitsprogramm »nach Rau« (Achtung Ironie, siehe oben)! Nach rund drei Monaten war das Pferd muskulär soweit aufgebaut und in Balance gebracht, dass an weitere Arbeit unter dem Sattel gedacht werden konnte.)

Hufpflege
Reiten
Gesundheit

8. Kapitel

Fütterung

Die Pferdefütterung ist ein ungeheuer komplexes Thema und daher werde ich mich allein auf diejenigen Aspekte beschränken, die in direktem Zusammenhang mit der Hufentwicklung und mit Muskelproblemen stehen.
Natürlich muss das Pferd seine Grundbedürfnisse abdecken. Wenn wir die Fütterung professionell betreiben, müssen wir das Gewicht des Pferdes kennen und die Rationen je nach Leistungsanforderung berechnen.
Das Wichtigste ist aber zunächst die Futterbeurteilung: Stellen Sie sicher, dass sie befähigt sind, Futterqualität und -zusammensetzung beurteilen zu können. Sie werden feststellen, dass Giftpflanzen wie Herbstzeitlose, Jakobskreuzkraut oder ähnliches im Heu, das Sie beim Bauern kaufen, vorhanden sein können. Es ist Ihre Aufgabe, dies zu erkennen und im gegebenen Fall auch reklamieren zu können. Ich komme häufig in Ställe, in denen meine feine Nase mir sofort sagt, dass Schimmel in der Luft ist. Die Pferdebesitzer erklären mir dann, dass das Heu staubig sei und bei ein oder zwei Pferden deswegen befeuchtet werden müsse. Ich habe selten wirklich staubiges Heu gesehen, oft aber schimmeliges! Die sensorische Überprüfung des Heus anhand von Farbe, Struktur und Geruch gibt schon eine gute erste Auskunft über seine Qualität; wer genauer wissen möchte, was drin ist, kann eine Probe bei seiner zuständigen Landwirtschaftskammer zur Analyse und Laboruntersuchung einreichen (viele Raiffeisen- oder Futtermittelmärkte bieten diesen Service an).

Zu der Beurteilung der Qualität gehört, dass das Futter bekömmlich und nicht zuletzt schmackhaft für das Pferd sein muss. Das beste Futter taugt nichts, wenn es das Pferd nicht mag.
Bei den Mineralien und Spurenelementen unterscheiden wir die Mengenelemente Kalzium, Phosphor, Magnesium, Natrium, Kalium sowie die Spurenelemente Eisen, Kupfer, Zink, Mangan, Jod und Selen.
Weiterhin wichtig sind die Vitamine A (Betacarotin) Vitamin B, Vitamin E und wasserlösliche Vitamine wie Vitamin B1 und Folsäure

Zum richtigen Futter gehört auch die Zeit, die das Pferd zum Fressen hat. Denken Sie daran: Ihr Pferd muss, damit kein Stress aufkommt, täglich achtzehn Stunden lang fressen können, braucht zwei Stunden Zeit für Sozialkontakte und möchte gerne mindestens vier Stunden schlafen und dösen.

Die Proteine (P) sind die Eiweiße, die viele Aufgaben im Körper übernehmen. Sie bauen und erhalten Körperzellen, unterstützen Heilungsprozesse und sind beteiligt bei der Abwehr des Körpers gegen Krankheiten. Für eine optimale Versorgung des Organismus ist besonders wichtig, dass das Verhältnis von Protein zu Energie in der

Tagesration stimmt. Bei der Berechnung der Ration redet man vom PEQ (Protein-Energie-Quotient). Er variiert je nachdem, welche Leistung dem Pferd abverlangt wird.

Der PEQ sollte idealerweise im Verhältnis fünf zu eins liegen (Eiweiß zu Megajoule/Energie).

Bei Mineralien ist es sehr wichtig, dass das Verhältnis der Mineralstoffe zueinander richtig ist. Aus diesem Grund ist bei der Pferdefütterung darauf zu achten, dass, wenn Zusatzfutter gegeben werden, nicht mehrere Futterarten wild durcheinander verabreicht werden, die eventuell diese Verhältnismengen zueinander durcheinanderbringen.

Als Beispiel möchte ich das Verhältnis von Calcium zu Phosphor nennen. Es sollte in der Pferdefütterung zwischen zwei zu eins bis maximal drei zu eins liegen.

Verschiedene Elemente aus dem Futter haben direkten Einfluss auf die Wachstumsgeschwindigkeit, aber auch auf die Qualität des Hufhorns. Ein wichtiger Einflussfaktor, der Hornqualität oder Wachstumsgeschwindigkeit reduziert, ist mangelnde Energie im Futter. Energie wird nicht allein aus dem kohlehydratreichen Grünfutter oder Heufutter gewonnen, sondern muss über Körnerfutter/Kraftfutter ergänzt werden.

Viele Proteine haben dagegen, genauso wie Fettsäuren, bei Unterversorgung keinen Einfluss auf Wachstum oder Hornqualität.

Auch zu geringe Kalziummengen führen in der Regel zur Verschlechterung der Hornqualität, ebenso wie ein Mangel an schwefelhaltigen Aminosäuren. Ein zu niedriger Zinkgehalt verringert die Tragfähigkeit des Hufhorns. Ein Mangel an Biotin (oder Pro Vitamin B oder Vitamin H) wirkt sich direkt nachweisbar in einen Stabilitätsverlust des Hufhorns aus. Ebenso problematisch ist der Mangel an Vitamin A. Letzteres sollte jedoch nicht (!) als Zusatz dem Futter beigemischt werden, sondern ausschließlich als ProVitamin A gegeben werden. Das bekannteste ProVitamin A ist das Beta-Carotin, wie es z.B. in Möhren ausreichend vorhanden ist. ProVitamin A wird im Darm jeweils in die notwendige Menge Vitamin A umgesetzt.

Einige Proteine, vor allem schwefelhaltige Aminosäuren führen zu nachweislich erhöhtem Wachstum und mehr Hornproduktion. Ähnlich ist es bei Zink: Gering überdosiert, führt es zu positiven Effekten.

Selen, ein Stoff, der für viele Körperfunktionen unentbehrlich ist, ist ein wenig problematisch, da es häufig überdosiert wird. Viele Bluttests ergeben einen Selenmangel. Die hier zugrunde gelegten Referenzwerte sind, vorsichtig ausgedrückt, überarbeitungswürdig. Ich würde sagen, dass mit einer ausgewogenen natürlichen Ernährung Selen in allen Gebieten Deutschlands ausreichend zugeführt wird. Bei den Hufen führt eine Unterdosierung von Selen nicht zu einem nachweislichen Effekt. Sehr wohl aber die Überdosierung – ein Selenüberschuss hat eine massive Störung der Verhornung zufolge, es gibt Saumbandentzündungen und Hornklüfte. Und in schwierigen Verläufen von Vergiftungen durch Selenüberdosierung kommt es zum Ausschuhen, ähnlich wie bei schweren Rehe-Verläufen.

Ein Mangel an Magnesium hat für das Pferd weitreichende Konsequenzen: Fehlt Magnesium, ist nicht nur die Vitamin D-Umwandlung im Darm gestört, sondern es kommen die folgenden Auswirkungen hinzu:

1. Verkürzte Ruhephasen

Untersuchungen zeigten, dass die Liegephasen kürzer werden und das Pferd deutlich weniger ruht. Schlafen dient der Regeneration des gesamten Organismus. Körper und Geist entspannen und erholen sich. Stress wird abgebaut und im Training entstandene Mikrorisse der Muskelzellen heilen. Der Muskel kann wachsen. Zu wenig Schlaf startet einen Teufelskreis der negativen Entwicklung der Gesamtkonstitution des Pferdes.

2. Verdauungsprobleme

Unterschiedliche Probleme im Magen-Darm-Trakt können Folge eines Magnesiummangels sein. Sowohl Verstopfung und harter Kotabsatz als auch Kotwasser und Durchfall sind möglich. Die Folge ist oft Elektrolytmangel, aber immer eine Einschränkung der Qualität des Immunsystems.

3. Muskelkrämpfe

Der Mangel an Magnesium ist häufig für Muskelkrämpfe verantwortlich. Kalzium und Magnesium sind die wichtigsten Elemente, die den Muskelspannungszustand regulieren. Fehlt eines der beiden, vor allem aber Magnesium, ist eine verstärk-

te Neigung der Muskulatur zu verspannten Zuständen erkennbar.

4. Müdigkeit

Ein Mangel an Magnesium führt, auch wenn genug geruht oder geschlafen wurde, zu Schlappheit. Der Mangel beeinflusst den Energiestoffwechsel negativ.

5. Konzentrationsmangel

Die Punkte eins und vier stehen im direkten Zusammenhang zum Entstehen des Konzentrationsmangels. Es besteht die Gefahr der Überforderung, was Widersetzlichkeiten gegenüber den Anforderungen des Menschen auslöst und innere Unzufriedenheit für das Pferd bedeutet. Beides führt zu Stress und setzt eine Spirale der negativen Entwicklung in Gang.

Magnesium kann als Magnesiumöl wunderbar über die Haut aufgenommen werden. Werden die Pferde, zumindest in der warmen Jahreszeit, zweimal pro Woche massiert (siehe Kapitel »Massage«), so kann man das Öl als Massageöl verwenden.

9. Kapitel

Sattel und Reiten

9.1. Der Sattel

Passender/unpassender Sattel

Ich weiß, es geht Ihnen genau wie mir. Man ist froh, endlich einen passenden Sattel gefunden zu haben, und kaum hat man ihn richtig eingesessen, muss man sich schon wieder Gedanken machen, ob man die richtige Entscheidung getroffen hat oder ob der Sattel auf erneut veränderte Proportionen neu anzupassen ist. Die Rückenmuskulatur des Pferdes, seine Schultermuskulatur, die Polsterung des Sattels, die eigenen orthopädischen Probleme und damit der Sitz – alles verändert sich und hat Auswirkungen, und zwar erhebliche, auf die Gesundheit und die Bewegung des Pferdes.

Ich verlasse mich nicht gern allein auf die Aussage des Sattlers nach »Sichtprobe«, ob mein Sattel passt oder ob ich nachjustieren muss, sondern es ist für mich wichtig, objektive Daten zu bekommen. Dabei möchte ich dem Sattler natürlich nicht sagen, was konkret am Sattel geändert werden muss – dies weiß er sicherlich in der Regel besser. Ich möchte lediglich die Information haben, ob der Sattel, so wie er aktuell liegt, auf den Rücken des Pferdes passt und mein Sitz darin für das Pferd komfortabel und akzeptabel ist.

Eine gute Möglichkeit dazu bietet ein Druckmesspad, und zwar eins ohne große Drucksensortechnik, sondern einfach ein gelgefülltes, transparentes Kunststoffpad, das mit einem Nudelholz ganz eben gerollt und dann zwischen Sattel und Pferderücken platziert wird. Man reitet in allen drei Gangarten auf beiden Händen möglichst gleich lang und kann nach dem Absatteln an der Verteilung des Gels erkennen, wie die Druck-verteilung aussieht. Dabei kann ich nicht unbedingt entscheiden, ob der Sattel oder mein Sitz Ursache für ein ungleichmäßiges Aufliegen ist, sehr wohl aber erkennen, ob Probleme für das Pferd bestehen. Diese Information ist mir sehr wichtig. Ich verwende ein in den USA hergestelltes professionelles Gelpad, allerdings kann man etwas Ähnliches auch kostengünstig und mit wenig Aufwand selber basteln. Unter folgender Internetadresse hat sich ein engagierter Pferdefreund die Mühe gemacht, ein sehr nettes Video zur Herstellung eines selbstgemachten Druckmesspads zu präsentieren: https://youtu.be/VKm-DR10TXY

Bei vielen Sätteln scheitert es schon an grundlegenden Dingen.

Dass er in der Kammerweite passen muss, ist der offensichtliche Punkt Nummer eins. Aber damit ist es noch lange nicht getan – leider hört die weitere Überlegung aber genau da oft schon auf.

Der Sattel darf die Bewegung des Schulterblattes nicht behindern; bei englischen Sätteln muss er hinter dem Schulterblatt liegen und auf keinen Fall darauf oder so nah, dass das Schulterblatt in seiner Rückwärtsbewegung an die Sattelkante stößt. Auch bei Westernsätteln gilt die Prämisse der ungehinderten Schulterbewegung, obwohl sie meist so konzipiert sind, dass sich die Pferdeschulter unter ihnen weg bewegen kann. Sie müssen deswegen weit genug sein.

Liegt der Sattel zu weit vorne oder ist ungünstig geschnitten, wird die Rotationsbewegung des Schulterblattes behindert und das Pferd wird seine Bewegung den eingeengten Verhältnissen anpassen. Eine kurze Gliedmaßenführung der Vorderbeine ist die Folge.

Die Länge des Sattels (nach hinten) darf außerdem den 18. Brustwirbel in keinem Fall überschreiten, was bei sehr kurzen Rücken manchmal ein Problem darstellt.

Viele ältere Sattelmodelle sind deutlich länger. Die Pferdezucht hat in den vergangenen Jahrzehnten im Rücken kürzere Pferde hervorgebracht. Wenn ältere Sättel oftmals ein Maß um die 50 cm oder länger hatten, so wird man heute feststellen, dass ein Sattel mit 44 oder 45 cm Länge oftmals das Maximalmaß darstellt.

Problematisch ist in vielen Fällen ein Westernsattel. Westernsättel sind in vielen Fällen auch für die Quarter Horses zu lang gebaut. Wenn man das Leder, die so genannten Skirts, so konstruiert, dass es länger aussieht, aber den Pferderücken nicht berührt, so ist das unproblematisch. Problematisch kann aber die Lage des tiefsten Punktes werden. Er sollte immer im Bereich der Schwerelinie des Pferdes liegen. Diese befindet sich im Bereich des 13. Brustwirbels, bei Ponys mitunter etwas weiter vorn. Viele Westernsättel (wie auch baumlose Sättel) setzen den Reiter zu weit nach

Gute (rechts) und schlechte (links) Druckverteilung auf dem Messpad.

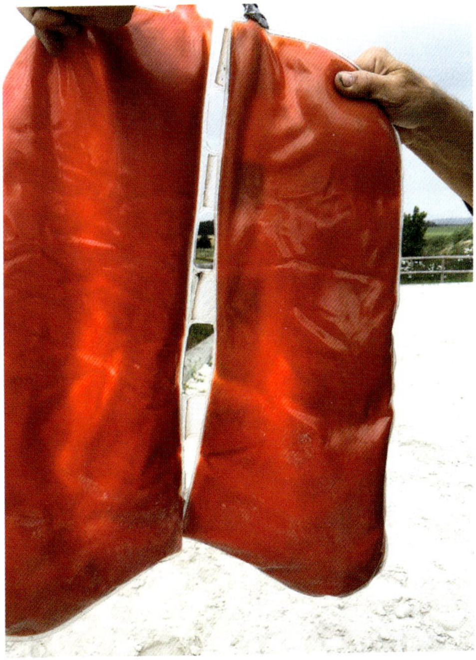

Auch für einen Westernsattel gilt die Regel, dass der Reiter senkrecht im Schwerpunkt sitzen muss und nicht im Stuhlsitz dem Pferd »im Kreuz hängt«. Der Sattel muss kurz genug sein und darf nicht im Lendenbereich aufliegen.

hinten, so dass er dem Pferd buchstäblich »im Kreuz hängt«.

Der Schwerpunkt ist in aller Regel dort, wo einen das Pferd automatisch gleich hinter dem Widerrist hinsetzt, wenn man ohne Sattel reitet. Der Reiter sollte von Kopf über Schulter und Becken (Hüftgelenk) bis hin zu seinem Fußgelenk in dieser Schwerlinie bleiben. Nur in dieser Position kann er durch leichte Vorwärts- oder Rückwärtsverlagerung seines Schwerpunktes auf Tempo und Bewegungsrichtung des Pferdes in korrekter Weise einwirken. Viele Sattelmodelle lassen dies nicht zu. Ich möchte dies hier nicht weiter diskutieren, möchte mich jedoch outen, dass ich kein wirklicher Freund des Westernsattels mit dem damit oft verbundenen Stuhlsitz des Reiters bin. Zumal viele der heute verkauften Westernsättel eher in Richtung Reining gehen, wo ein nach hinten verlagerter Reiterschwerpunkt für die extremen Sliding Stops sinnvoll sein mag – aber auch nur da. Betrachtet man alte Fotos aus dem tatsächlichen Wilden Westen und mit echten Cowboys, die ja oft als Beweis dafür angeführt werden, dass man in diesen Sätteln tagelang schadensfrei reiten könne, dann stellt man fest, dass diese alten Westernsättel damals wesentlich kürzer mit tieferem Sitz und weiter vorn liegendem Schwerpunkt waren. Abgesehen davon bin ich nicht sicher, was im »Wilden Westen« teurer

Oben: Der Sattel ist in der Kammer zu eng und liegt deshalb hinten zu tief.
Unten: So wäre die Lage korrekt (Sattel hinten angehoben).

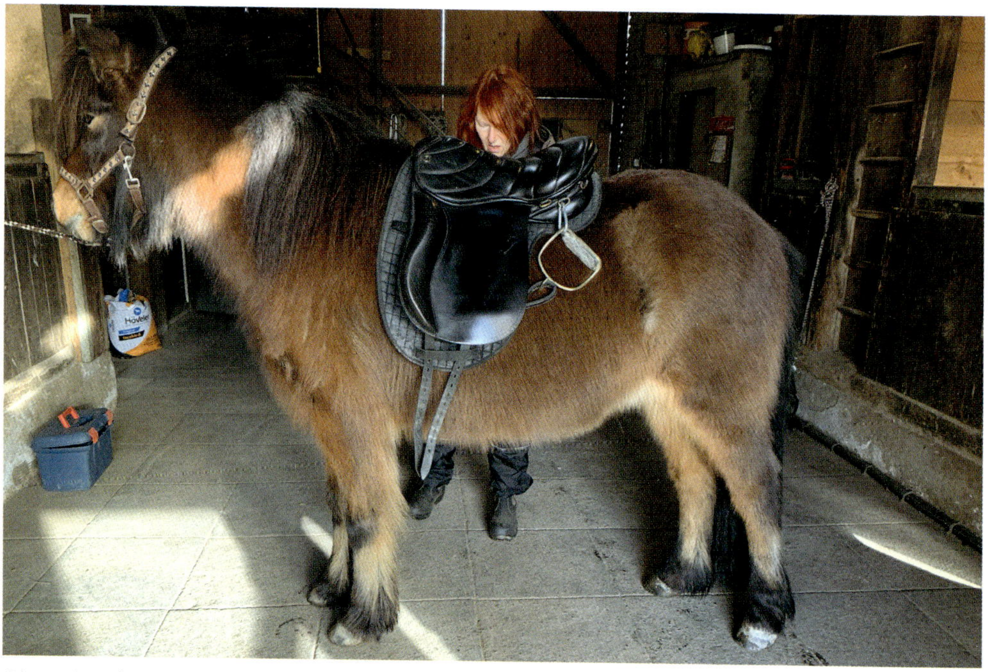

Dieser Sattel ist viel zu lang für das Pferd.

und wertvoller war – das Pferd oder der Sattel – und ein Pferd mit Rückenschmerzen wurde im Zweifelsfall schnell ausgetauscht.

Kurzum, ich denke, dass ein korrekter Sitz im Schwerpunkt des Pferdes und damit feines Reiten mit einem Westernsattel eher schwierig ist. Außerdem sind Westernsättel deutlich schwieriger passend zu bekommen als andere Sattelmodelle, da sie durch die fehlenden Kissen eigentlich keine Veränderungsmöglichkeit haben.

Hier ist der exakt passend zum Pferd ausgewählte oder extra für das Pferd hergestellte Baum die einzige Möglichkeit. Noch mehr als bei anderen Sätteln gilt daher: Augen auf beim Sattelkauf!

Der Sattel muss zudem zum Reiter und seiner »Popogröße« passen; er muss eine entspannte Sitzposition mit senkrecht stehendem Becken ermöglichen, und auch ein Kippen bzw. eine Rollbewegung des Beckens ermöglichen. Im Umkehrschluss bedeutet dies, dass Pferde, deren Rückenform die Länge eines Sattels und damit auch die Sitzgröße für den Reiter begrenzt, nicht für »voluminöse« Reiter geeignet sind. An dieser Stelle möchte ich noch einmal kurz an die Tragfähigkeit des Rückens erinnern.

Diese ist sicherlich in erster Linie abhängig vom Leistungsdreieck (s. S. 49). Liegt der Schnittpunkt der Linien durch die Schulterblattgräte und das Becken weit über dem Rücken und der Höhe des

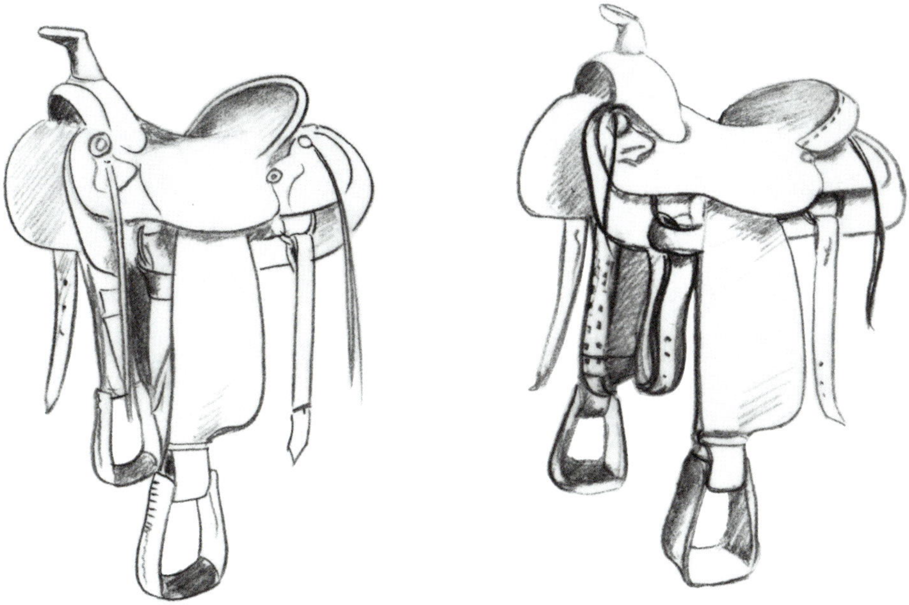

Verschiedene Typen von Westernsätteln: Links ein Modell im altkalifornischen Stil, welches einen dressurmäßigen Sitz im Schwerpunkt ermöglicht. Rechts ein gängiges Modell im texanischen Stil mit weiter hinten liegendem Schwerpunkt, der den Reiter ungünstig hinsetzt.

Englischer Sattel mit korrekter Lage hinter der Schulter.

Westernsattel ohne Horn mit tiefem Sitz im Stil des kalifornischen Sattels.

Körperschwerpunkts, haben wir einen Pferderücken mit hoher Tragfähigkeit. Man hat in letzter Zeit mehrere Tests zur Tragfähigkeit von Pferden durchgeführt – und alle ergaben, dass Reiter, die deutlich über 90 Kilo wiegen, zu schwer sind. Ein gut bemuskeltes und trainiertes Pferd wird seinen Reiter, auch wenn er deutlich über 90 Kilo wiegt, sicher begrenzte Zeit tragen können. Auch wird es eine Rolle spielen, ob der Reiter gut trainiert und beweglich ist und korrekt sitzt, aber auch 110 Kilo Muskeln bleiben 110 Kilo. Dies grenzt die Zeit, die ein Pferd dieses Gewicht tragen kann, ein. Ist jemand übergewichtig, sehr voluminös und unsportlich, ist die Tragfähigkeit des Pferdes eingeschränkt. Sehen Sie es positiv: Je intensiver Sie mit dem Pferd am Boden arbeiten, desto sportlicher und schlanker werden Sie selbst und desto mehr wird das Pferd sich auf Sie freuen. Für alle anderen, die nun erbost das Buch die Ecke werfen, den Autor und sein Team verteufeln und verfluchen, sei empfohlen, sich vielleicht im Fahrsport zu etablieren und im Sinne des Pferdes so lange auf dem Kutschbock Platz zu nehmen, bis das Gewicht ein für das Pferd erträgliches Maß erreicht hat.

Die Elasto-Step-Steigbügel bieten durch die eingebaute Federung Entlastung für Rücken und Gelenke von Pferd und Reiter.

Sehr häufig wird auf die Funktion von stoßdämpfenden Pads oder Ähnlichem vertraut. Das kann ich nicht ganz nachvollziehen, denn der Sattler bemüht sich, den Sattel passgenau auf den Rücken zu legen. Dazu werden das Kopfeisen und die Kissen geprüft und eventuell verändert. Der Sattel sollte nun ideal passen. Eine Unterlage in Form einer dünnen Schabracke ist normalerweise sinnvoll, um den Sattel vor Schweiß zu schützen. Wenn Sie aber eine sehr dicke Zwischenlage verwenden, um eine stoßdämpfende Wirkung zu erzielen, verändert dies sämtliche Parameter, die beim Anpassen des Sattels mit Bedacht eingestellt wurden. Wenn ich dies möchte, so muss ich dem Sattler diesen Wunsch mitteilen, und er muss den Sattel nicht auf den Rücken, sondern auf den Rücken zuzüglich meiner dicken Decke passend machen.

Ich persönlich halte eine andere stoßbrechende Einrichtung für alle Beteiligten durchaus für sinnvoll, nämlich gefederte Steigbügel. Die Firma Elastostep zum Beispiel vertreibt verschiedene

Modelle, die den Stoß des Reiters auf den Steigbügelriemen und damit auf Sattel und Pferderücken mithilfe von Federkraft auffangen. Nach dem Aufprall des Beins auf den Boden kommt die höchste Belastung des Reiters zeitversetzt auf dem Pferderücken an, und zwar über einen längeren Zeitraum verteilt. Damit sinkt die Kraft, die auf dem Rücken wirkt. Das Gewicht des Reiters wird in seiner Auswirkung auf den Pferderücken geringer.
Manche Reiter beschreiben die Verwendung eines solchen Steigbügels als unangenehm, andere wiederum sagen, dass er sich positiv auf ihre Knie ausgewirkt hat. Eine weitere Alternative ist eine Bügeleinlage aus einem stoßaufnehmenden Kunststoff als Auflagefläche für die Schuhsohle. Energie- und Stoßbrechung sind zwar hier geringer, aber dennoch messbar.
Sattelkontrollen sind häufig vorzunehmen, da sich so viele Faktoren verändern können. Sichere Anzeichen für ein notwendige Sattelkontrolle sind Veränderungen im Pferdeverhalten: Das Pferd mag sich z.B. nicht mehr so gerne einfangen lassen, dreht sich in der Box weg, drückt beim Auflegen des Sattels den Rücken weg etc. All dies sind Anzeichen, die Sie nicht ignorieren sollten. Nicht nur die Veränderung ist hier zu betrachten, sondern auch schon länger bestehendes Verhalten, denn es nicht auszuschließen, dass das Pferd in seinem Leben noch nie eine angenehmes Gefühl des Sattels auf dem Rücken erlebt hat.

Beachten Sie auch den Sattelgurt. In vielen Fällen ist seine Länge falsch gewählt. Der heute moderne Kurzgurt ist oft nicht kurz, sondern zu kurz. Er muss so liegen, dass er den Ellbogen in seiner Bewegung nicht einschränkt wird und den Gurt nicht berührt. Die Position das Sattels sollte nicht zu weit in den Aktionsbereich des Ellenbogens hineinreichen. Erstens stört das die Bewegung, zweitens liegen hier viele Lymphknoten und Nerven, sodass Druck in diesem Bereich vom Pferd als störend empfunden wird.

Das richtige Gebiss

9.2. Das Gebiss

Empathie für das Pferd alleine reicht nicht, wir brauchen auch Kommunikationsmöglichkeiten. Der Sattel kann die Kommunikation nur in unangenehmer Weise beeinflussen – er kann nämlich drücken. Sitzt er dagegen gut, wird das Pferd ihn einfach als gegeben hinnehmen. Das wirkliche Kommunikationsinstrument zwischen der Hand des Reiters und dem Pferd ist der Zügel.
Mit Gebiss oder gebisslos; Wassertrense, Stange, Kandare mit Unterlegtrense, Glücksrad, Bosal … Die Varianten, die sich die Menschen in den letzten Jahrtausenden haben einfallen lassen, sind ungeheuer vielfältig. Ich glaube, dass es nicht sinnvoll ist, in diesem Buch intensiv und ausführlich über das richtige Gebiss zu diskutieren. Wohl aber möchte ich aufzeigen, was passiert, wenn Sie die falsche Wahl getroffen haben.

Die Maulhöhle des Pferdes ist mit seinen prämolaren und molaren Mahlzähnen, sowie weiter vorn mit einer kleinen Zahnlücke und den Schneide-

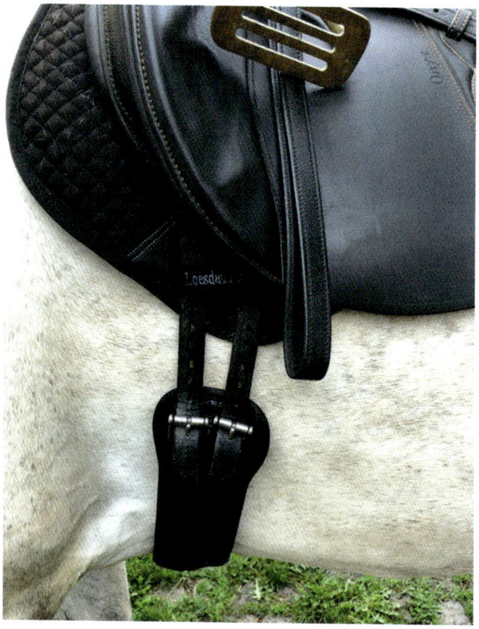

Der Kurzgurt muss so lang sein, dass er die Ellbogenbewegung nicht behindert.

Dieser Gurt ist zu kurz und stört am Ellbogen.

zähnen versehen. Und wenn Sie glauben, dass die Evolution die Zahnlücke für die Lage des Gebisses freigelassen hat, so muss ich Sie enttäuschen.

Der gesamte Raum der Mundhöhle ist von einem großen Muskel, der Zunge, gefüllt. Wenn man sich das vergegenwärtigt, wird man feststellen, dass für großvolumige Gebisse eher wenig Platz im Mundraum des Pferdes vorhanden ist. Mundraum ist nicht gleich Mundraum. Die Pferdeköpfe unterscheiden sich in manchmal sehr unterschiedlichen Gaumenausformungen. Der Gaumen kann flach und fleischig bis hin zu hart und dachförmig ausgeformt sein. Diese Form ist ein wesentliches Kriterium für die Auswahl des richtigen Gebisses. Ein einfach gebrochenes Gebiss wird in einer flachen, fleischigen Mundhöhle äußerst schnell schmerzhaft auf den Gaumen des Oberkiefers wirken.

Genauso wichtig ist die Betrachtung des Unterkiefers. Der Raum zwischen den prämolaren Mahlzähnen und den Schneidezähnen ist zahnfrei. Die Form des Unterkiefers variiert von Pferd zu Pferd sehr stark. Der Unterkieferknochen kann an der zahnfreien Stelle spitz gewinkelt und von dünner Haut überzogen sein, er kann genauso eine sanfte Rundung mit einer kräftigen, weichen Hautumhüllung aufweisen. Die Unterkieferäste können eng oder weit mit großem Abstand zueinander stehen.

Während viele Gebisse bei scharfkantig ausgeformten Unterkieferknochen schnell schmerzhaft wirken können, ist die Toleranz des Pferdes bei rund geformten Unterkieferästen höher.

Die Mundhöhle des Pferdes. Für das Gebiss ist nur wenig Platz. Beachten Sie außerdem, wie dünn und filigran der Knochen des Gaumens ist.

Zu bedenken ist auch die Tatsache, dass die Pferdeköpfe in der Warmblutzucht während der letzten Jahrzehnte deutlich zierlicher und feiner geworden sind, die Trensengebisse aber oft noch die gleiche Dicke haben wie in den 1960er und 1970er Jahren, als die Holsteiner beispielsweise noch für ihre großen, mächtigen Ramsköpfe bekannt waren. Auch die für Ponys angebotenen Gebisse sind häufig für die kleinen Maulhöhlen viel zu dick! Sie sind häufig einfach nur kürzer, aber in der Dicke entsprechen sie den Großpferdegebissen. Die Aussage »ein dickes Gebiss wirkt milder als ein dünnes« stimmt zwar vom Standpunkt der Druckverteilung her, aber was nutzt das dem Pferd, wenn das dicke Teil schon im Stand unangenehm auftragend oder sogar schmerzhaft im Maul liegt.

Am Rande sei erwähnt, dass Ihnen viele Verkäufer erzählen werden, dass die Schärfe oder die Wirkung des Gebisses im Wesentlichen in der Hand des Reiters liegt. Natürlich ist es richtig, dass ein Gebiss, das in das Pferdemaul hineinpasst, durch einen unsensiblen oder schlechten Reiter immer noch zur Qual für das Pferd werden kann, aber ein nicht passendes Gebiss stellt, egal bei welchem Reiter, immer eine Qual dar.

Auch das gebisslose Reiten hat seine Tücken. Ich möchte bei der Betrachtung der Anatomie des Schädels nur auf einen Aspekt hinweisen: Sowohl der Nasenknochen als auch der Unterkieferknochen sind filigrane Knochen. Bei vielen gebisslosen Zäumungen wird durch Hebelwirkung viel Druck auf das Nasenbein ausgeübt. Dies ist ebenso geeignet wie ein Gebiss, um Schmerz zu verursachen und Widersetzlichkeiten beim Pferd auszulösen. Ausnahmen sind hier die gebisslosen Zäumungen ohne Hebel, wie Bosal und Sidepull, deren Handhabung aber gelernt werden muss und die nur mit einer guten gymnastizierenden und vertrauensbildenden Grundausbildung des Pferdes eine sichere Kontrolle gewährleisten.

Ein wesentlicher Punkt bei der Zäumung ist folgender: Unzufriedenheit mit dem Gebiss beantwortet das Pferd in der Regel mit Widersetzlichkeiten. Wir wissen bereits, dass Stress eine umfangreiche Kausalkette von Verspannungen und negativen Entwicklungen auslösen kann. Negative Hufsituationen entstehen auch aufgrund von Widersetzlichkeiten in der Bewegung, die durch ein falsches Gebiss bzw. dessen falsche Handhabung ausgelöst wurden. Das Pferd zeigt auf einmal schwankende Bewegungen, Kopfnicken, -stoßen oder -schlagen. Solche Bewegungen des Kopfes stören die Balance des Pferdes. Die Gewichtsverteilung auf die Beine wird ungleichmäßig. In vielen Fällen wird die Gewichtsbelastung der Vorhand erhöht – und der Huf reagiert mit allen Varianten seiner Reaktionsmöglichkeiten auf zu hohe Druckbelastung.

In vielen Fällen muss ich leider immer noch sehen, dass solche wirklich dummen Sprüche wie »Lass dich vom Pferd nicht verarschen«, »Setz dich durch, zeigt dem, wer der Herr ist« von Zuschauern, Reitlehrern und jedem, der sich zu einem Kommentar berufen fühlt lauthals tituliert werden. Es ist manchmal jämmerlich, wie gering die Empathie des Reiters für sein Pferd ist, wenn er einen lauten Hilfeschrei des Pferdes für schlechten Charakter oder unbegründeten Widerstand hält – und ihm als Reaktion darauf einfach das Maul fester mit einem Sperrriemen zuschnürt, damit es »ruhig im Maul« ist oder gar noch einen wie auch immer gearteten Hilfszügel hinzufügt. Aua.
Auch hier bin ich manches Mal von unseren Tierärzten enttäuscht, die gerufen werden, weil das Pferd mit dem Kopf schlägt oder andere Ausweichbewegungen zeigt, und die eine körperliche Ursache wie z.B. Headshaking ausschließen sollen. Ich bin manches Mal unangenehm überrascht, dass die Ärzte nicht auch eine kurze Inspektion von Gebiss und Sattelzeug vornehmen und vor allem nicht die Art des Reitens in Augenschein nehmen, da Widersetzlichkeiten des Pferdes aus meiner Beobachtung in den weitaus meisten Fällen keine körperlichen Ursachen haben.

Das Gebiss hat aber außer der Forderung, dass es dem Pferd passen und nicht unangenehm sein soll, noch eine weitere sehr wichtige Aufgabe: Es soll, richtig angewendet, die Kiefergelenke und den Unterkiefer des Pferdes entspannen und mobilisieren und einen Kauvorgang einleiten, der das Pferd im Genick locker macht. Nur bei einem Pferd, welches das Gebiss annimmt ist es vom Sattel aus möglich, die Hinterhand zu beeinflussen und zu kontrollieren. Und nur dann kann am Ende das Pferd in Selbsthaltung und Balance unter dem Sattel laufen. Das Gebiss im Pferdemaul und die zugehörige gefühlvolle Hand des Reiters sind also quasi ein Schlüssel für Reiten in Balance. Leider wird dieses Nachgeben im Genick aber oft völlig falsch verstanden und das Pferd mit der Hand »heruntergeriegelt« oder mit Schlaufzügeln heruntergezwungen. Das hat mit echter Beizäumung, die immer von hinten nach vorn entsteht und vom Pferd gesucht anstatt vom Reiter erzwungen wird, nichts zu tun und richtet großen Schaden an – das Pferd wird auf der ganzen Linie verspannt statt in positiver Selbsthaltung geritten – mit allen Nachteilen von Kopf bis Huf, die daraus entstehen. Darüber haben viele Reitmeister bereits ausführlich geschrieben und ich empfehle Ihnen, sich mit dem Thema auseinanderzusetzen.

An dieser Stelle kurz meine persönliche Meinung: Ich glaube nicht, dass es möglich ist, ein Pferd wirklich komplett gebisslos so auszubilden, dass es unter dem Reiter in schöner und schonender Selbsthaltung läuft. Eine andere Sache ist es, bei einem gut gerittenen Pferd, das bereits gelernt hat, wie es sich unter dem Reiter bewegen muss, um keinen Schaden zu nehmen und in Balance zu bleiben, das Gebiss wieder wegzulassen. Aber für die Ausbildung halte ich ein gut passendes Gebiss in gefühlvoller Hand für unverzichtbar.

9.3. Reiten

Sie haben nun möglicherweise über die Betrachtung ungleichmäßiger und unregelmäßiger Abnutzung der Hufe Probleme erkannt. Sie haben Ihr Pferd angefasst und festgestellt, wo Probleme vorliegen und entweder selbst oder mithilfe eines Physiotherapeuten oder Manualtherapeuten die muskulären Probleme erkannt. Alles wurde behandelt. Der Tierarzt wurde eventuell hinzugezogen, Verletzungen oder Erkrankungen sind behandelt und ausgeheilt. Sie haben das Pferd am Boden geradegerichtet, gekräftigt, locker und geschmeidig gemacht. Das Pferd ist motiviert, das Pferd und Sie sind zu einem Team geworden oder das Team wurde verbessert, das Equipment wurde geprüft, der Sattel neu angepasst. Nun ist alles bereit. Sie können wieder reiten!

Je ungünstiger die Verhältnisse sind, je mehr Probleme Sie mit sich selbst und Ihrem Körper haben, desto intensiver müssen Sie auch in Zukunft auf das Entstehen von Fehlhaltungen, Schonhaltungen und auf abnehmende Kraft des Pferdes achten. Bodenarbeit, Geschmeidigkeit, Geraderichten, Kraft und Kraftausdauer sind keine einmalig erreichbaren und von nun bis in alle Ewigkeit gleich bleibenden Parameter, sondern müssen regelmäßig trainiert und immer wieder verbessert oder nachgebessert werden. Je ungünstiger Ihre eigenen Voraussetzungen sind, desto intensiver und mehr müssen Sie mit Ihrem Pferd arbeiten. Egal ob Bodenarbeit oder Reiten: Beides ist notwendig.

Was das Reiten an sich angeht, gehe ich davon aus, dass Sie sich bestimmt schon mehr oder weniger intensiv zumindest mit den Grundzügen der Dressurausbildung vertraut gemacht haben und wissen, mit welchen Übungen und Lektionen Sie Tragkraft, Schwung, Takt, Geschmeidigkeit und Geraderichtung Ihres Pferdes fördern können. Die Grundlagen sind für jede Reitweise dieselben. Gute Literatur hierzu gibt es genügend und regelmäßiger Unterricht ist anzuraten, um sich selbst immer wieder kontrollieren und überprüfen zu lassen. Oder bitten Sie zumindest eine Stallkollegin oder einen Stallkollegen ab und zu einmal, z.B. von hinten in den verschiedenen Gangarten genau zu schauen, ob Sie überhaupt gerade sitzen oder nach einer Seite in der Hüfte einknicken oder die Schulter hängen lassen. Fotos (oder Videos) sind dabei hilfreich, denn oft möchte man selbst gar nicht glauben, dass man schief sitzt. Die eigene Körperwahrnehmung spielt uns hier oft einen Streich. Alle Übungen zur Verbesserung Ihrer eigenen Körperwahrnehmung und -balance sind hilfreich – am Boden und im Sattel. Hier ist insbesondere die Feldenkrais-Technik zu nennen, die u.a. als »Centered Riding« in den Sattel übertragen wurde.

Um Ihnen einen kleinen Überblick zu geben, mit welchen Lektionen Sie vom Sattel aus sinnvoll tätig werden können und sollten, stelle ich hier eine sehr knappe Auflistung als Anhaltspunkt zum Weiterlesen und -lernen zusammen:

Seitliche Flexionsübungen im Stand, Mobilisieren des Unterkiefers im Stand an der Hand:
Beide Übungen wurden schon von Francois Baucher (1796–1873) als nützlich zum Lösen und Lockern vor dem Aufsitzen beschrieben. Nachdem Sie eine Zeitlang in der Dressurreiterei vergessen

wurden, erfuhren Sie mit der Renaissance der Klassiker in der nicht-sportlich geprägten Dressurreiterei, z.B. durch Philippe Karl, eine gewisse Renaissance.

Die Skala der Ausbildung beachten:
Die in der Deutschen Heeresreitvorschrift (H.Dv. 12) 1937 erstmals formulierte Skala der Ausbildung wird zwar in Einzelheiten in der Abfolge der Prioritäten heute immer wieder mal diskutiert, besitzt aber im Grundsatz nach wie vor Gültigkeit, da sie die Grundausbildung eines jungen Pferdes in drei sehr sinnvolle Phasen und sechs Grundelemente aufteilt:
Lösungsphase (Vertrauen):
Takt und Losgelassenheit
Entwicklungsphase (Schubkraft):
Anlehnung und Schwung
Aufbauphase (Tragkraft):
Geraderichten und Versammlung

Ein schief sitzender Reiter bringt das Pferd aus der Balance und verursacht Fehlhaltungen.

Wenn man sich diese Abfolge und diesen Aufbau immer mal wieder ins Gedächtnis ruft, kann man nicht grundsätzlich falsch liegen und wird so beispielsweise einfach daran erinnert, dass der Versuch versammelnder Übungen nicht zielführend oder sogar schädigend ist, wenn die vorausgehenden Stufen nicht gesichert sind. Fragen Sie sich also beispielsweise, bevor Sie an Schwierigeres wie eine Hinterhandwendung, Seitengänge o.ä. gehen: Kann mein Pferd jederzeit schwung- und vertrauensvoll im Takt vorwärts gehen?

Geraderichten durch Seitenbiegung
Seitliche Biegungen, zunächst durch sauber gerittene Ecken, dann durch große Zirkel und Achten, später durch Volten und Schlangenlinien, jeweils gleichmäßig auf beiden Händen geritten, richten das Pferd gerade, weil sie helfen, die Vorhand auf die Hinterhand einzustellen. Achtung Ausbildungsskala: Nicht auf der Stelle »verkringeln« und den Takt und Schwung (nicht gleichzusetzen mit Tempo!) nicht verlieren! Das Pferd ist im Laufe der Arbeit immer besser in der Lage, seine innere Hüfte zu senken, mit dem inneren Hinterbein unter den Schwerpunkt zu treten und Last aufzunehmen. Wer es mit Dressur und Hufschlagfiguren nicht so hat, kann sich gerne auch in den »Stil- oder Dressur-Trails« der Disziplin Working Equitation einmal umsehen: Hier helfen Hindernisse wie Gassen, Pylonen und Tore, eine optische Begrenzung zu geben und den Sinn der Übung auch für das Pferd erkennbar zu machen.

Seitengänge, vor allem Schulterherein

Schulterherein ist das vielzitierte »Aspirin der Reitkunst« (Nuno Oliveira), es »heilt alles«. Sie sollten es unbedingt erlernen, weil es wirklich eine Schlüssellektion ist – sowohl für das Geraderichten als auch für die Versammlung –, besonders im Wechsel mit Konterschulterherein und später Kruppeherein (= Travers). Nicht nur für das Pferd, auch für den Reiter ist es ein echtes Aha-Erlebnis: Vor- und Hinterhand sowie Schultern und Becken des Pferdes werden plötzlich getrennt steuerbar!

Übergänge und Tempowechsel

Häufige und möglichst punktgenaue Wechsel sowohl zwischen den Gangarten als auch deutliche Tempovariationen innerhalb der Gangarten fördern Körperbewusstsein, Balance und damit Durchlässigkeit und Beweglichkeit. Im Idealfall benötigen Sie dazu immer feiner werdende Hilfen. Setzen Sie Ihren Ehrgeiz in die möglichst perfekte Ausführung einfacher Dinge. Mit wie wenig sichtbarem Körpereinsatz können Sie Ihr Pferd antraben, schneller oder langsamer machen, anhalten? Spielen Sie mit Ihrer Balance und Ihrer Körperspannung. Denn: Je leiser Sie reden, desto besser hört Ihr Pferd Ihnen zu!

Das Schulterherein ist eine echte Schlüssellektion für Pferd und Reiter.

Schlusswort

Pferdeausbildung als Regelkreis

Alle, die sich schon einmal mit Qualitätsmanagement in ihrem Betrieb befassen durften, werden von der Geschäftsprozessoptimierung gehört haben. Das, was in einem Betrieb oder betrieblichen Ablauf richtig ist, ist bei der Pferdeausbildung unserer eigenen Pferde nicht falsch. Sind Sie am Ziel, das Pferd ist gesund und reitbar, beginnen Sie von neuem mit der Überprüfung, Nachbesserung und Nachjustierung. Dieser ständig sich wiederholende Kreislauf ist das, was zu einer positiven Weiterentwicklung führt. Über diese wiederholten Überprüfungen und über die sich immer wiederholenden Trainingseinheiten ist es möglich, Verbesserung und ein gestecktes Ziel zu erreichen. Egal, ob Sie Wanderreiten möchten, springen oder eine Jagd reiten – dies ist der einzig sinnvolle Weg, über einen kontinuierlichen Verbesserungsprozess das Ziel Schritt für Schritt erreichen zu können.

Die Hufe sind dabei ein auf den ersten Blick unscheinbares und doch zentrales Element, um sofort Fehlentwicklungen in der Pferdebewegung und in der Pferdegesundheit erkennen und bearbeiten zu können.

Burkhard Rau

Literatur

Kleine Auswahl empfehlenswerter Bücher zum Thema gesundheitsförderndes Reiten:

*Robert Stodulka, Medizinische Reitlehre.
Parey Verlag, 2006*

*Sadko Solinski, Das Gymnasium des Freizeitpferdes.
Olms Presse, 1996*

*Barbara Welter-Böller, Gutes Training schützt das Pferd.
Cadmos Verlag, 2019*

*Julie von Bismarck, Mit dem Pferd statt auf dem Pferd.
Eigenverlag, 2019*

*Sally Swift, Reiten aus der Körpermitte, Band 1 und 2.
Müller Rüschlikon Verlag, 2011*

*Sonja Weber, Versammlung für gesunde Pferde und Reiten in Leichtigkeit.
Müller Rüschlikon Verlag, 2021*

*Lutz-Ferdinand Litze und Burkhard Rau (Hrsg.), Der Huf. Lehrbuch des Hufbeschlags begründet von Hermann Ruthe. 6. Auflage.
Enke Verlag, 2012*

Burkhard Rau, Gute Arbeit am Huf. So erkennt man einen guten Hufschmied oder Hufpfleger. Cadmos Verlag, 2009

*Barbara Welter-Böller und Claudia Weingand,
Einmal überbaut, immer überbaut? Exterieuranalyse und Tipps zum Pferde-Training.
Müller Rüschlikon Verlag, 2018*

*Heike Bussang und Birgit van Damsen, Wohlstandskrankheiten unserer Pferde. Diabetes – Metabolisches Syndrom – Cushing.
Müller Rüschlikon Verlag, 2019*

Ausblick